高等学校工程实践"十二五"规划教材

邳志刚　主编

工程文化　概论

化学工业出版社
·北京·

本书各章内容均以大量工程案例作为实证来展现该领域的全貌，同时各章内容又共同体现文化因素在工程领域的主导作用，用隐性主线将各章内容串联成有机统一的整体。

通过对本书相关内容的学习，能够拓宽大学生的视野和工程技术知识面，提升工程技术素质，树立科学的工程价值观，为培养高素质的工程人才奠定良好的基础。

本书可作为理工科院校进行工程文化普及的教材，也可以作为文科类相关专业学生了解与工程相关文化的参考。

图书在版编目（CIP）数据

工程文化概论/邳志刚主编. —北京：化学工业出版
社，2014.8（2020.1重印）
ISBN 978-7-122-21126-2

Ⅰ.①工… Ⅱ.①邳… Ⅲ.①文化-关系-工程
技术-研究 Ⅳ.①TB-05

中国版本图书馆CIP数据核字（2014）第142295号

责任编辑：宋 薇 马 波 装帧设计：张 辉
责任校对：吴 静

出版发行：化学工业出版社（北京市东城区青年湖南街13号 邮政编码100011）
印 装：三河市延风印装有限公司
710mm×1000mm 1/16 印张13 字数259千字 2020年1月北京第1版第11次印刷

购书咨询：010-64518888 售后服务：010-64518899
网 址：http://www.cip.com.cn
凡购买本书，如有缺损质量问题，本社销售中心负责调换。

定 价：34.00元

前　言

　　工程文化一词是在国外呼唤工程回归以及国内重塑工程内涵的背景下诞生的。当代的工程师不仅需要具备专业技能，还应该拥有相应的文化素养，用以指导工程真正地造福社会。从近些年屡屡发生的社会安全事故等可以看到，人们越来越清醒地认识到，工程作为人类改造自然的手段，造福人类还是危害社会很大程度上取决于工程师的文化素养及道德意识。

　　本书致力于从不同的工程领域着手，通过对各个传统工程领域的介绍来剖析蕴含在工程背后的文化因素所起到的重要作用，从而引发学生深入思考文化对于工程的影响，达到唤醒工程文化情怀的目的。通过对本书的学习，我们希望能让学生了解到各个工程领域的概况和发展动态，对整个工程系统有全面的了解，建立起工程系统观。此外，通过对各个工程领域背后文化因素的分析，使学生认识到文化对于工程的主导作用，树立起正确的工程价值观和工程伦理观。

　　本书在内容编排上以各传统工程领域进行自然的分章。在写作手法上尽力避免知识点的罗列堆砌，以工程案例为显性主线，着重挖掘工程本身蕴含的文化因素，而将人文情怀作为内在的隐性主线。通过对本书相关内容的学习，能够拓宽学生的视野和工程技术的知识面，提升工程技术素养，树立科学的工程价值观，为培养高素质的工程人才奠定良好的基础。

　　本书由邳志刚担任主编，邹新凯、宁姗、马鹤瑶担任副主编。共分为十章，其中第一章、第七章由邹新凯执笔；第二章由孟庆强执笔；第三章由孟庆强、徐文娟执笔，第四章、第五章由宁姗执笔；第六章由马鹤瑶执笔；第八章由张增凤执笔；第九章由邳志刚执笔；第十章由张增凤、马鹤瑶、王婷婷执笔。

　　本书在编写过程中参阅了相关书籍和资料，在此对有关作者表示衷心的感谢！

　　限于本书涉及知识面的广泛性，以及编写人员的理论水平和写作水平，若有不妥之处，恳请广大读者提出宝贵意见。

编者

2014 年 7 月

目 录

第五章

78

通信工程与文化

第六章

100

计算机工程与文化

第七章
材料工程与文化
123

第八章
环境工程与文化
141

第一章　建筑工程与文化

我们将中国和西方建筑史上的精华——故宫和圣彼得大教堂进行比较，不难发现，中西方建筑最大的区别在于所使用的材质不同。中国建筑主要采用木质结构，这一材质决定了虽然中国的古建筑群面积庞大，但是建造的时间非常短。故宫占地72万平方米，只用了17年的时间来建造，圣彼得大教堂占地2.2万平方米，却用了120年的时间来建造。西方的建筑主要采用砖石结构，这一材质决定了西方建筑可以经历久远的年代依然屹立于世，而中国的建筑很难持久地保留下来。

是什么原因造成了中西方建筑如此大的不同呢？归根结底，是由于东西方人们思想价值观不同。中国人信奉"人本主义"，建造房屋是为了给人居住的，中国人认为建造的房屋只要够自己这一生居住足矣，子孙后代有他们自己的审美和建筑主张，因此不要求建筑的持久性。西方人信奉"神本主义"，他们建造教堂是为了给天上诸神建造一个在人世的永久居所，这处居所矗立的时间越长，神停留在人间保佑人们的时间也就越长，因而采用砖石结构以确保建筑的持久性。

以下我们将对中西方建筑形制做个简单的探讨，不难看出产生这些差异的根源滥觞于中西方文化的不同。建筑本身不仅要满足功用性的需求，作为人类文明的载体还要不断向后人展示祖先的思想价值观念。一言以蔽之，建筑是文化的根骨，文化是建筑的灵魂！

第一节　中国建筑中的人文情怀

相信大家还记得2008年8月8日那个无眠的夜晚，北京奥运会开幕式精彩上演。一纸长卷，记载了五千年的雨雪风霜，挥洒出绝代辉煌。水墨晕染处，点点光彩，朵朵风华，构成华夏博大精深文明的缩影。全世界，这一刻被中国感动，为中国喝彩！

今夜，世界聚焦点，是一幅铺陈在中国国家体育场中心的中国写意长卷。

水墨洇开，日月山川，或汪洋恣肆，或灵动轻盈……世界，看到了一个充满文化自信的中国。

历届奥运会开幕式文艺表演，无不淋漓尽致地展现主办国深厚的文化积累。面对有着五千年辉煌灿烂文明的中国，张艺谋和他的团队将如何驾驭？——这一直是全世界的疑问。

依然有长城，依然有兵俑，还有"飞天"、京剧、昆曲、太极……但是，北京奥运会开幕式文艺表演，并不是单纯地堆积中国元素，张艺谋和他的团队，选择了一张巨大的"纸"，向世界呈现一幅中国的长卷、历史的长卷、文明的长卷。

2004年雅典奥运会上，希腊人别出心裁，在主体育场用2800吨水造出了一个蔚蓝的"爱琴海"，带给世界一个梦幻之夜；现在，这张承载着中国文化精髓的"纸"，成为北京奥运会开幕式最具匠心的构思。

纸，是文明传承的重要载体。中国人造出了世界上的第一张纸。中国人在纸上，传承蕴含东方哲理的《论语》《周易》，描画深具东方意趣的水墨山水，创作独有东方韵味的唐诗宋词……

北京奥运会开幕式文艺表演的"纸"，是由发光二极管组成的147米长、27米宽的中心舞台，核心表演都在上面进行，这是历届奥运会科技含量最高的中心舞台，可升降、可平移，中国的高科技，与中国传统文化一样，令世界惊艳。

《义勇军进行曲》犹自回荡耳畔，古筝悠扬之声响彻全场，一幅巨大纸轴徐徐打开，北京奥运会开幕式文艺表演此时正式开始。

画卷流动着历史进程的符号，演员形体仿佛中国的水墨，在白纸上留下优美的图画，墨韵酣畅，洒脱写意（图1-1）。

图1-1 奥运会LED显示屏

在这个长卷上，中国文化从历史深处尽情流淌出来，让世界度过一个目眩神迷的夜晚：无论是活字印刷的表演，还是孔子三千弟子的吟诵；无论是木偶京剧的喜悦之声，还是丝绸之路的艰辛之旅；无论是簪花仕女的优雅，还是击缶而歌的朴拙；无论是《清明上河图》的恢宏大气，还是"春江花月夜"的轻盈动人……包括四大发明在内的古代中国的灿烂文明，以如此方式展现，让国人骄傲，让世界动容。

……

烟花漫天，欢声鼎沸。在这个不眠之夜，中国文化，面向世界完成了五千年来最自信的一次展示！

——节选自新华网报道《特写：中国长卷 世界惊艳》

无可否认，中国以自身源远流长的文明震撼了全世界，而中国文化这条主线贯穿整个开幕式的始终。一个难题由此出现：如何把中国五千年的文明浓缩在短短的一个半小时之内？纵观华夏文明，人们主要受到三种思想的冲击，因而衍生出三种不同的文化：儒家思想、道家思想和佛家思想。这三种思想的体现，成为整个奥运会开幕式隐藏的内在主线。

一、中国三大文化

1. 儒家思想

儒家思想也称儒教或儒学，由孔子创立，最初指的是司仪，后来逐步发展为以尊卑等级的"仁"为核心的思想体系，是中国影响最大的流派，也是中国古代的主流意识。封建社会由于人们所处社会地位和阶级不同，每个人都应各安其位。儒家认为天下是一盘棋，上天把你摆放在哪里，赋予你什么样的权利、职责、义务，你就应该遵守属于他的责任、权利和义务，要乐天知命，这其实就是最早的"螺丝钉理论"。正是因为这种思想符合统治阶级的利益，所以汉武帝在思想文化界首开"罢黜百家，独尊儒术"的政策，确立了儒家思想的正统与主导地位，使得专制"大一统"的思想作为一种主流意识形态成为定型，而作为一种成熟的制度亦同样成为定型。

开幕式上孔子的三千门生手持中国最古老的书籍——竹简载歌载舞，体育场上方回荡《论语》名言："有朋自远方来，不亦乐乎！"这就是儒家思想的深刻体现。儒家思想提倡仁、义、礼、智、信，而在开幕式上以"和"这个字来代表儒家思想，是有其必然性的。孔子提倡的"礼治"、"德治"和"人治"等思想，其最终目的是追求整个社会的和谐稳定发展，"和"是儒家思想作为道德规范追求的终极目标。中国历史上儒家思想影响比较深远的汉朝和唐朝都经历过盛世，特别是唐朝，由儒家思想作为道德规范，出现了"夜不闭户，路不拾遗"的太平盛世，至今仍被人们津津乐道。巧妙的是，现代全人类提出可持续发展，提倡人与自然的和谐共处，一个"和"字不但体现了传统的儒家思想，也反映了现代人的世界观（图1-2、图1-3）。

图1-2 奥运会开幕式之孔子三千门生

图1-3 奥运会开幕式之活版印刷

2．道家思想

道家学说是春秋战国时期以老子、庄子为代表提出的哲学思想。道家所主张的"道"，是指天地万物的本质及其自然循环的规律。自然界万物处于经常的运动变化之中，道是其基本法则。《道德经》中说："人法地，地法天，天法道，道法自然"，就是关于"道"的具体阐述。道家崇尚自然，返璞归真；主张唯道是从，无为而治；强调人与自然之间、人与人之间的和谐关系。道的哲学基础是天人合一思想以及传统的整体思维方式。

开幕式上由2008名太极选手表演的太极拳（图1-4），实质上就是道家思想的彰显。来源于道家文化的太极拳，在拳理和训练上，无不体现了道家哲学的理念，尤其是庄子的自由论思想。道家哲学作为中国原点哲学的门派之一，对中国传统武

图1-4 奥运会开幕式之太极

术有着至关重要的指导作用。"太极"一词来源于道家哲学的开山鼻祖老子。因此，太极道家哲学的标志图虽然是一个平圆形，但在人们心中，它是一个浑圆的球体。拳以太极命名，从立意上是浑圆的矛盾集合体：无处不矛盾，又处处协调；无处不对立，又处处统一。可以说，太极拳是最能集中反映道家哲学的一个优秀拳种。

3．佛家思想

禅宗创始于南北朝来中国的僧人菩提达摩。他在佛教释迦牟尼佛"人皆可以成佛"的基础上，进一步主张"人皆有佛性，透过各自修行，即可获启发而成佛"，后另一僧人道生再进一步提出"顿悟成佛"说。唐朝初年，僧人惠能承袭道生的"顿悟成佛说"，将达摩的"修行"理念进一步整理，提出"心性本净，只要明心见性，即可顿悟成佛"的主张。佛家讲的是"见性"。"性"是什么？是"心性"，也就是修养。见到你的心性，叫"内观内照"，就是要想到有一盏探照灯来照亮你，你首先要能看明白自己是一个什么样的人。禅宗为加强"悟心"，创造了许多新禅法，诸如云游等，这一切方法在于使人心有立即足以悟道的敏感性。禅宗的顿悟是

图1-5 奥运会开幕式之飞天

指超越了一切时空、因果、过去、未来，而获得了从一切世事和所有束缚中解脱出来的自由感，从而"超凡入圣"，不再拘泥于世俗的事物，却依然进行正常的日常生活。

开幕式中飞天（图1-5）这一形象则代表了佛家思想。

由儒、道、佛构成的中国三大文化在我国产生了深远的影响，在时代的更迭中慢慢沉淀，构成中华民族的集体人格。这种影响也体现在中国的建筑之中。建筑本身有两层内涵，即建筑的艺术性和技术性。建筑艺术是指按照美的规律，运用建筑独特的艺术语言，使建筑形象具有文化价值和审美价值，具有象征性和形式美，体现出民族性和时代感。建筑技术则包含施工工艺和结构设计等。如果说建筑的技术手段作为其外在载体的话，那么建筑的艺术性就是其内在的灵魂。所以有人认为，建筑是一门不说话的语言。

二、中国建筑文化的彰显

说到中国的伟大建筑，大家不约而同会想到长城。尽管它早已失去抵御外敌侵略的功能，但是它体现的中华民族精神足以使之流芳百世。中国建筑文化传承是通过一种叫作"象征"的手法体现出来的。象征手法是建筑上普遍采用的方式，它直

接体现了特定时期人们普遍的价值观和宇宙观，我们把中国建筑的象征手法归纳为六大类。

1. 追求宇宙的和谐统一

天坛是中国古代皇帝用来祭祀、祈祷、与天对话的神圣场所，这一性质就决定了这座建筑处处表达出对宇宙的崇敬之意。天坛内外墙北部为半圆形，南部为方形，象征"天圆地方"。地形北高南低，表示天高地低。左边的称圜丘，每层四面，台阶九级，上、中、下层栏杆72根、108根、180根，石板也是9的倍数，象征天帝居于九重天。右边的称祈年殿，三重檐，圆攒顶，蓝色琉璃瓦，高九丈九尺，象征天圆且蓝。殿内四根龙井柱，象征四季；中层12根朱红柱，象征一年十二个月；外层12根檐柱，象征一天十二时辰；中层加外层24根，象征一年24个节气；三层大柱28根，象征28星宿，再加顶端8根铜柱，共36根，象征36天罡；宝顶下的雷公柱象征皇帝"一统天下"（图1-6、图1-7）。

图1-6　圜丘坛

图1-7　祈年殿

中国建筑史上最有名的就是"秦砖汉瓦"了，代表了秦汉时期建筑上杰出的艺术成就。汉代的瓦当以动物装饰最为优秀。汉代长安宫殿"四象"瓦当就是采用宇宙符号的例子，苍龙、白虎、朱雀和玄武分别象征四个方向。它们的共同点是中央有个圆点象征太阳，这是中国太阳崇拜的典型（图1-8）。

图1-8　汉代"四象"瓦当

2. 对神仙胜境、佛国世界的向往

在道家理论中，存在着"一水三山"的说法，这三座山是传说中神仙的居所。传说秦始皇为了寻找长生不老药，派遣五百童男童女出海，便是寻找这三座仙山。《史记·封禅书》中记载，"一水三山"指的是渤海、蓬莱、方丈、瀛洲。后来，

"一水三山"的手法在中国古典园林之中被大量应用。最为典型的代表就是颐和园中昆明湖中心的三座小岛。

此外，汉武帝时期佛教传入我国，对我国的古建筑产生了深远的影响，最典型的是后来房屋台基部分的装饰慢慢演化成佛教的须弥座，此外还有佛教曼荼罗的使用。佛教中的曼荼罗，是佛教密宗按一定仪制建立的修法坛场，是密宗对宇宙真理的表达。分为四种：大曼荼罗、三昧耶曼荼罗、法曼荼罗、羯磨曼荼罗。1987年，封闭千年的法门寺唐塔地宫大门被打开，举世仅存的佛祖真身指骨舍利、唐王朝最后完成的大唐佛教密宗佛舍利供养曼荼罗世界及数千件唐朝皇室供佛绝代珍宝面世，其中四种曼荼罗都有。后来在华夏大地上林立的各种佛塔的宝塔金刚座上，刻满了这种图案。曼荼罗中最明显的象征是"九山八海"，而其中的须弥山又被当作佛教世界中的圣山。

3. 对儒家思想的遵从

儒家思想对于中国建筑的影响，可以说无所不在。儒家礼制规范着中国古建筑并形成森严的等级制度。浦江郑宅以"修身齐家古遗风"闻名天下，有"江南第一家"的美誉。郑氏家族以"尚孝义，崇礼乐"为宗，耕读传家，同居同食，累计330余年。鼎盛时期，同心堂和安贞堂内，钟鸣鼎食，同居合食者达3000余人，一派大同世界的景象，成为封建社会治家的范式，在宋、元、明三朝多次得到旌表，事迹载入正史。其《郑氏家规》、《郑氏家仪》是当时家族制度律法的典范，得到明太祖朱元璋的极力推崇，钦赐"江南第一家"匾额，宋濂在修订明朝治国律法时，将其精华融入朝廷典章之中。孝友厅的布局、陈设典雅华贵而不失清新儒气（图1-9、图1-10）。

图1-9 郑宅正门

图1-10 郑宅孝友厅

4. 期冀子孙繁衍生息

在生产力低下的古代，人们寄希望于子孙的繁茂来实现血脉的延续，于是多子多孙便成为古人十分重视的事情，自然而然把这种愿望融合到建筑之中。一些民宅墙壁上常有"五子登科"的图案。《宋史·窦仪传》记载：宋代窦禹钧的五个儿子仪、俨、侃、偁、僖相继及第，故称"五子登科"（图1-11）。后来人们以这个典故来寓意自己多子多孙并且子孙都有出息。泸州城西北角的真如寺，初建于宋，清康熙七年（1668年）重修，乾隆五年（1788年）培修。因寺壁塑有"世俗百子图"

石刻，被称为"百子图"，现为市级文物保护单位。

5. 祈求平安、幸福、吉祥

古人常用福、禄、寿三星来象征平安、幸福和吉祥，福、禄、寿这三个字又分别用蝙蝠、鹿、仙鹤（寿桃）来代替。南方民宅建筑的屋顶，常常能看见福、禄、寿三星。此外，人们又以石榴象征多子，牡丹象征富贵，莲鱼象征连年有余。

这种象征手法运用最巧妙的当属颐和园的建筑。据史料记载，乾隆十五年三月十三日（1750年4月19日），乾隆皇帝为迎接其生母崇庆皇太后于次年到来的六十岁大寿，决定在好山园旧址挖湖堆山，大兴土木，营建清漪园。乾隆将瓮山更名为"万寿山"，在山前建造了为母祈福祝寿的"大报恩延寿寺"。又将瓮山泊更名为"昆明湖"，取汉武帝在长安开挖"昆明池"以操练水军、策划攻略滇池之滨的昆明之典。清漪园等"三山五园"在1860年10月18日，遭英法联军纵火焚毁。光绪十二年六月初十日（1886年7月1日），垂帘听政的慈禧太后宣布，将于次年正月"撤帘"，由年将16岁的光绪皇帝亲政。慈禧趁机提出重建清漪园，两年后，光绪皇帝将重建中的清漪园命名为"颐和园"。"颐和"一词即是供慈禧"颐养天和"之意。根据七代皆为清代皇家建筑设计总管的"样式雷"透露，当年为了给慈禧祝寿修建颐和园时，皇帝下令要在园林中体现"福、禄、寿"三个字，雷家第七代雷廷昌巧用心思，完成了皇上交待的任务。他设计了一个人工湖，将其挖成寿桃的

图1-11　五子登科图

图1-12　昆明湖卫星红外遥感俯视图

形状，在平地上看不出它的全貌，但从万寿山望下去，呈现在眼前的就是一个大寿桃，寿桃的"歪嘴"偏向东南方向的长河闸口。寿桃的梗蒂，是颐和园西北角西宫门外的引水河道。最为称奇的是，斜贯湖面的狭长西堤，构成桃体上的沟痕（图1-12）。而十七孔桥连着的湖中小岛则设计成龟状，十七孔桥就是龟颈，寓意长寿。雷廷昌将万寿山佛香阁两侧的建筑设计成蝙蝠两翼的形状，整体看来成了一只蝙蝠，蝠同"福"，寓意多福。昆明湖北岸的轮廓线，明显呈一个弓形，弓形探入湖面的部分，形成蝙蝠的头部。弧顶正中凸出的排云门游船码头，像是蝙蝠的嘴。向左右伸展的长廊，恰似蝙蝠张开的双翼。东段长廊探入水面的对鸥舫和西段长廊探入水面的渔藻轩，是蝙蝠的两只前爪，而万寿山及山后的后湖，则共同构成了蝙蝠的身躯。

6. 龙文化

可以说，龙文化在中国古建筑上无处不在，特别是在皇家建筑中更是比比皆是。一说到华表（图1-13），通常会想到天安门，其实华表并不只有那一对，常见于皇帝宫殿正门的两侧，上面盘龙萦绕、威武雄壮，帝王的威严一览无余。归纳起来，华表主要有四种作用：一是花柱，装饰用；二是充当圭表；三是图腾柱；四是"诽谤木"，寓意上传天意，下达民情。上有朝天犼，性好望，机头向内，希望帝王不要成天在宫内吃喝玩乐，要经常出去看望臣民，它的名字叫"望帝出"；犼头向外，希望皇

图1-13 华表

帝不要迷恋游山玩水，快回到皇宫来处理朝政，它的名字叫"望帝归"。

以上我们从艺术性上对中国的古建筑进行了简单介绍，从中可以看出，建筑运用象征手法，向人们传递着时代的价值观。而这种价值观的传递，是离不开其外在的载体——建筑技术的。接下来我们将从建筑的技术性来简要分析一下中国古建筑的形制。

三、中国建筑文化与技术的融合

1. 中国建筑的平面制式

中国古建筑平面制式的最大特点是"中轴对称"结构。虽然"中轴对称"并不只有中国人在用，但中国人是将其贯彻得最彻底的。为什么中国人如此偏爱"中轴对称"呢？一方面是受儒家思想的影响，对称、整齐、规则的布局能体现"礼制"的精神，另一方面是根据需要决定。中国的庞大建筑群，建造时间短，主要是因为同时修建，中轴结构有利于整体规划和不同群的连接。欧洲古代建筑群很多时候因为已存在的环境限制，分割的空间不足以如此安排。

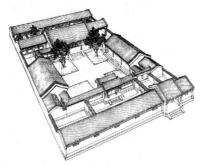

图1-14 四合院

图1-15 故宫中轴线

常见的四合院（图1-14）严格遵守"北屋为尊，两厢为次，倒座为宾，杂屋为附"的平面组织次序和分布，"中轴对称"有利于这种礼制的安排。从故宫全景图，我们可以清晰地看到中轴线（图1-15），这条中轴线从永定门到钟鼓楼全长7.7千

米，是古都北京的中心标志，也是世界上现存最长的城市中轴线。强调中轴线的思想来自于浓厚的民族意念，它反映着社会意识和技术组织的统一，是中国建筑的一大特色。在城市中从单座建筑到总体规划，保持着一种严密的组织关系。

2. 中国建筑的立面制式

中国古建筑的立面结构主要包括台基、屋身和屋顶三部分，被称为中国建筑立面结构的"三部曲"。

台基最初用来防洪涝。台基的产生虽然是出自功能的要求，但在制式上其形式和大小更主要的目的在于表达房屋主人的身份和地位。台基的装饰从佛教进入之后，演变成须弥座。台基加入了栏杆和台阶这两种元素就产生极为丰富的外形并增加了它在立面构图上的比重，使它成为"三大部分"之一。太和殿三重汉白玉台基（图1-16），可以说是最宏伟的台基，正是由于它使得太和殿成为北京曾经最高的建筑，充分体现了皇权的至高无上。

屋身（图1-17）、檐口与台基之间所形成的第一个外向的面完全是空的。檐柱、额枋、雀替、斗拱构成第二个面，这个面有两个特性："虚"的，构成内部私有空间与外部公共空间的过渡，使衔接流畅；承重结构，支撑屋顶。以上这两个空间，保护第三层的门窗等装饰层面不受风雨侵蚀。檐廊使屋身立面由多个层面组成，由此而带来一种"流通的空间"，使室内、室外之间产生了柔顺的过渡。构架和门窗所构成的层面退缩在较大的出檐和台基之后，除了在构图上美观之外，更主要的目的是保护木结构避免风雨直接侵蚀。不同柱距构成不同的开间，使立面在统一之中产生极大的变化，这是中国建筑所特有的创举。"九五之尊"的象征依然体现在故宫这座皇家宫殿之内，故宫内大部分建筑遵循着面阔九间、进深五间的制式，唯独太和殿面阔十一开间，这在中国建筑中是绝无仅有的。太和殿明朝时名为奉天殿，在李自成进京后被毁，直到康熙八年（公元1669年）重建时改为十一间。为何采取面阔十一间的制式，至今说法不一：有人认为是当时找不到上好的金丝楠木，建成九间跨度不够，只好建成十一间；也有人认为是为了凸显皇权至高无上，要比其他屋宇的等级高上一重，因此采用十一开间。

图1-16　太和殿台基

图1-17　曲阜孔庙屋身

中国建筑对屋顶的设计最为重视，在古代就有以它来概括整座房屋的意思。屋顶也体现着森严的等级制度。屋顶的传统形式有六种，按照其尊卑次序分为庑殿、歇山、悬山、硬山、攒尖和卷棚。屋顶的另一种变化方式是采用重檐。重檐本是由构造的要求而来，其后多半以此作为加强建筑物外观的一种手法。从故宫前朝三大殿（图1-18）的屋顶就可以看出等级制度的森严。太和殿是君主听政处理国事的所在，彰显了皇权的至高无上，因而采用最为尊贵的重檐庑殿制式；中和殿作为休憩并接受执事官员朝拜的场所，采用了较为普通的攒尖制式；保和殿在清朝时主要用于皇帝宴请外藩和群臣以及每科殿试选举，所以采用重檐歇山式屋顶。从侧面望去，三大殿的屋顶如音律般呈现高—低—次高的起伏，这种音律在后三宫再次被重复，使得故宫整个建筑群的侧面轮廓美丽异常。

图1-18　故宫前朝三大殿侧面图

中国古建筑历史上最繁复的屋顶是故宫的角楼（图1-19）。它是极为复杂的三重檐十字脊屋顶，呈双面歇山式十字顶，其下又将这个形势重复一遍，产生一种极为巧妙而又有规律的变化。地方官吏奉召进入紫禁城，远远看见故宫，单就屋顶就可传达两条讯息：这个富丽堂皇的宫殿的主人必然是权倾天下的，"普天之下，莫非王土；率土之滨，莫非王臣"；这个庄严肃穆的屋顶的主人身份是极其高贵的，掌控着世人的生死。皇权的威严，通过角楼的屋顶无声地向世人明确地彰显。

图1-19　故宫角楼

第二节　西方建筑与宗教信仰

西方古典建筑体系跟西方宗教的发展是密不可分的，一本西方的建筑史其实就是一本神庙和教堂的建筑史。在西方人认知世界的过程中，神灵是自然的创造者，统治人类，这是西方宗教的基础。随着宗教的发展，西方建筑的发展也大致经历了古典建筑、中世纪建筑、文艺复兴时期建筑和新古典主义建筑四个时期。

一、古典建筑

1．古埃及

埃及是典型的沙漠之国，被誉为"生命之河"的尼罗河从南至北贯穿埃及，孕育了这片西方的古老文明。由于埃及全年阳光充足，使得埃及人深信生命的一切都是太阳神所赐，太阳神每天从东方复活，乘坐圣船渡过天河巡视人间，傍晚时分到达西方后死亡进入地府，再乘另一艘圣船横穿地府到达东方，如此周而复始。这种生命观也决定了埃及人将与生有关的建筑建造在尼罗河的东岸，将与死亡有关的建筑建造在尼罗河的西岸。由于日升日落的往复交替，埃及人对于人死复生深信不疑，所以在生前就积极准备来生之事，于是金字塔、木乃伊等被视为复活的重要手段而被埃及人创造出来并代代传承。

金字塔作为埃及法老的坟墓，其精神层面的意义要远远大于实际用途。由于埃及法老被视为是太阳神的化身，拥有至高无上的权力地位，所以法老的陵墓摒弃了平顶墓的形制，改为高耸入云的塔式结构，这使得法老的身躯朝向太阳神的领空，指引法老的灵魂回归肉体，得到重生。金字塔对于埃及人来说，早已是超越物质的精神产物，它是埃及人创造出来的、最接近太阳神的建筑，金字塔内各种精美的镶金器物反射出光彩夺目的光，引领埃及人前往太阳神的世界。早期金字塔中最经典的是吉萨金字塔群（图1-20），包括胡夫金字塔、哈夫拉金字塔、孟卡拉金字塔及大斯芬克斯。

图1-20　吉萨金字塔群

埃及中王朝时期人们对待死亡的态度有所变化，不再单纯以巨大的建筑来安置死者，而是更加重视通过神职人员举办各种仪式来引导死者灵魂的回归，因此金字塔被法老陵墓渐渐取代。从哈特什帕苏女王开始建造陵墓（图1-21），形成了著名的埃及帝王谷。法老陵墓的建造重心在于墓室的设计与装饰，其中图坦卡门的陵墓因为保存最好，向人们展现了几千年前埃及文明的巨大魅力。埃及新王朝时期人们对宗教各种仪式和神职的重视有增无减，这使得原本从属于金字塔的神庙逐渐分离出来成为埃及最重要的建筑。在众多神庙建筑中，以供奉太阳神的神庙最为宏伟。拉美西斯二世建造的阿布辛贝尔岩庙（图1-22）入口处四座石像高达20米，神庙内部神龛之内供奉四尊神像，分别代表太阳神、拉美西斯二世、阿蒙神和普达神。每年有两次（2月20日和10月20日）太阳自尼罗河东岸升起，它的光束穿过入口的柱厅、第二柱厅及圣殿，抵达中央神龛，依次照耀代表太阳神化身的前三座神像。普达神由于是地府之神所以没有阳光照射。

图1-21　哈特什帕苏女王陵墓

图1-22　阿布辛贝尔岩庙

2．古希腊

古埃及灭亡以后，古希腊文明开始闪光。在希腊众多的杰出建筑中，由于整栋建筑的规模都由柱子的直径决定，因此柱子代表着建筑的秩序成为希腊建筑的精髓之一。一根柱子分为柱头、柱身和柱础三个部位。希腊人对建筑的最杰出贡献，是发明了三种基本柱式：多立克柱式、爱奥尼克柱式、科林斯柱式，之后罗马人又发展出塔司干柱式和组合柱式。文艺复兴以后的建筑师们根据这五种基本柱式发展出多种新柱式，成为西方建筑中独具特色的部分。多立克柱式盛行于希腊本土及西西里岛，公元前7世纪就已经流传；爱奥尼柱式出现于公元前6世纪，盛行于爱琴海岛及小亚细亚海岸线，比较纤细且具女性化，柱头涡形花样来自于自然界灵感；科林斯柱式，公元前5世纪由卡利曼裒斯发明，柱头创作灵感来源于外覆茛苕叶的奉献篮，完美解决转角柱头的问题。

图1-23　帕特农神庙

希腊建筑史上最辉煌的成就是建造了雅典卫城，其中的主体建筑帕特农神庙（图1-23）是古希腊建筑艺术的纪念碑，代表了古希腊建筑艺术的最高成就，被称为"神庙中的神庙"。雅典娜神庙是祭奉雅典娜女神的神庙，"雅典"之名即源于此。相传希腊的智慧女神雅典娜与海神为争夺雅典的保护神地位，相持不下。后来，主神宙斯决定，谁能给人类一件有用的东西，城就归谁。海神波赛东赐给人类一匹象征战争的烈马，而智慧女神雅典娜献给人类一颗枝叶繁茂、果实累累、象征和平的橄榄树。人们渴望和平，不要战争，结果这座城归了女神雅典娜。从此，她成了雅典的保护神，雅典因之得名。后来人们就把雅典视为"酷爱和平之城"。

3．古罗马

当古希腊之光慢慢陨灭之际，古罗马这颗新星冉冉升起。"光荣归于希腊，伟大归于罗马。"古罗马建筑在材料、结构、施工与空间的创造等方面均有很大的成就。在空间创造方面，重视空间的层次、形体与组合，并使之达到宏伟的、富于纪念的效果；在结构方面，罗马人在伊特鲁里亚和希腊的基础上，发展了综合东西方大全的柱与拱券结合的体系；在建筑材料上，除了砖、木、石外，还运用由火山灰制成的天然混凝土；罗马人还把古希腊柱式发展为五种，即多立克柱式、塔司干柱式、爱奥尼克柱式、科林斯柱式和组合柱式，并创造了券柱式形成了系统的建筑理论体系，以维特鲁威的《建筑十书》为主，成为自文艺复兴以后三百多年建筑学上的基本教材。

公元前8世纪到公元前4世纪，伊特鲁利亚人控制着意大利中部和北部的大部分地区，透过与意大利南部希腊殖民地贸易与文化的交流，以及受到东方文化的影响，创造了一种独特的伊特鲁利亚文化，被视为是古罗马早期文明的兴起。对罗马人而言，建筑不仅是文明的象征，更是塑造帝国形象的手段之一，在其控制地域内，罗马人以其独特的建筑形态在每个地区烙下印记。拱券和拱顶的应用作为罗马建筑最显著的特征被大量应用，现存法国的尼姆水道和西班牙的塞哥维亚水道（图1-24）见证了当时罗马帝国的强大。

罗马人热爱竞技运动，圆形的竞技场是古罗马人休闲的圣地。其中最著名的就是罗马竞技场（图1-25），原名弗拉维安剧场，公元80年建成，由蒂图斯大帝宣布开幕，并举行了为期百天的庆典。整个竞技场雄伟的外观是由石灰石构成，共有三层，每层80个拱券，其外观第一层为塔司干柱式，第二层为爱奥尼柱式，第三层为科林斯柱式。竞技场中央的地板现已不见，露出地下数以百计的房间，它们曾被作为关押野兽和勇士休憩的场所。看台有60排，分为五个区，最下面前排是贵宾（如元老、长官、祭司等）区，第二区供贵族使用，第三区供富人使用，第四区由普通公民使用，最后一区全部是站席，给底层妇女使用。

图1-24　塞哥维亚水道现貌

图1-25　罗马竞技场

宗教上，罗马人继承了古希腊对众神的信仰并将之发扬光大，他们用虔诚的心为上天诸神建造了一座举世无双的殿堂——万神殿（图1-26），这座建筑可以说是罗马帝国极盛时期最好的建筑。万神殿由门廊和圆厅组成，圆厅是万神殿最精彩的部分，高度和直径均为43米，是现存最大的砖造圆形屋顶。圆顶的壁龛深入墙体之内，随着太阳在天空的移动，光线透过藻井在圆顶的神龛间逡巡，照亮了由万神组成的天堂，非常直观地体现了罗马人的宇宙观。

二、欧洲中世纪建筑

罗马帝国晚期，生活的困苦使得罗马人不再满足于原有的信仰，直到公元312年，君士坦丁大帝在慕尔维桥战役获胜之后将胜利归诸于基督这位永恒之神，并归奉基督教。从此西方建筑拉开了教堂建筑的序幕。公元395年罗马帝国分裂，西罗马率先灭亡，东罗马最后被拜占庭帝国所灭，至此西方结束了奴隶制社会，开始中世纪的封建王朝时期。基督教并没

图1-26　万神殿

有随着罗马帝国的灭亡而陨落，在拜占庭帝国时期教堂内部马赛克雕像画的大量使用，使得教堂内部的表现更加丰富多彩，也使教堂摆脱地下墓穴的阴影走向更加光明的世界。从此基督教的权力蔓延开来，西方逐渐进入神权高于君权的时期。

1. 拜占庭建筑

拜占庭帝国时期，基督教开始在欧洲大部分地区发展壮大起来，欧洲各地的教堂如雨后春笋般破土而出。教堂沿袭了神庙建筑的宏伟高大，内部大量精美的马赛克镶嵌画装饰使得教堂内部色彩斑斓。公元5世纪到公元6世纪，基督教建筑形式发生变化，位于君士坦丁堡的圣索菲亚大教堂（图1-27）成为这一时期基督教建筑的杰出代表。

圣索菲亚大教堂的屋顶（图1-28）由四个巨大的圆拱上架起一个砖造的大圆顶组成，高出地面50多米。这样一个巨大的建筑使得任何人站在其中都显得极为渺小，无论站在中殿还是侧廊都无法一眼看遍整个屋顶。无数光源从屋顶直射而下，更是增添了教堂内部的神秘气氛。整个教堂穹顶给人以精神上的震撼，使得人们矗立在教堂之中，仿佛置身于洪荒宇宙的缩影之中，人间与天堂咫尺相隔，这样一座建筑早已脱离人类技术的极限，是来自神的礼物。每个进入教堂的人都能感受到神的伟大和宽容。

图1-27　圣索菲亚大教堂

图1-28　圣索菲亚大教堂内部屋顶

2. 仿罗马建筑

拜占庭帝国时期基督教建筑达到高潮，通过宗教活动影响着周边的地区。公元7世纪，伊斯兰教渐渐在阿拉伯成熟，公元10世纪末，欧洲慢慢稳定并发展，此时仿罗马建筑开始成为建筑的主流，拱券重新成为装饰教堂的主要元素，欧洲建筑经历第一次复古。

意大利的比萨大教堂（图1-29）为这一时期的典型代表。1063年，意大利比萨一座纪念城市守护神圣母玛丽亚的教堂破土动工，1118年开始使用。教堂本身使用润饰过的石材，入口处雕刻圣经故事。教堂内部多以拱券相连于花岗石的柱子上。洗礼堂外还单独建有一座钟塔——比萨斜塔，钟塔共有8层，直径16米，最下一层是实体墙，其余每层都是连续的拱廊环绕，连续小联拱和拱柱上的图案化柱头都是仿罗马建筑的特征。钟楼（图1-30）始建于1173年，由于地基不均匀和土质松软，该钟楼修建到第四层时开始向东南方向倾斜，工程因此而暂停。据记载，1198年钟楼内曾被安放过一只撞钟，实现了它作为钟楼的初衷。直到1231年，工程继续，第一次有记载钟楼使用了大理石。建造者采取各种措施修正倾斜，刻意将钟楼上层搭建成反方向的倾斜，以便补偿已经发生的重心偏离。1278年进展到第7层的时候，塔身不再呈直线，而是为凹形，工程再次暂停。1360年，在停滞了近一个世纪后钟楼做了最后一次重要的修正。1372年摆放钟的顶层完工。54米高的8层钟楼共有7口钟，但是由于钟楼时刻都有倒塌的危险而没有撞响过。

图1-29　比萨大教堂

图1-30　比萨教堂钟楼

3. 哥特建筑

12世纪初，一种新的建筑风格在法国蔓延并迅速传遍欧洲，西方宗教建筑进入哥特时代。哥特式教堂发源于法国的圣丹尼修道院。圣丹尼为罗马派往法国传教的七位主教之一，是巴黎的第一主教，因此成为法国基督教的圣人。公元1121年苏杰就任圣丹尼修道院院长，决定重建圣丹尼修道院，这一举动除了具有宗教意义之外，苏杰本人想建立一座使后世足以模仿学习的宗教建筑原型。众所周知，光线在宗教建筑中一直是增加神秘感的重要元素，哥特建筑的主旨就是重新塑造光线在美学与神学上的作用。为了重塑光线的作用，哥特式建筑除了必要的支柱外，墙壁完全被色彩斑斓的玻璃窗取代，阳光透过五光十色的玻璃窗照射进来，教堂内部呈现五彩缤纷的美丽景象，仿佛置身于天堂。为了适应哥特建筑长方形的柱间距离以及有效加强对上方的支撑，哥特式建筑发展出尖拱、肋筋和飞扶壁三大要素，成功塑造了一个宗教领导下的年轻而富有活力的法国新形象。巴黎圣母院（图1-31）成为法国境内这一时期宗教建筑的杰出代表。巴黎圣母院室内光线透过彩色玻璃窗（图1-32）色彩瑰丽，与信徒捐点的烛光交相呼应，显得肃穆而美丽。英国、德国、意大利等地相继出现高耸入云的哥特式教堂。德国科隆大教堂（图1-33）的兴建是因为一位主教从米兰带回了东方三圣王的遗骨，需要一座体面的教堂安置。教堂高157米，是世界上最高的教堂，也是德国第一座完全按照法国哥特盛期样式建造的教堂。1996年联合国教科文组织将科隆大教堂作为文化遗产，列入《世界遗产名录》。

图1-31　巴黎圣母院

图1-32　巴黎圣母院玫瑰窗

图1-33　德国科隆大教堂

三、文艺复兴时期建筑

　　文艺复兴运动从本质上讲，是发源于平民阶级的一场以复兴古希腊罗马文化为形式的文学、艺术和思想文化运动。重视"人"作为现世的创造者和享受者，将"人权"放在"神权"之前。这场运动从意大利发起，迅速席卷整个欧洲，期间涌现出一大批杰出的建筑。这些宗教建筑不再强调哥特式的垂直线条，而是以横式线条力图降低人与神之间的距离，并用严格的比例加以规范。意大利的佛罗伦萨作为文艺复兴的发源地，用建筑本身诚实地记录了教堂从哥特到文艺复兴的转变。

图1-34　佛罗伦萨大教堂圆顶

　　佛罗伦萨大教堂圆顶（图1-34）的设计者是文艺复兴的建筑大师伯鲁乃列斯基，他不但是个建筑师，也是个数学家、画家、金匠、雕刻家与发明家，甚至还营造了许多军事设备、水利设备，同时也参与了剧场表演的道具及乐器设计。他对古罗马的建筑有充分的研究，对其进行了许多测绘工作，这为他竞选佛罗伦萨大教堂屋顶的设计者提供了重要的帮助。佛罗伦萨大教堂的屋顶一直是个无法解决的难题，40米的跨度用传统的木料很难实现。伯鲁乃列斯基使用了双层圆顶，由8条主拱肋及16条副拱肋聚集收敛，垂直拱肋间以水平方向构件加强，圆顶底部用圆木箍约束，外加铁件防止圆顶爆裂，两层圆顶间以横肋相连，将圆顶压力分散。其脱胎于哥特建筑与古典建筑的式样，开创了文艺复兴建筑的先河。以至于后来的达·芬奇、伯拉孟特、米开朗基罗等人均开始以此方式来设计自己的建筑作品。

　　米开朗基罗作为文艺复兴的巨匠，以其杰出的建筑设计和艺术作品诠释了"人文主义"思想。米开朗基罗不但是画家、雕刻家，更是一名杰出的建筑师，在他的艺术作品中，静态的平衡被各种夸张的表现所取代。1535年，教皇保罗三世不顾艺术家年事已高，要求米开朗基罗在西斯庭教堂祭坛后面的大墙上绘制壁画。年已60的米开朗基罗将自身的苦闷和对现实的不满凝结成对壁画创作的原动力，于1941年完成了近200平方米的巨型壁画——最后的审判（图1-35）。整幅壁画由400多个等身人物构成，焦点是审判者基督，旁边的圣母玛丽亚不敢正视这一残忍的时刻，围绕基督使徒和殉道者都在激动地等待判决。壁画的左侧是升往天堂的人们，右侧是打下地狱的人们。令人惊奇的是，400多位人物都可以从传说、历史、象征意义中找到原型，比如拿着梯子的亚当和背后的夏娃、手持城门钥匙正要交给基督的使徒彼得、被打入地狱的教皇保罗三世等，整幅壁画中央形成一个巨大的问号，隐晦地表达了米开朗基罗对现实的质疑和不满。特别有趣的是，在基督画像的右下角，使徒巴托罗缪手中拿着一张殉道时割下的人皮，人皮的脸竟是米开朗基罗自己，这是艺术家对自己的一种嘲讽。这幅气势磅礴的大构图，体现了米开朗基罗的人文主义思想，他要用正义来惩罚一切邪恶。米开朗基罗的原则是，执行艺术主要任务的道路是人体，因为他们最能体现人的品质。米开朗基罗在建筑上最伟大的成就是作为继伯拉孟特之后的圣彼得大教堂的总建筑师，在体现集中式的原则下用强大的聚合力统一了空间。圣彼得大教堂（图1-36）的屋顶成为世界最大的圆顶，其巨大的架构静止在罗马的上空，像是神迹的显现。

图1-35　最后的审判

图1-36　圣彼得大教堂

1. 巴洛克建筑

后人不断模仿米开朗基罗的作品，并逐渐形成蛇形、扭曲、形变、拉长等风格。人们称这种风格为"矫饰主义"，它也是巴洛克风格的前身。"掠夺萨宾妇女"（图1-37）这座雕刻非常清楚地诠释了矫饰主义的特点。整座雕刻扬弃了静态的视点，必须动态地环绕作品来欣赏。雕刻家巧妙地将三个形体的动作缠绕在一起，同时这些动作又是精确地平衡着的，连续的姿势和动作把人们的视线螺旋般地引向上端。这件作品以其复杂构图和有力的组合，预示着巴洛克时代即将到来。

所谓巴洛克时期，其实并不存在着特定的式样，只能说是有一种共同的趋向。这一时期的整个西方世界被资产阶级革命席卷，西方文明在动荡中爆发了最富有创造性的一面。巴洛克风格的特点是：豪华、宗教与享乐主义的结合；浓郁

图1-37　掠夺萨宾妇女

的浪漫主义色彩，强调艺术家的想象力；极力强调运动；关注作品的空间感和立体感；强调艺术形式的综合手段；建筑和装饰趋向自然。这一切都是新兴资产阶级的壮大和人性从神性中得以解放的体现。

贝尔尼尼作为"巴洛克之父"，在主持圣彼得大教堂正前方的广场中发挥了其杰出的才能，向世人展现了巴洛克空间的特质。圣彼得广场（图1-38）原本是一个没有秩序的、毫不起眼的空间，贝尔尼尼接手重建时，面临着功用性与宗教象征性的两重难题：这个广场必须要能作为成千上万信徒的聚集场所，尤其是复活节时教宗将在教堂的大阳台上出现祈福世界及人民，但是广场又不能太起眼以至于夺走教堂的光彩，同时广场还要与原来已经存在的方尖碑和喷泉融为一个整体。经过不断的尝试，贝尔尼尼选择由椭圆形和梯形构成广场的轮廓，使整个广场看起来像一只巨大的钥匙孔，开启通往圣彼得教堂的大门。在设计上采用立面巨柱作为指引，形成一个包围性较强的空间，使得主体教堂被强调出来。巧妙的是，人们置身于椭圆形的柱廊之内，因其为弧形所以看不到何处是端点，会觉得空间深远宏大，这也是巴洛克所追求的无限空间效果之一。椭圆广场正中心的方尖碑助长了收敛的功能，地面的放射图案和喷泉也突出了这一特点。这个广场利用圆弧形柱廊追求空间的无限性，又利用方尖碑及喷泉掌握空间的有限，整个宇宙天体的原理似乎在广场上得到印证，从而使得圣彼得广场成为梵蒂冈永恒不变的空间焦点。

2. 洛可可建筑

巴洛克时期的教堂与宫殿，渐渐开始出现更强烈的装饰性处理，于是巴洛克建筑演变成炫耀个人财富的洛可可式风格。严格地说，洛可可从来不是一种具有创新性的建筑风格，它只是一种寄生于建筑之上的装饰手法，以享受生活的快乐为主基调，墙壁平面采用绘画及装饰效果，使房间具有流动性的色彩空间，采用贝壳装饰，运用两重分离的照明法，设计椭圆形的大厅。这种在建筑主体内外加以洛可可装饰的做法成为一种时尚后，在当时几乎所有的欧洲皇宫建筑中使用。宁芬堡的狩猎小屋就是一栋洛可可风格的珍品（图1-39）。

图1-38　圣彼得广场

图1-39　宁芬堡狩猎小屋

四、新古典主义建筑

从18纪中期开始，西方深受启蒙运动的影响，同时大量古希腊、古罗马的艺术珍品出土，使得人们将目光重新投在古希腊、古罗马的建筑风格上，这一时期的公共建筑比如法院、博物馆、交易所、剧院等纷纷采用此模式，这是西方建筑历史上的第二次复古。新古典主义忠实于古典希腊罗马文学、艺术、建筑与思想有关系的品味与思潮。它意味着根基于古典生活概念中的完美、永恒与价值，这种概念强调的是思想上的秩序与明晰、精神上的尊贵与沉着、结构上的简洁与平衡，对于古希腊古罗马原型有极为严格的模仿。新古典主义风潮从法国开始，迅速席卷整个欧洲大陆，除了法国、英国、德国之外，在古典主义发源的故乡，也存在着新古典主义建筑，特别是希腊，由于长期受到外来政权的统治，新古典精神成为希腊人民寻回自我认同的一项利器。

法国巴黎的圣几内维教堂（图1-40）被认为是公认的新古典主义开创式的建筑。法国皇帝路易十五在公元1744年大病初愈之后，心存感激能够获得重生，因此计划建造一座精致的教堂来纪念圣几内维。圣几内维是法国历史发展中的两个圣女之一，据说公元5世纪匈奴人进犯巴黎时，多数巴黎人落荒而逃，唯独圣几内维四处奔走，恳求同胞奋起反抗，最后击退强敌，保卫了巴黎。在这座教堂中，建筑师巧妙地结合了哥特建筑的轻巧和古希腊建筑的稳重，室内巨大的科林斯柱子分隔了中殿和侧廊，柱子之上的额盘连接拱顶和圆顶，整体空间十分优雅，结构上表达得非常清晰。此座建筑的意义在于，将法国的建筑发展重新引导向重视建筑构成和工程技术的方向，在宗教与世俗建筑中创造了新的典范。

图1-40　圣几内维教堂

19世纪以来，新能源的利用和科技知识的传播使西方世界以空前的速度成长发展，滥觞于英国的工业革命很快传遍法国、德国、比利时、瑞士、意大利、瑞典和俄国。新材料的发明和新技术的出现，使建筑师们超越了传统的建筑结构方式，钢材与玻璃的结合意味着古典建筑中体量与强烈的稳定感被融合光线与空间的现代建筑所取代。从此古典建筑被从建筑历史中剥离开来，落下华丽的帷幕。

第二章 机械工程与文化

机械的发明和使用是人类区别于其他动物的主要标志，从人类用机械代替简单工具开始，便使得手和足的"延长"在更大程度上得到发展。机械的飞速发展，更推动人类达到前所未有的境地，可以说，世界机械的发展史就是人类超越自我、探索未知领域的发展史。

机械的发展与人类的生育繁衍一样，既要继承父母的基因，又要具备适者生存的演变。大胆创新和实践就是机械发展的新鲜血液，它使机械形成了独有的特点和竞争优势。当某一天中国制造的机械产品在保持价格优势的同时还具备技术创新优势，我们就能够实现由机械大国向强国的转变。而完成这一使命的任务，就落在了新一代立志于中国机械行业崛起的技术人员身上。

本章以机械与人类社会生产、社会发展的文化关系为线，讲述了不同时期、不同机械的产生对人类的影响，以及常用机械内在的专业文化精神。

第一节 社会生产与机械

人类成为"现代人"的标志是制造工具。石器时代的各种石斧、石锤以及木质、皮质的简单、粗糙工具是机械产生的先驱。从制造简单工具演变到制造由多个零件、部件组成的现代机械，经历了漫长的过程。

人类为与生俱来的寒热而衣、渴饮饥餐的生存所需，在不断改善、提高的需求下，工具制造不断精细、不断创新。于是人类在通向文明的漫长征途中，手工工具发展为简单机械，简单机械发展为机械设备，原始实践与经验发展为科学实验、科学技术以及创新，个体手工作坊发展为现代制造业。

人类历史经历了石器时代以及铜、铁器时代，工业革命经历了采集和狩猎经济、农业经济、工业经济时代。每一个时代都有工具和生活用品的独特的制造技术和工艺水平。而新的、更高的制造技术的出现和制造业的发展，又可以开创一个新的时代，促进新的社会结构的形成。19世纪末，蒸汽机制造技术获得突破性进展，由此引发了工业革命，导致了现代工业的出现和发展，以及现代社会和现代文明的建立。20世纪下半叶，微电子技术与信息产业的出现和迅速普及，使人类的生产活动、技术开发和社会生活进入信息化和智能化时代，极大地减轻体力劳动，延伸和增强了脑力功能，提高了社会劳动生产效率。如今，现代制造业已成为实现现代化的基石，是现代社会和文明的动力。

一、推动人类历史进程的五次大变革

在人类历史的长河中，发生了几次决定人类命运的大革命。

（1）第一次革命发生在大约200万年前，由于自然条件的突然变化，生活在树上的类人猿被迫到陆地上觅食，为了和各种野兽抗争，学会了用天然的木棍和石块——天然的工具保卫自己，并用来猎取食物。学会使用了最简单的机械——石斧、石刀之类的天然工具，劳动造就了人。

（2）第二次革命发生在大约50万年前，古猿人学会了制造和使用简单的木制和石制工具，从事劳动，继而发现了火，并学会了钻木取火。烘熟的食物不仅让古猿人感到好吃，且熟食利于吸收，也为提高他们的体力和脑力创造了条件，进而使古猿人的生活质量有了改善和提高，而且延长了寿命。使用工具，携带食物，需要他们的前肢从支撑行走中解脱出来，于是他们从地上站立起来，开启了从古猿人到古人类的新纪元。

（3）第三次革命发生在大约15000年前，古人类学会了制作和使用简单的机械，开始了农耕与畜牧。此后，大约5000年前，古人类进入新石器时代。4000年前，发现金属，并学会了冶炼技术。金属器械逐步取代了石制、骨制的器械。继而约2000年前发现了铁金属，进入铁器时代，各种复杂的工具和简单机械相继发明出来并投入到生产中去，提高了生产率，促进了人类社会的快速发展。

（4）第四次革命发生在1750年到1850年之间，蒸汽机的发明导致了一场工业革命。公元16世纪欧洲进入文艺复兴时期，其代表人物意大利的著名画家达·芬奇设计了变速器、纺织机、泵、飞机、机床、锉刀制作机、自动锯、螺纹加工机等机械，并画了印刷机、钟表、压缩机、起重机、卷扬机、货币制造机等大量机械草图。一场大规模的工业革命在欧洲发生，大批的发明家涌现出来。各种专科学校、大学、工厂纷纷建立。机械代替了大量的手工业，生产迅速发展。1769年，瓦特经过10余年的努力和不断改进，在爱丁堡制造出第一台蒸汽机。1804年英国人特里维西克发明并制造出第一台蒸汽机车。1830年在法国修筑了从圣亚田到里昂的铁路。蒸汽机车与铁路的普及，促进了西方工业生产的发展，促进了西方的机械文明，奠定了现代工业的基础。

战争的爆发与持续，加速了枪炮等武器的研制和生产。欧洲战争、英美战争、美墨战争以及第一次世界大战等战事不断，对兵器的配件要求导致了互换性的问世。良好的互换性又必须有高精度的测量工具和加工机床来保证，因此，19世纪的机床和测量工具的发明与革新进展很快。同时，钢铁工业也获得很快发展。

在这一阶段，机械及机械制造通过不断扩大的实践，从分散性的、主要依赖工匠个人才智和手艺的一门技艺，逐渐发展成为一门有理论指导的系统和独立的工程技术。机械工程是促进18～19世纪工业革命以及资本主义大生产的主要技术因素。

（5）第五次革命是计算机的发明导致了一场现代工业革命。计算机正在改变人类传统的生活方式和工作方式。

当前世界正在进行着一场新的技术革命，以集成电路为中心的微电子技术的广泛应用给社会生活和工业结构带来了巨大的影响。机械工程与微处理机结合诞生了"机电一体化"的复合技术。这使机械设备的结构、功能和制造技术等提高到了一个新的水平。机械学、微电子学和信息科学三者的有机结合，构成了一种优化技术，应用这种技术制造出来的机械产品结构简单、轻巧、省力且高效，并部分代替了人脑实现了人工智能。机电一体化产品必将成为今后机械产品发展的主流。

概括起来，从远古到现代社会，从猿到人，由于人类生存、生活、社会生产发展以及探索科学技术的需要，甚至是战争的需要，促进了机械及机械工程由粗糙到精密，由简单到复杂，由低级幼稚到高级智能化，从而构成了整个国民经济第一产业——农业（含农、林、牧、副、渔），第二产业——工业，第三产业——信息产业和服务产业及其他工业等。反之，机械工程也促进了人类社会进步和现代文明的建立。

二、机械工程与人类社会的发展

人类的生存、生活、工作与机械密切相关。穿在身上的衣服是通过纺纱机纺线、织布机织成布，再用缝纫机制成的；吃的粮食是用机械播种、收割、加工的；住的楼房是用工程机械建造的；使用的电能是用机械发出的；乘坐的所有交通工具、生活和生产中使用的工具和机器都是由机械制造出来的。总之，组成国民经济结构的农业、工业、服务业以及国防军工一切部门所需装备的设计、制造、批量生产都需要机械，机械给人类带来了幸福，现代人离不开机械。

为了更好地了解现代机械文明，先让我们回顾一下机械发展史。

几千年前，人类已创制了用于谷物脱壳和粉碎的臼和磨，用来提水的桔槔和辘轳，装有轮子的车，航行于江河的船及桨、橹、舵等。所用的动力，从人自身的体力，发展到利用畜力、水力和风力。所用材料从天然的石、木、土、皮革，发展到人造材料。最早的人造材料是陶瓷。制造陶瓷器皿的陶车，已是具有动力、传动和工作三个部分的完整机械。

人类从石器时代进入青铜时代，再到铁器时代，用以吹旺炉火的鼓风器的发展起了重要作用。有足够强大的鼓风器，才能使冶金炉获得足够高的炉温，才能从矿石中炼得金属。在中国，公元前1000年～公元前900年就已有了冶铸用的鼓风器，逐渐从人力鼓风发展到畜力和水力鼓风。

15～16世纪以前，机械工程发展缓慢。但在以千年计的实践中，在机械发展方面还是积累了相当多的经验和技术知识，成为后来机械工程发展的重要潜力。17世纪以后，资本主义在英、法和西欧诸国出现，商品生产开始成为社会的中心问题。许多高才艺的机械工匠和有生产观念的知识分子，致力于改进各种产业所需的工作机械和研制新的动力机械——蒸汽机。18世纪后期，蒸汽机的应用从采矿业推广到纺织、面粉、冶金等行业。制作机械的主要材料逐渐从木材发展为更坚韧、但难以用手工加工的金属。机械制造工业开始形成，并在几十年中成为一个重要产业。机械工程是促成18～19世纪的工业革命以及资本主义机械大生产的主要技术因素。

中华民族五千年的文明史中，我国古代劳动人民在机械工程领域中的发明创造尤为突出。绝大部分的发明创造是由于生存、生活的需要，一些发明创造是战争的需要，还有一些发明是为了探索科学技术的需要。根据我国古代发明创造的演变过程可以知道，任何一种机械的发明都经历了由粗到精、逐步完善与发展的过程。例如，加工谷粒的机械，最初是把谷粒放在一块大石上，用手拿一块较小的石块往复搓动，再吹去糠皮；第二步发明了杵臼；第三步发明了脚踏碓，使用了人体的一部分重力工作；第四步发明了人力、畜力的磨和碾；第五步发明了使用风力、水力的磨和碾。不但实现了连续的工作，节省了人力，提高了效率，而且学会了使用自然力，完成了由工具到机械的演变过程。

在兵器领域中，由弹弓发展为弓箭，又发展为弩箭；发明火药后，由人力的弓箭发展为火箭，直到发展为雏形的飞弹和雏形的火箭。在我国的古代战争中，有大量的实战记录。

我国古代的机械发明、使用与发展，远远领先于世界水平。但由于长期的封建统制，限制了生产力和科学技术的发展。在最近的四五百年，我国在机械工程领域的发展已落后于西方强国。自从新中国成立以后，在短短的几十年里，把只能做小量的修理和装配工作的机械工业发展为能够生产汽车、火车、轮船、金属切削机床、大型发电机等许多机械设备的机械工业，特别是我国实行改革开放以来，机械工业的发展更为迅速，与发达国家的差距正在缩小，有些产品已领先世界水平。

我们中华民族在过去的几千年中，在机械工程领域中的发明创造有着极其辉煌的成就。不但发明的数量多、质量高，发明的时间也早。机械的发明与使用繁荣了人类社会，促进了人类文明的发展。在高科技迅速发展的今天，机械的种类更加繁多，性能更加先进。机械手，机器人，机、光、电、液一体化的智能型机械，办公自动化机械等大量的、先进的机械正在改变人类的生活与工作。

第二节　动力机械的产生与文化

蒸汽机是世界上最早的动力机械，它的出现引起了18世纪的工业革命。直到20世纪初，仍然是世界上最重要的原动机，它主宰机械工业近2个世纪，可谓是真正机械发展的开国元勋，对机械产生与发展起到了重要作用。

一、蒸汽机的发明

世界上第一台蒸汽机是由古希腊数学家希罗（Hero of Alexandria）于1世纪发

明的汽转球（Aeolipile），如图2-1所示，是蒸汽机的雏形。

1679年法国物理学家丹尼斯·巴本在观察蒸汽逃离高压锅后制造了第一台蒸汽机的工作模型。与此同时萨缪尔·莫兰也提出了蒸汽机的想法。

1698年托马斯·塞维利、1712年托马斯·纽科门和1769年詹姆斯·瓦特制造了早期的工业蒸汽机，他们对蒸汽机的发展都作出了贡献。1807年罗伯特·富尔顿第一个成功地用蒸汽机来驱动轮船。在瓦特之前，早就出现了蒸汽机，即纽科门蒸汽机，如图2-2所示，但它的耗煤量大、效率低。瓦特运用科学理论。从1765年到1790年，进行了一系列发明，比如分离式冷凝器、汽缸外设置绝热层、用油润滑活塞、行星式齿轮、平行运动连杆机构、离心式调速器、节气阀、压力计等，使蒸汽机的效率提高到原来纽科门机的3倍多，最终制造出了现代意义上的蒸汽机。

图2-1　汽转球

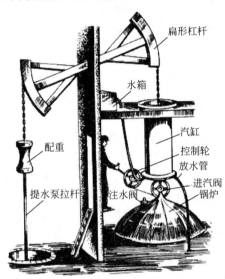

扁形杠杆
水箱
配重
汽缸
控制轮
放水管
进汽阀
锅炉
提水泵拉杆
注水阀

图2-2　纽科门蒸汽机

瓦特发明蒸汽机的故事

在瓦特的故乡——英国格林诺克的小镇，家家户户都是生火烧水做饭。对这种司空见惯的事，瓦特就留了心。有一天，他在厨房里看祖母做饭。灶上坐着一壶水，水开时在沸腾，壶盖啪啪啪地响，不停地往上跳动。瓦特观察好半天，感到很奇怪，猜不透这是什么缘故，就问祖母说："是什么让壶盖跳动呢？"祖母回答说："水开了，就这样。"瓦特没有满足，又追问："为什么水开了壶盖就跳动？是什么东西推动它吗？"可能是祖母太忙了，没有功夫回答他，便不耐烦地说："不知道。小孩子刨根问底地问这些有什么意思呢。"瓦特在祖母那里不但没有找到答案，反而受到了批评，可他并不灰心。连续几天，每当做饭时，他就蹲在火炉旁边细心地观察。起初，壶盖很安稳，隔了一会儿水要开了就发出哗哗的响声。突然，壶里的水蒸气冒出来，推动壶盖跳动，蒸汽不住地往上冒，壶盖也不停地跳动着，好像里边藏着个魔术师，在变戏法似的。瓦特高兴了，几乎叫出声来，他把壶盖揭开又盖上，盖上又揭开，反复验证。他还把杯子、调羹遮在水蒸气喷出的地方。瓦特终于弄清楚了，是水蒸气推动壶盖跳动。

图2-3　瓦特改良的蒸汽机

1769年，瓦特把蒸汽机改成发动力较大的单动式发动机。后来又经过多次研究，成功发明了完善的蒸汽机（图2-3）。由于蒸汽机的发明，英国成为世界上最早利用蒸汽推动铁制"海轮"的国家。19世纪，开始海上运输改革，一些国家进入了"汽船时代"。随之而来，煤矿、工厂、火车也全应用了蒸汽机。体力劳动解放了，经济发展了。因此瓦特在世界上享有盛名，他十分重视学习和实践。学习，丰富了他的智慧；实践，结出了丰硕的成果。

二、蒸汽机的历史作用

蒸汽机曾推动机械工业甚至社会的发展，解决了大机器生产中最关键的问题，推动了交通运输空前的进步。随着它的发展而建立的热力学和机构学为汽轮机和内燃机的发展奠定了基础；汽轮机继承了蒸汽机以蒸汽为工质的特点，和采用凝汽器以降低排汽压力的优点，摒弃了往复运动和间断进汽的缺点；内燃机继承了蒸汽机的基本结构和传动形式，采用了将燃油直接输入汽缸内燃烧的方式，形成了热效率高得多的热力循环；同时，蒸汽机所采用的汽缸、活塞、飞轮、飞锤调速器、阀门和密封件等，均是构成多种现代机械的基本元件。

工业革命的产生一部分原因是蒸汽机的改良（瓦特没有发明蒸汽机，他只是改良），当时英国鼓励发明，并且在人口增加需要提高生产速度之时，有人努力改进当时的生产设备。

1769年尼古拉·约瑟夫·居纽首次用他的"蒸汽车"（图2-4）展示了自动蒸汽车的可行性。这辆车可以说是第一辆汽车，作为运输工具不太有用，但用来拖农具却很不错。一直到20世纪初，蒸汽机汽车依然可以与其他驱动方式的汽车抗衡。今天大多数汽车是用内燃机驱动的。蒸汽机汽车最大的缺点是它至少需要30秒钟时间来获得足够的压力。

世界上第一列蒸汽机火车（图2-5）是1804年特拉维斯克在威尔士展示的。

蒸汽机的出现和改进促进了社会经济的发展，经济的发展反过来又向蒸汽机提出了更高的要求，如要求蒸汽机功率大、效率高、重量轻、尺寸小等。尽管人们对蒸汽机做过许多改进，不断扩大使用范围和改善性能，但是随着汽轮机和内燃机的发展，蒸汽机乃逐渐衰落。

图2-4 居纽的"蒸汽车"

图2-5 世界上第一列蒸汽机火车

三、电动机、内燃机的发明与使用

　　19世纪最后30年和20世纪初，科学技术的进步和工业生产的高涨，被称为近代历史上的第二次工业革命。第二次工业革命以电力的广泛应用为显著特点。从19世纪六七十年代开始，出现了一系列电器发明。1866年德国人西门子（Siemens）制成发电机，1870年比利时人格拉姆（Gelam）发明电动机，电力开始用于带动机器，成为补充和取代蒸汽动力的新能源。电力工业和电器制造业迅速发展。人类跨入了"电气时代"。

　　19世纪早期，人们发现了电磁感应现象，根据这一现象，对电作了深入的研究。在进一步完善电学理论的同时，科学家们开始研制发电机。1866年，德国科学家西门子制成一部发电机，后来几经改进，逐渐完善，到19世纪70年代，实际可用的发电机问世。电动机的发明，实现了电能和机械能的互换。随后，电灯、电车、电钻、电焊机等电气产品如雨后春笋般涌现出来。

　　第二次工业革命的又一重大成就是内燃机的创制和使用。蒸汽机是将燃料在锅炉中燃烧把水烧开，将蒸汽送进汽缸，推动活塞和曲柄连杆机构工作，所以蒸汽机也称外燃机。它的热量损失大，热效率低（仅10%左右），能源浪费严重。如果让燃料在汽缸里直接燃烧，产生的气体膨胀力推动活塞做功，就可大大提高汽缸压力和热效率，这就是内燃机。19世纪七八十年代，以煤气和汽油为燃料的内燃机相继诞生，1876年，德国人奥托制造出第一台以煤气为燃料的四冲程内燃机（图2-6），成为颇受欢迎的小型动力机。1883年，德国工程师戴姆勒制成以汽油为燃料的内燃机，具有马力大、重量轻、体积小、效率高等特点，可作为交通工具的发动机。1885年，德国机械工程师卡尔·本茨制成第一辆汽车（图2-7），本茨因此被称为"汽车之父"。这种启动方便的汽车有三个轮子，每分钟的转速约250次，时速约15千米，带有一个用水冷却的单缸发动机，功率为3/4马力，用电点燃。这部汽车使本茨第一个获得汽车专利。接着，德国工程师狄塞尔于1897年发明了一种结构更加简单、燃料更加便宜的内燃机——柴油机，这种柴油机虽比使用汽油的内燃机笨重，但却非常适用于重型运输工具。它不仅用于船舶而且用于火车、机车和载重汽车。

图2-6 奥托试制出的四冲程内燃机　　　图2-7 卡尔·本茨制成的第一辆汽车

以内燃机为动力的汽车作为一种新的运输工具发展也很迅速。19世纪90年代，世界各国生产的汽车每年只有几千辆，第一次世界大战前夕，世界的汽车年产量已猛增到50万辆以上。1903年12月，以内燃机为动力的飞机飞上蓝天，实现了人类翱翔天空的梦想。

第三节　机械技术与主要特征

一、机械的概念与特征

机械是能帮助人们降低工作难度或省力的工具装置，像筷子、扫帚以及镊子一类的物品都可以被称为简单机械。复杂机械是由两种或两种以上的简单机械构成的，通常把这些比较复杂的机械叫作机器。从结构和运动的观点来看，机械和机器并无区别，泛称为机械。

简单机械是最基本的机械（图2-8），是机械的重要组成部分。对工具、火与语言的应用，使得人类最终从一般动物中脱离出来。而简单机械，则是人在改造自然中运用工具的智慧结晶，是牛顿力学（向量力学）研究的重要对象。人们曾尝试将一切机械都分解为几种简单机械，实际上这是很困难的，通常是把以下几种机械作为基础来研究：杠杆、滑轮、轮轴、齿轮、斜面、螺旋、劈等。前四种简单机械是杠杆的变形，称为"杠杆类简单机械"；后三种是斜面的变形，称为"斜面类简单机械"。不论使用哪一类简单机械都必须遵循机械的一般规律——功的原理。

机器是由各种金属和非金属零部件组装成的装置，消耗能源，可以运转、做功。用来代替人的劳动、进行能量变换、产生有用功。机器贯穿在人类历史的全过程中。但是近代真正意义上的"机器"，却是在西方工业革命后才逐步被发明出来。机器是零部件间有确定的相对运动，用来转换或利用机械能的机械。一般由零件、部件组成一个整体，或者由几个独立机器构成联合体。由两台或两台以上机器联接在一起的机械设备称为机组。

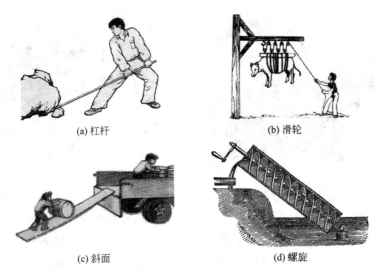

(a) 杠杆　　　　　　　　　　(b) 滑轮

(c) 斜面　　　　　　　　　　(d) 螺旋

图2-8　简单机械

在机器中，凡用来完成有用功的称为工作机，如各种机床、起重机、纺织机、发电机等；凡将其他形式的能量转换为机械能的称为原动机，如内燃机、蒸汽机、电动机等。工程中大多是工作机和原动机互相配合应用。机器的概念可以扩充为：一种用来转换和传递能量、物料和信息的、能执行机械运动的装置。

机器由动力部分、工作部分、传动部分、控制部分组成。

（1）动力部分：是机器能量的来源，它将各种能量转变为机器能（又称机械能）。

（2）工作部分：直接实现机器特定功能、完成生产任务。

（3）传动部分：按工作要求将动力部分的运动和动力传递、转换或分配给工作部分的中间装置。

（4）控制部分：控制机器启动、停车和变更运动参数。

机构是机器、仪器等内部为传递、转换运动或实现某种特定的运动而由若干零件组成的机械装置。如：机械手表中有原动机构、擒纵机构、调速机构等；车床、刨床等有走刀机构。机器的主体是由一个或若干个机构组成，通过不同机构的组合来实现特定的机械运动。机构是机器不可缺少的部分。

二、机械工程学科应用

机械工程是以有关的自然科学和技术科学为理论基础，结合生产实践中的技术经验，研究和解决在开发、设计、制造、安装、运用和修理各种机械中的全部理论和实际问题的应用学科。机械是现代社会进行生产和服务的五大要素（人、资金、能源、材料和机械）之一，并参与能量和材料的生产。

在工业革命以前，大多数的工程项目都限于军事及城市发展。从事军事方面的工程师负责研制战争工具和系统；从事城市发展的工程师负责建筑和地面设施。19世纪早期的英国，机械工程师成为新兴的行业，负责提供工业用机械和推动机械所需要的动力。1818年，首个专业土木工程师组织成立，机械工程师亦于1847年成立组织。

20世纪初期，福特在汽车制造上创造了流水装配线。大量生产技术加上泰勒在19世纪末创立的科学管理方法，使汽车和其他大批量生产的机械产品生产效率很快达到了过去无法想象的高度。

20世纪中后期，机械加工的主要特点是：不断提高机床的加工速度和精度，减少对手工技艺的依赖；发展无切削加工工艺；提高成型加工、切削加工和装配的机械化和自动化程度。从机械控制的自动化发展到电气控制的自动化和计算机程序控制的完全自动化，直至无人车间和无人工厂；利用数字控制机床、加工中心、成组技术等，发展柔性加工系统，使中小批量、多品种生产的生产效率提高到近于大量生产的水平；研究和改进难加工的新型金属和非金属材料的成型和切削加工技术。

世界上建立最早的机械工程学术团体是英国机械工程师学会（IMechE），成立于1847年，第一任主席是铁路机车发明家乔治·史蒂芬生。英国机械工程师学会的建立，标志着机械工程已确立为一个独立的学科，机械工程师被世人所尊敬。在此之前，从事机械制造、使用和修理的人，被称为机器匠，社会地位不高。

机械工程的服务领域广阔，凡是使用机械、工具，以至于能源和材料生产的部门，无不需要机械工程的服务。概括说来，现代机械工程有五大服务领域（图2-9）。

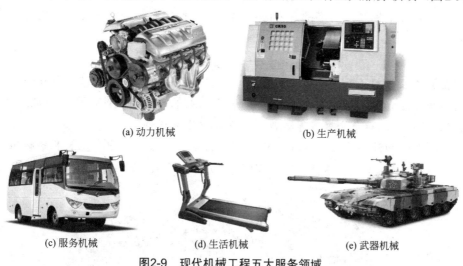

(a) 动力机械　　　　　　　　　　(b) 生产机械

(c) 服务机械　　　　(d) 生活机械　　　　(e) 武器机械

图2-9　现代机械工程五大服务领域

（1）研制和提供能量转换机械，包括将热能、化学能、原子能、电能、流体压力能和天然机械能转换为适合于应用的机械能的各种动力机械，以及将机械能转换为所需要的其他能量（电能、热能、流体压力能、势能等）的能量变换机械。

（2）研制和提供用以生产各种产品的机械，包括应用于第一产业的农业、林业、牧业、渔业机械和矿山机械，以及应用于第二产业的各种重工业机械和轻工业机械。

（3）研制和提供从事各种服务的机械，包括交通运输机械、物料搬运机械、办公机械、医疗器械、通风、采暖和空调设备、除尘、净化、消声等环境保护设备等。

（4）研制和提供家庭和个人生活中应用的机械，如洗衣机、冰箱、钟表、照相机、运动器械等。

（5）研制和提供各种机械武器。

各个工程领域的发展都要求机械工程有与之相适应的发展，都需要机械工程提供所必需的机械。某些机械的发明和完善，又导致新的工程技术和新的产业出现和发展，例如内燃机、火箭发动机等的发明和进步以及飞机和航天器的研制成功导致了航空、航天工程和航空、航天事业的兴起。机械工程就是在各领域不断提高需求的压力下获得发展动力，同时又从各个学科和技术的进步中得到改进和创新的能力。在机械工程学科方面人类虽然已经取得了瞩目的成就，但必须清醒认识到，从人类角度看，该领域还有许多亟待解决的问题和挑战；从我国角度看，机械工程学科水平还处于落后的状态，与发达国家仍有很大的差距。

三、生产线的使用与发展

生产线是产品生产过程所经过的路线，即从原料进入生产现场开始，经过加工、运送、装配、检验等一系列生产活动所构成的路线（图2-10和图2-11），即按产品专业化原则，配备生产某种产品（零部件）所需要的各种设备和各工种的工人，负责完成某种产品（零部件）的全部制造工作，对相同的劳动对象进行不同工艺的加工。

生产线的由来

在英格兰北部的一个小镇里，有一个名叫艾薇的人开了一家销售鱼和油煎土豆片的商店。在店里面，每位顾客需要排队才能点餐（比如油炸鳕鱼、油煎土豆片、豌豆糊、茶），然后每个顾客等着盘子装满后坐下来进餐。

艾薇店里的油煎土豆片是小镇中最好的，在每个集市日中午，长长的队伍都会

图2-10　饮料生产线

图2-11　汽车生产线

排出小店。在没办法再另外增加服务台的情况下他们想出了一个聪明的办法，把柜台加长，艾薇、伯特、狄俄尼索斯和玛丽站成一排，顾客进来的时候，艾薇先给他们一个盛着鱼的盘子，然后伯特给加上油煎土豆片，狄俄尼索斯再给盛上豌豆糊，最后玛丽倒茶并收钱。顾客们不停走动；当一个顾客拿到豌豆糊的同时，他后面的顾客已经拿到了油煎土豆片，再后面的一个顾客已经拿到了鱼。一些不吃豌豆糊的顾客也能从狄俄尼索斯那里得到笑脸。这样一来队伍变短了，不久以后，他们买下了对面的商店又增加了更多的餐位。这就是流水线，将那些具有重复性的工作分割成几个串行部分，使得工作能在工人们中间移动，每个熟练工人只需要将他的那部分工作做好就可以了。虽然每个顾客等待服务的总时间没变，但是却有四个顾客能同时接受服务，这样在集市日的午餐时段里能够服务的顾客数量增加了三倍。

按范围大小，分为产品生产线和零部件生产线；按节奏快慢，分为流水生产线和非流水生产线；按自动化程度，分为自动化生产线和非自动化生产线。

生产线的主要产品或多数产品的工艺路线和工序劳动量比例，决定了一条生产线上拥有为完成某几种产品的加工任务所必需的机器设备，机器设备的排列和工作地的布置等。生产线具有较大的灵活性，能适应多品种生产的需要；在不能采用流水生产的条件下，组织生产线是一种比较先进的生产组织形式；在产品品种规格较为复杂、零部件数目较多、每种产品产量不多、机器设备不足的企业里，采用生产线能取得良好的经济效益。

生产线已经成为工业生产不可或缺的机械设备，其发展趋势表现在以下五个方面：

① 继续向大型化发展。大型化包括大输送能力、大单机长度和大输送倾角等。水力输送装置的长度已超过440km。带式输送机的单机长度已近15km，并已出现由若干台组成联系甲乙两地的"带式输送道"。不少国家正在探索长距离、大运量连续输送物料的、更完善的输送机结构。

② 扩大输送机的使用范围。发展能在高温、低温条件下、有腐蚀性、放射性、

易燃性物质的环境中工作的，以及能输送炽热、易爆、易结团、黏性物料的输送机。

③ 使输送机的构造满足物料搬运系统自动化控制对单机提出的要求。如邮局所用的自动分拣包裹的小车式输送机应能满足分拣动作的要求等。

④ 降低能量消耗以节约能源，已成为输送技术领域科研工作的一个重要方面。以将1吨物料输送1千米所消耗的能量作为输送机选型的重要指标之一。

⑤ 减少各种输送机在作业时所产生的粉尘、噪声和排放的废气。

第四节　机械理论基础与分类

一、机械设计基础含义和分类

机械设计（Machine Design）是根据使用要求对专用机械的工作原理、结构、运动方式、力和能量的传递方式、各个零件的材料和形状尺寸、润滑方法等进行构思、分析和计算并将其转化为具体的描述，以作为制造依据的工作过程。机械设计是机械工程的重要组成部分，是机械生产的第一步，是决定机械性能的最主要因素。机械设计的努力目标是：在各种限定的条件（如材料、加工能力、理论知识和计算手段等）下设计出最好的机械，即做出优化设计。优化设计需要综合考虑许多要求，一般有最好的工作性能、最低的制造成本、最小的尺寸和重量、使用中最高的可靠性、最低的消耗和最少的环境污染。这些要求常是互相矛盾的，而且它们之间的相对重要性因机械种类和用途的不同而异。

机械设计可分为新型设计、继承设计和变型设计3类。

（1）新型设计。应用成熟的科学技术或经过实验证明是可行的新技术，设计过去没有过的新型机械。

（2）继承设计。根据使用经验和技术发展对已有的机械进行设计更新，以提高其性能、降低其制造成本或减少其运行费用。

（3）变型设计。为适应新的需要对已有的机械作部分的修改或增删而发展出不同于标准型的变型产品。

二、现代机械设计方法

为了满足机械产品性能的高要求，在机械设计中大量采用计算机技术进行辅助设计和系统分析，这就是通用的现代设计方法。常见的方法包括优化、有限元、可靠性、仿真、专家系统、CAD等。这些方法并不只是针对机械产品去研究，还有其自身的科学理论和方法。

（1）优化设计。机械优化设计是最优化技术在机械设计领域的移植和应用，其基本思想是根据机械设计的理论、方法和标准规范等建立一反映工程设计问题和符合数学规划要求的数学模型，然后采用数学规划方法和计算机计算技术自动找出设计问题的最优方案。它是机械设计理论与优化数学、电子计算机相互结合而形成的一种现代设计方法。

（2）仿真与虚拟设计。计算机仿真技术是以计算机为工具"建立实际或联想的系统模型"，并在不同条件下对模型进行动态运行实验的一门综合性技术。而虚拟技术的本质是以计算机支持的仿真技术为前提，在产品设计阶段，实时并行模拟出产品开发全过程及其对产品设计的影响，预测产品性能、产品制造成本、产品的可制造性、产品的可维护性和可拆卸性等，从而提高产品设计的一次成功率。这种方法不但缩短产品开发周期，也缩短了产品开发与用户之间的距离。

（3）有限元设计。这种方法是利用数学近似的方法对真实物理系统（几何和载荷工况）进行模拟。利用简单而又相互作用的元素（即单元），就可以用有限数量的未知量去逼近无限未知量的真实系统。它不仅能用于工程中复杂的非线性问题、非稳态问题的求解，而且还可在工程设计中进行复杂结构的静态和动力分析，并能准确计算形状复杂零件的应力分布和变形，成为复杂零件强度和刚度计算的有力分析工具。

（4）模糊设计。它是将模糊数学知识应用到机械设计中的一种设计方法。机械设计中就存在大量的模糊信息。如机械零部件设计中，零件的安全系数往往从保守观点出发，取较大值而不经济，但在其允许的范围内存在很大的模糊区间。机械产品的开发在各阶段常会遇到模糊问题，虽然这些问题的特点、性质等不尽相同，但所采取的模糊分析方法是相似的。它的最大特点是，可以将各因素对设计结果的影响进行全面定量分析，得出综合的数量化指标，作为决断的依据。

三、机械制造概念与分类

机械制造通常是指用机械的方法制造产品或制造机械产品两个范畴，是获得产品形状、尺寸、位置的技巧、方法和程序，通常包括零件的制造与机器的装配两部分。零件的制造通常分为冷加工和热加工两大类。

根据零件制造工艺过程中原有物料与加工后物料在质量上有无变化及变化情况可分为如下三类。

① 恒量法。又称材料成型法、塑性加工法、变形法，其特点是进入工艺过程中的物料其初始质量等于或近似等于加工后的最终质量。常用的材料成型法有铸造、锻压、冲压、粉末冶金、注塑成型等，这些工艺方法使物料按需要改变其几何形状，多用于毛坯制造，也可直接成型为零件。

② 减量法。又称材料去除法、切削加工法、余量法，其特点是零件的最终几何形状局限在毛坯的初始几何形状范围内，零件形状的改变是通过去除一部分材料来实现的。在材料去除法中，根据工件形态的变化过程和能源作用的形式，又可分为常规机械加工和特种加工。

③ 增量法。又称生长法或材料累加法，传统的累加方法主要是焊接、黏接或铆接，通过这些不可拆卸的连接方法使物料结合成一个整体，形成零件。近几年才

发展起来的快速原型制造技术（RPM）是材料累加法的新发展。它将计算机辅助设计（CAD）、计算机辅助制造（CAM）、计算机数控（CNC）、精密伺服驱动、新材料等先进技术集于一体，依据计算机上构成的产品三维设计模型，对其进行分层切片，得到各层截面轮廓。按照这些轮廓，激光束选择性地切割一层层材料（或固化一层层的液态树脂，或烧结一层层的粉末材料），或喷射源选择性地喷射一层层的黏结剂或热熔材料等，形成一个个薄层，并逐步叠加成三维实体。

四、机械制造过程

（1）产品设计。产品设计是企业产品开发的核心，产品设计必须保证技术上的先进性与经济上的合理性等。产品的设计一般有三种形式：创新设计、改进设计和变形设计。

① 创新设计（开发性设计）是按用户的使用要求进行的全新设计。

② 改进设计（适应性设计）是根据用户的使用要求，对企业原有产品进行改进或改型的设计，即只对部分结构或零件进行重新设计。

③ 变形设计（参数设计）仅改进产品的部分结构尺寸，以形成系列产品的设计。产品设计的基本内容包括编制设计任务书、方案设计、技术设计和图样设计。

（2）工艺设计。工艺设计的基本任务是保证生产的产品能符合设计的要求，制订优质、高产、低耗的产品制造工艺规程，制订出产品的试制和正式生产所需要的全部工艺文件。包括对产品图纸的工艺分析和审核、拟订加工方案、编制工艺规程，以及工艺装备的设计和制造等。

（3）零件加工。零件的加工包括坯料的生产，对坯料进行各种机械加工、特种加工和热处理等，使其成为合格零件的过程。极少数零件加工采用精密铸造或精密锻造等无屑加工方法。通常毛坯的生产有铸造、锻造、焊接等；常用的机械加工方法有钳工加工、车削加工、钻削加工、刨削加工、铣削加工、镗削加工、磨削加工、数控机床加工、拉削加工、研磨加工、珩磨加工等；常用的热处理方法有正火、退火、回火、时效、调质、淬火等；特种加工有电火花成型加工、电火花线切割加工、电解加工、激光加工、超声波加工等。只有根据零件的材料、结构、形状、尺寸、使用性能等，选用适当的加工方法，才能保证产品的质量。

（4）检验。采用测量器具对毛坯、零件、成品、原材料等进行尺寸精度、形状精度、位置精度的检测，以及通过目视检验、无损探伤、机械性能试验及金相检验等方法对产品质量进行的鉴定。测量器具包括量具和量仪。常用的量具有钢直尺、卷尺、游标卡尺、卡规、塞规、千分尺、角度尺、百分表等，用以检测零件的长度、厚度、角度、外圆直径、孔径等。另外，螺纹的测量可用螺纹千分尺、三针量法、螺纹样板、螺纹环规、螺纹塞规等。常用量仪有浮标式气动量仪、电子式量仪、电动式量仪、光学量仪、三坐标测量仪等，除可用以检测零件的长度、厚度、外圆直径、孔径等尺寸外，还可对零件的形状误差和位置误差等进行测量。特殊检验主要是指检测零件内部及外表的缺陷。其中无损探伤是在不损害被检对象的前提下，检测零件内部及外表缺陷的现代检验技术。无损检验方法有直接肉眼检验、射线探伤、超声波探伤、磁力探伤等，使用时应根据无损检测的目的，选择合适的方法和检测规范。

（5）装配调试。任何机械产品都是由若干个零件、组件和部件组成的。根据规定的技术要求，将零件和部件进行必要的配合及连接，使之成为半成品或成品的工艺过程称为装配。将零件、组件装配成部件的过程称为部件装配；将零件、组件和部件装配成为最终产品的过程称为总装配。装配是机械制造过程中的最后一个生产阶段，其中包括调整、试验、检验、油漆和包装等工作。常见的装配工作包括：清洗、连接、校正与配作、平衡、验收、试验。

（6）入库。企业生产的成品、半成品及各种物料为防止遗失或损坏，放入仓库进行保管，称为入库。入库时应进行入库检验，填好检验记录及有关原始记录；对量具、仪器及各种工具做好保养、保管；对有关技术标准、图纸、档案等资料妥善保管；保持工作地点及室内外整洁，注意防火、防湿，做好安全工作。

五、机械加工方法

机械加工方法主要是采用不同机械对零件进行加工的过程，大体可分为如下六大类（这六大类也是使金属成型的六种基本方法）。

① 钻削。钻床指用钻头在工件上加工孔的机床。通常钻头旋转为主运动，钻头轴向移动为进给运动（图2-12）。钻床结构简单，加工精度相对较低，可钻通孔、盲孔，更换特殊刀具，可扩孔、锪孔、铰孔或进行攻丝等。

② 车削。车床是指以工件旋转为主运动，车刀移动为进给运动加工回转表面的机床。可用于加工各种回转成型面（图2-13），例如：内外圆柱面、内外圆锥面、内外螺纹以及端面、滚花等。它是金属切削机床中使用最广、历史最久、品种最多的一种机床。

③ 铣削。铣床指用铣刀在工件上加工各种表面的机床。通常铣刀旋转运动为主运动，工件（和）铣刀的移动为进给运动（图2-14）。它可以加工平面、沟槽，也可以加工各种曲面、齿轮等。

图2-12 钻削

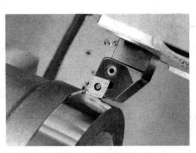

图2-13 车削

图2-14 铣削

④ 磨削。磨床指用磨具或磨料加工工件各种表面的机床。一般用于对零件淬硬表面做磨削加工（图2-15）。通常，磨具旋转为主运动，工件或磨具的移动为进给运动，其应用广泛、加工精度高、表面粗糙度值小。

⑤ 刨削。刨床指用刨刀加工工件表面的机床。刀具与工件做相对直线运动进行加工（图2-16），主要用于各种平面与沟槽加工，也可用于直线成型面的加工。

图2-15　磨削

图2-16　刨削

⑥ 镗削。镗床指用镗刀在工件上加工已有预制孔的机床。通常，镗刀旋转为主运动，镗刀或工件的移动为进给运动（图2-17）。它主要用于加工高精度孔或一次定位完成多个孔的精加工，此外还可以从事与孔精加工有关的其他加工面的加工。

图2-17　镗削

六、机电一体化的概念及主要特征

机电一体化是随着生产和技术的发展，在以机械、电子技术为主的多学科相互渗透、相互结合的过程中逐渐形成和发展起来的一门新兴边缘学科。它是建立在机械技术、微电子技术、计算机和信息处理技术、自动控制技术、传感与测试技术、电力电子技术、伺服驱动技术、系统总体技术等现代高新技术群体基础上的一种高新技术。

机电一体化产品与传统机械产品相比，有如下一些显著特征。

（1）机械结构简单化。一台传统的机械设备往往需要采用机械传动系统来连接各个执行构件，采用机电一体化技术后，可以用多台电动机分别驱动，用电子器件、微机来控制和实现各执行构件的动作，完成工艺动作过程。

（2）提高了加工工艺的精度。由于机械传动部件的减少，机械磨损及间隙配合等所引起的动作误差大为减少，通过微机控制系统可以精确按照预先给定量，使间隙和各种干扰因素造成的误差自行校正、补偿，从而可以达到单纯机械方法实现不了的加工精度。

（3）工艺过程的柔性化。由于机电一体化产品采用微机控制，因此，只要改变计算机程序，就能改变设备的加工能力和加工工艺流程，以适应迅速改变被加工产品结构、满足多品种小批量生产的需要，使设备具有柔性化。

（4）操作自动化。采用微机控制系统可实现一台机器各个相关传动机构的动作及多功能的协调关系，实现机器操作的全部自动化。例如，一般数控机床加工零件时，将被加工零件的工艺过程、工艺参数和机床运动要求，用数控编码记录在数控介质（如磁盘等）上，然后输入到数控装置，再由数控装置控制机床运动，从而实现加工自动化。

（5）调整维修更加方便。机电一体化产品在使用现场安装调试时，一般均可通过控制程序来实现工作方式、动作过程的变动，以适应各个用户、工作对象及现场工作参数变化的需要。

七、零件的几何形状与互换性

零件是组成机器的基本单元，也是加工制造的最小单元。任何机器都可以看成是由零件组成的集合体。

1. 零件的形体构成及几何形状特征

虽然零件随其功用、形状、尺寸和精度、表面质量诸因素的不同而千变万化，但组成零件形体的表面是基本一致的，常见的有外圆、内圆、锥面、平面、螺纹、齿形、成型面以及各种沟槽等。按零件的结构一般又可分为5类：轴套类、盘盖类、板块类、支架箱体类和特殊类，如图2-18所示。其中轴套类、盘盖类和支架箱体类最常见。

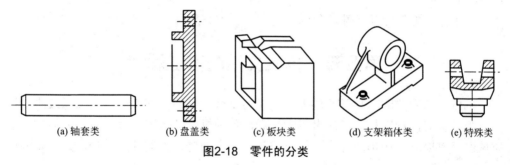

(a) 轴套类　　(b) 盘盖类　　(c) 板块类　　(d) 支架箱体类　　(e) 特殊类

图2-18　零件的分类

从零件几何特征上看，轴套类零件和盘盖类零件的几何特征有外圆、柱体、端面、键槽、螺纹、齿形、倒角和锥体等。板块类零件的几何特征可分为槽类、孔类、凹腔类、凸起类和台阶类等。正确认识零件的形状与几何特征是正确制造出零件的前提。零件几何形状由常见的表面构成，常见表面的生产方法奠定了零件表面加工的原理和方法。

2．零件的互换性与公差

零件的互换性概念在日常生活中到处都能遇到。例如，灯泡坏了，可以换个新的；自行车、缝纫机、钟表的零部件坏了，也可以换新的。之所以这样方便，是因为这些合格的产品和零件具有尺寸、功能上能够互相替换的性能。

在机械工业生产中，经常要求产品的零部件具有互换性。零部件的互换性是同一规格的零部件按规定的技术要求制造，能够彼此相互替换使用而效果相同的性能。零件在加工过程中，由于种种因素的影响，各部分的尺寸、形状、方向和位置以及表面粗糙度等几何量难以达到理想状态，总是有或大或小的误差。但从零件的功能看，不必要求零件几何量制造得绝对准确，只要求同一规格的零件几何量在某一规定误差范围内变动，保证同一规格的零件彼此充分相似即可。这个允许变动的误差范围叫作公差。

设计零件时要规定公差大小，加工时也会产生加工误差，因此要使零件间具有互换性，就应把零件的误差控制在规定的公差范围内。因此机械产品设计者的任务就在于正确确定公差，并把公差在图样上明确表示出来。也就是说，互换性要用公差来保证。显然，在满足零件功能要求的前提下，公差应尽量规定得大些，以获得最佳的技术经济效益。

在产品设计中，零部件具有互换性，就可以最大限度地采用标准件和通用件，可大大简化绘图及计算等工作，缩短设计周期，有利于计算机辅助设计和产品品种多样化。在产品制造过程中，互换性有利于组织专业化生产，有利于采用先进工艺和高效率的专业设备和计算机辅助制造，有利于实现产品加工过程和装配过程机械化、自动化，从而提高劳动生产率，提高产品质量，降低生产成本。在产品使用与维修方面，零部件具有互换性，可以及时更换已经磨损或损坏了的零部件，减少机械设备的维修时间及费用，保证机器能连续而持久地运转，从而提高机械设备的使用价值。

为了保证零件的互换性，我国制定有《公差与配合》国家标准。

第五节　机械文明的辩证思考

机械是从简单的工具开始逐渐发展成为复杂机械的，其性能也是从低级阶段逐渐成为高级的，特别是第二次世界大战后，各种机床都迅速发展起来，人们的生活质量也空前提高。1970年左右，污染成了一个大问题，人们开始议论，这样发展机械文明是否合适。

一、加铅汽油的使用

汽油发动机的性能逐渐提高，热球式发动机和狄塞尔式发动机等相继问世，虽然内燃机有些缺点，但是其用途不断扩大，特别是它实现了人类多年来的梦想，制成了空中飞行的机械——飞机。

1914年，第一次世界大战爆发以后，内燃机的性能得到了迅速提高。尽管如此，飞机用汽油仍然是直接蒸馏天然原油制品，一点也没有添加物。从1920年起，为解决爆炸现象，英国的利卡尔德研究并发现甲苯和苯的抗爆性十分优良。以此为开端，美国开始了添加物的研究，于1930年在近千种化合物中，最后选中了四乙铅。

从第二次世界大战后，在汽车中开始使用加有四乙铅的汽油，发动机的性能迅速提高，压缩比也逐渐增加。加四乙铅的汽油，大量上市，由于过多地使用，这种汽油排出的废气中含有的铅逐渐危及人体。

二、废气的大量排放

机械产业的不断发展，金属原材料使用量大大增加，从18世纪中叶起，世界工业开始逐渐发展起来，建立了很多的工厂，从矿石中提炼出金属的工厂数目也在不断增加。

19世纪初，世界铜产量每年大约9000吨，其中3/4是在威尔士的斯温希溪谷的塔威河堤岸边精炼的。其后，随着需要量的增加，铜的生产也日益增加，19世纪中叶，年产量达55000吨，其中有15000吨是在斯温希生产的，斯温希成了世界铜工业的中心。1860年左右为最盛时期，在塔威河堤岸有600多座精炼铜用炉。因这些炉子放出的煤燃烧气体和亚硫酸气的混合气体，住在高炉附近的居民受到了废烟污染。另外，各种车辆尾气排放逐渐增加，二氧化碳、二氧化硫等气体排到空气中，引起各种疾病，形成温室效应等，对环境形成严重威胁。

三、资源的大量消耗

现在各种机械源源不断地生产出来，所有的机械都需要矿物金属作为材料，所有的机械动力都直接或间接来源于地下能源，这些矿物金属、地下能源就是资源。今天作为工业材料使用最多的是铁，如果按照每年使用量固定不变算，现有的铁埋藏数量能使用240年，如果按每年1.8%的用量增长速度算，铁资源用93年就会枯竭。

四、机械发明成果的盗用

18世纪中期，已经有了专利法，人们却不理解其宗旨，甚至还有很多人几乎不知道有这种法律。不少技术人员知道自己的成果被盗用后，不愿意利用法律，怕走法律程序浪费时间、承担费用。现在，知识产权被盗用的情况屡见不鲜，特别是文字性的知识产权（论文、专利、书籍等），所以，知识产权人要学会使用法律武器维护自己的切身利益。

第六节　21世纪机械工程展望

复杂机械的产生，尤其是电子计算机的发明与自动控制理论的发展，使得现代机械文明得以体现，但也给人类带来一定的消极影响。机械工程的发展在推动人类社会的发展、提高人类物质文明和生活水平的同时，也对自然环境起到了巨大的破坏作用，为了人类社会的可持续发展，必须加快环境保护的步伐。

以内燃机为代表的动力机械污染大气，机器漏油污染水源，解决尾气超标问题不能治本。发展无污染的动力机械是21世纪的重要任务。目前，太阳能汽车已经问世，以氢代油的发动机正在研制中，相信无油发动机式的汽车将会得到普及应用。

能源方面，改进核裂变动力装置，发展太阳能、地热、潮汐能、海水温差能等，可以减少对非再生能源的依赖。未来的能源将是以核能为首的大量使用一次能源的时代，能源的变化将导致动力机械的变化。

由于地球陆地资源有限，开发海底矿物资源和其他星球的资源是人类解决矿物资源紧缺的好方法，为达到此目的，改进和开发适合海洋作业的各类机械和航天飞行机械是必要的。

随着科学技术的深入发展，降低能耗、保护环境、高精度、高性能的各类机械产品将不断涌现，微型机械将会普及应用。

21世纪的机械发展方向有以下十个方面。

（1）以太阳能和核能为代表的没有污染的动力机械。

（2）载人航天技术更加成熟，人类可以实现太空旅行或到其他星球居住。

（3）高精度、高效率的自动机床、加工中心更加普及，CAD/CAPP/CAM系统更加完善，彻底实现无图纸加工，机械制造业摆脱传统的设计、制造观念。

（4）微型机械应用到医疗和军事领域。

（5）人工智能机械的应用更加广泛，逐步取代普通机械。

（6）不污染环境的报废机械又称绿色机械，将取代传统机械。

（7）设计方法智能化，大量工程设计软件取代人工设计与计算过程。

（8）可遥控和智能化的民用生活机械进入家庭。

（9）先进的武器可以改变传统的战争模式。

（10）非金属材料和复合材料在机器中的应用日益广泛。

总之，未来的机械在能源、材料、加工制作、操纵与控制等方面都会发生很大变革。未来机械的种类更加繁多，性能更加优良，也将使人类生活更加美好。

第三章 机器人科学与文化

从20世纪中叶开始，一项高精尖的科技出现并迅猛发展，成为科技发展的中流砥柱，渐渐渗透到社会生活的各个方面，在国防工业、制造工业、科学研究以及社会工作中发挥着越来越重要、越来越显著的作用，这便是以计算机和自动化的发展以及原子能的开发利用为技术背景的现代机器人技术。

机器人的出现，使我们的文化创意有了新的元素。文化广场、主题公园、生产车间、星际探索等方面机器人有了无穷尽的用武之地。科技和艺术的结合，使各种神话人物得以真实再现，赋予无生命的物体以表现生命力；提供更多的体现生命力的技术手段，文化创意使机器人插上了遐想的翅膀。

经历了半个多世纪的发展，现代机器人技术已经迈上了更高的台阶，而机器人技术的研究者也拥有了更广阔的视野，同时相关的现代科技也有了更进一步的发展，在21世纪里，伴随着仿真生物学、计算机科学等尖端科学的进一步发展，机器人技术也将会拥有更广阔的发展空间，摆在我们面前的是一片万分开阔的领域，等待着我们去涉足，等待着我们去发掘，等待着我们去创造，等待着我们去成就自己！相信，现代机器人技术的未来定然会一片辉煌！

第一节 认识机器人

说到机器人，我们头脑里会马上想到那些会唱歌跳舞、干工作而且有头有手的小东西，其实，那只是机器人的狭义理解。实际上，机器人是利用机械传动、现代微电子技术组合而成的一种能模仿人某种技能的机械电子设备，是在电子、机械及信息技术的基础上发展而来的。机器人的样子不一定必须像人，只要能自主完成人类所赋予的任务与命令，就属于机器人大家族。

早在新石器时代机器人的雏形就开始为人类做事。新石器时代人还不能制造机器，所以当时的机器人叫稻草人。风动的稻草人在田地里为人类驱赶飞鸟。两千年前的中国人在稻草人的基础上做出了木偶。农闲时用线控的木偶进行娱乐表演。木偶表演只能在白天，晚上就用木偶的改进型（皮影）表演。皮影再进一步改进就成了现今的镂空皮影。近代人们把电子技术运用到机器人身上，就有了遥控的机器人和固定动作的机器人。在机器人身上加装传感器就成了原始的智能机器人。

也许大家会发现，机器人并不是那么遥远和神秘，现代人每天都在不知不觉中和各种各样的机器人打交道，如街道上安装的监控器、银行的自动提款机、超市的自动售货机等，如图3-1。他们一直陪伴在我们身边，默默地帮助着我们。

监控器

提款机

售货机

图3-1　我们身边的机器人

一、机器人一词的起源与机器人三原则

1920年捷克作家卡雷尔·卡佩克发表了科幻剧本《罗萨姆的万能机器人》。在剧本中，卡佩克把捷克语"Robota"写成了"Robot"，"Robota"是奴隶的意思。该剧预告了机器人的发展对人类社会的悲剧性影响，引起了大家的广泛关注，被当成了机器人一词的起源。在该剧中，机器人按照其主人的命令默默地工作，没有感觉和感情，以呆板的方式从事繁重的劳动。后来，罗萨姆公司取得了成功，使机器人具有了感情，导致机器人的应用部门迅速增加。在工厂和家务劳动中，机器人成了必不可少的成员。机器人发觉人类十分自私且不公正，终于造反了，机器人的体能和智能都非常优异，因此消灭了人类。但是机器人不知道如何制造它们自己，认为它们自己很快就会灭绝，所以它们开始寻找人类的幸存者，但没有结果。最后，一对感知能力优于其他机器人的男女机器人相爱了。这时机器人进化为人类，世界又起死回生了。

卡佩克提出的是机器人的安全、感知和自我繁殖问题。科学技术的进步很可能引发人类不希望出现的问题。虽然科幻世界只是一种想象，但人类社会将可能面临这种现实。

为了防止机器人伤害人类，科幻作家阿西莫夫（Isaac.Asimov）于1940年提出了"机器人三原则"：

（1）机器人不应伤害人类。

（2）机器人应遵守人类的命令，与第一条违背的命令除外。

（3）机器人应能保护自己，与第一条相抵触者除外。

这是给机器人赋予的伦理性纲领。机器人学术界一直将这三原则作为机器人开发的准则。

二、早期机器人的出现

机器人一词的出现和世界上第一台工业机器人的问世都是近几十年的事。然而人们对机器人的幻想与追求却已有3000多年的历史。早在西周时期，我国的能工巧匠偃师就研制出了能歌善舞的伶人，这是我国最早记载的机器人。春秋后期，我国著名的木匠鲁班也是一位发明家，据《墨经》记载，他曾制造过一只木鸟，能在空中飞行"三日不下"，体现了我国劳动人民的聪明智慧。公元前2世纪，亚历山大时代的古希腊人发明了最原始的机器人——自动机。它是以水、空气和蒸汽压力为动力的会动的雕像，可以自己开门，还可以借助蒸汽唱歌。在汉代，大科学家张衡不仅发明了地动仪，而且发明了计里鼓车。计里鼓车每行一里，车上木人击鼓一下，每行十里击钟一下，可以说他是最早的移动机器人雏形。后汉三国时期，蜀国丞相诸葛亮成功地创造出了"木牛流马"，并用其运送军粮，支援前方战争。

随着科技的发展，18世纪出现了以蒸汽机发明为标志的第一次技术革命，这引起了早期机器人技术的进步。1893年摩尔制造了"蒸汽人"，它的腰由杆件支撑，靠蒸汽驱动双腿沿圆周运动。以上这些自动玩具或自动作业机的出现均是以当时的科学和技术为基础。用现代的理论和眼光看，它们的功能很单一，实现方法还很落后，但是，它们却代表了当时的最高科技水平。

三、机器人的定义

在科技界，科学家会给每个科技术语一个明确的定义，但机器人问世已有几十年，机器人的定义仍然仁者见仁、智者见智，没有一个统一的意见。原因之一是机器人还在发展，新的机型、新的功能不断涌现。根本原因是机器人涉及了人的概念，成为一个难以回答的哲学问题。就像机器人一词最早诞生于科幻小说之中一样，人们对机器人充满了幻想。也许正是由于机器人定义的模糊，才给了人们充分的想象和创造空间。

其实并不是人们不想给机器人一个完整的定义，自机器人诞生之日起人们就不断地尝试着说明到底什么是机器人。但随着机器人技术的飞速发展和信息时代的到来，机器人所涵盖的内容越来越丰富，机器人的定义也不断充实和创新。

在1967年日本召开的第一届机器人学术会议上，就提出了两个有代表性的定义。一是森政弘与合田周平提出的："机器人是一种具有移动性、个体性、智能性、通用性、半机械半人性、自动性、奴隶性等7个特征的柔性机器"。从这一定义出发，森政弘又提出了用自动性、智能性、个体性、半机械半人性、作业性、通用性、信息性、柔性、有限性、移动性10个特性来表示机器人的形象。另一个是加藤一郎提出的具有如下3个条件的机器称为机器人：

① 具有脑、手、脚等三要素的个体；

② 具有非接触传感器（用眼、耳接受远方信息）和接触传感器；

③ 具有平衡觉和固有觉的传感器。

该定义强调了机器人应当仿人的含义，即它靠手进行作业，靠脚实现移动，由脑来完成统一指挥的作用。

非接触传感器和接触传感器相当于人的五官，使机器人能够识别外界环境，而平衡觉和固有觉则是机器人感知本身状态所不可缺少的传感器。1988年法国的埃斯皮奥将机器人定义为：机器人学是指设计能根据传感器信息实现预先规划好的作业系统，并以此系统的使用方法作为研究对象。1987年国际标准化组织对工业机器人进行了定义：工业机器人是一种具有自动控制的操作和移动功能，能完成各种作业的可编程操作机。

我国科学家对机器人的定义是："机器人是一种自动化的机器，所不同的是这种机器具备一些与人或生物相似的智能能力，如感知能力、规划能力、动作能力和协同能力，是一种具有高度灵活性的自动化机器"。在研究和开发未知及不确定环境下作业的机器人的过程中，人们逐步认识到机器人技术的本质是感知、决策、行动和交互技术的结合。

随着人们对机器人技术智能化本质认识的加深，机器人技术开始源源不断地向人类活动的各个领域渗透。结合这些领域的应用特点，人们发展了各式各样的具有感知、决策、行动和交互能力的特种机器人和各种智能机器，对不同任务和特殊环境的适应性，也是机器人与一般自动化装备的重要区别。这些机器人从外观上已远远脱离了最初仿人型机器人和工业机器人所具有的形状，更加符合各种不同应用领域的特殊要求，其功能和智能程度也大大增强，从而为机器人技术开辟出更加广阔的发展空间。

可见，机器人至今也没有一个统一的、公认的定义。但是能被国际普遍接受的是由美国"机器人工业协会"的一批科学家1979年提出的定义："一种可编程和多功能的操作机；或是为了执行不同的任务而具有可用电脑改变和可编程动作的专门系统。"

四、机器人的分类

关于机器人如何分类，国际上没有制定统一的标准，有的按负载重量分，有的按控制方式分，有的按结构分，有的按应用领域分。一般的分类方式见表3-1。

表3-1　机器人分类方式

分类名称	简要解释
操作型机器人	能自动控制，可重复编程，多功能，有几个自由度，可固定或运动，用于相关自动化系统中
程控型机器人	按预先要求的顺序及条件，依次控制机器人的机械动作
示教再现型机器人	通过引导或其他方式，先教会机器人动作，输入工作程序，机器人则自动重复进行作业
数控型机器人	不必使机器人动作，通过数值、语言等对机器人进行示教，机器人根据示教后的信息进行作业
感觉控制型机器人	利用传感器获取的信息控制机器人的动作
适应控制型机器人	机器人能适应环境的变化，控制其自身的行动
学习控制型机器人	机器人能"体会"工作的经验，具有一定的学习功能，并将所"学"的经验用于工作中
智能机器人	以人工智能决定其行动的机器人

我国的机器人专家从应用环境出发，将机器人分为两大类，即工业机器人和特种机器人。所谓工业机器人就是面向工业领域的多关节机械手或多自由度机器人。而特种机器人则是除工业机器人之外的、用于非制造业并服务于人类的各种先进机器人，包括服务机器人、水下机器人、娱乐机器人、军用机器人、农业机器人、机器人化机器等。在特种机器人中，有些分支发展很快，有独立成体系的趋势，如服务机器人、水下机器人、军用机器人、微操作机器人等。目前，国际上的机器人学者，从应用环境出发将机器人也分为两类：制造环境下的工业机器人和非制造环境下的服务与仿人型机器人，这和我国的分类是一致的。

第二节　机器人的演变

20世纪60年代前后，随着微电子学和计算机技术的迅速发展，自动化技术也取得了飞跃性的发展。开始出现了现在普遍意义上的机器人。1959年，美国英格伯格和德沃尔制造出世界上第一台工业机器人，取名"尤尼梅特"，意为"万能自动"，如图3-2所示。尤尼梅特的样子像一个坦克炮塔，炮塔上伸出一条大机械臂，大机械臂上又接着一条小机械臂，小机械臂再安装着一个操作器。这三部分都可以相对转动、伸缩，很像是人的手臂。它成为世界上第一台真正的实用工业机器人。此后英格伯格和德沃尔成立了"尤尼梅特"公司，兴办了世界上第一家机器人制造工厂。他们因此被称为机器人之父。1962年美国机械与铸造公司也制造出工业机器人，称为"沃尔萨特兰"，意思是"万能搬动"。"尤尼梅特"和"沃尔萨特兰"就成为世界上最早的、至今仍在使用的工业机器人。英格伯格和德沃尔认为汽车制造过程比较固定，适合用"尤尼梅特"这样的机器人。于是，这台世界上第一个真正意义的机器人，就应用在了汽车制造生产中。

机器人已经在很多领域的应用中取得了巨大成绩，其种类也不胜枚举，几乎各个高精尖端的技术领域都少不了它们的身影。在此期间，机器人的成长经历了三个阶段。第一个阶段中，机器人只能根据事先编好的程序来工作，这时它好像只有干活儿的手，不懂得如何处理外界的信息。打个比方，如果让这样的机器人去抓会损坏它的东西，它也一定会去做。第二个阶段中，机器人好像有了感觉神经，具有了触觉、视觉、听觉、力觉等功能，这使得它可以根据外界的不同信息做出相应的反馈。如果再让它去抓某些东西，它可能就不干啦。第三个阶段，此时机器人不仅具有多种技能，能够感知外面的世界，而且它还能够不断自我学习，用自己的思维来决策该做什么和怎样去做。第一阶段的机器人是小孩子（图3-3），人们称它为"示教再现型"；第二阶段的机器人是一个青年，人们称它为"感觉型"（图3-4）；第三阶段的机器人是成年人，称为"智能型"（图3-5）。1968年，美国斯坦福研究所研制出世界上第一台智能型机器人。这个机器人可以在一次性接受自计算机输出的无线遥控指令后，自己找到目标物体并实施对该物体的某些动作。1969年，该研究所对机器人的智能进行测定。他们在房间中央放置了一个高台，在台上放一个箱子，同时在房间一个角落里放了一个斜面体。科学家命令机器人爬上高台并将箱子推到地下去。开始，这个机器人绕着台子转了20分钟，无法登上去。后来，它发现了角落里的斜面体，于是它走过去，把斜面体推到平台前并沿着斜面体爬上了高台将箱子推了下去。这个测试表明，机器人已经具备了一定的发现、综合判断、决策等智能。

图3-2 "尤尼梅特"在生产线上工作

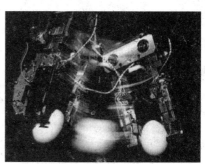

图3-3 第一阶段"示教再现型"机器人

图3-4 第二阶段"感觉型"机器人

图3-5 第三阶段"智能型"机器人

人们在开始狂欢自己杰作的同时，不免又害怕起来。他们担心有一天，聪明起来的机器人会将自己打翻在地。因为按照技术的发展来看，似乎没有什么不可能。

到了20世纪70年代，第二代机器人开始迅速发展并进入实用和普及的阶段，而第三代机器在今天也已经得到了突飞猛进的发展。它能够独立判断和行动，具有记忆推理和决策的能力，在发生故障时还可以自我诊断并修复。尽管如此，机器人的发展还是没有止境，人们希望它有更高的拟人化水平。

20世纪80年代，日本建立了首座无人工厂。工厂有1010台带有视觉的机器人，它们与数控机床等配合，按照程序完成生产任务。1992年，日本研制出一台光敏微型机器人，体积不到3立方厘米，重1.5克。1997年，日本的本田公司制造出高1.6米的机器人（图3-6）。这个机器人有三维视觉，头部能自如转动，双脚能躲开障碍物，能改变方向，在被推撞后可以自我平衡，是世界上第一台可以像人一样走路的步行机器人。该机器人由150位工程师历时11年，耗资8000万美元研制而成，可以照料人和完成多种危险及艰苦的工作。2004年1月，美国发射的"勇气"号和"机遇"号火星车先后成功登陆。火星车在火星表面行走、拍摄、钻探、化验，非常精彩地完成了自己的使命。现在的机器人已经可以跳舞、翻跟头。机器人的手也非常灵巧，它可以握住鸡蛋，也可以拿起缝衣针。而在电子生产线上的机械手，则快速、精确得远远超过人手。

目前，科学家们正在研制更精密的小型机器人。随着纳米技术的成熟，分子级的机器人已即将问世。

图3-6　本田公司制造的步行机器人

第三节　国内外机器人发展政策与形势

一、美国机器人发展政策与形势

美国是机器人的诞生地，早在1959年就研制出世界上第一台工业机器人，比起号称"机器人王国"的日本起步至少要早七八年。经过近60年的发展，美国现已成为世界上的机器人强国，基础雄厚，技术先进。综观它的发展史，道路是曲折的。

由于美国政府从20世纪60年代到70年代的十几年期间，并没有把工业机器人列入重点发展项目，只是在几所大学和少数公司开展了一些研究工作。对于企业来说，在只看到眼前利益，政府又无财政支持的情况下，宁愿错过良机，固守在使用刚性自动化装置上，也不愿冒风险，去应用或制造机器人。当时美国失业率高达6.65%，政府担心发展机器人会造成更多人失业，因此不予投资，也不组织研制机器人，这不能不说是美国政府的战略决策错误。20世纪70年代后期，美国政府和企业界虽有所重视，但在技术路线上仍把重点放在研究机器人软件及军事、宇宙、海洋、核工程等特殊领域的高级机器人的开发上，致使日本的工业机器人后来居上，并在工业生产的应用上及机器人制造业上很快超过了美国，产品在国际市场上形成了较强的竞争力。

20世纪80年代之后，美国政府和企业界才对机器人真正重视起来，政策上也有所体现，一方面鼓励工业界发展和应用机器人，另一方面制订计划、提高投资，增加机器人的研究经费，使美国的机器人迅速发展。但是，随着应用机器人技术的日益成熟，第一代机器人的技术性能越来越满足不了实际需要，美国开始生产带有视觉、力觉的第二代机器人，并很快占领了美国60%的机器人市场。

美国的机器人技术在国际上仍一直处于领先地位。其技术全面、先进，适应性也很强，具体表现如下。

① 性能可靠，功能全面，精确度高。

② 机器人语言研究发展较快，语言类型多、应用广，水平高居世界之首。

③ 智能技术发展快，其视觉、触觉等人工智能技术已在航天、汽车工业中广泛应用。

④ 高智能、高难度的军用机器人、太空机器人等发展迅速，主要用于扫雷、布雷、侦察、站岗及太空探测方面。

二、法国机器人发展政策与形势

法国不仅在机器人拥有量上居于世界前列，而且在机器人应用水平和应用范围上处于世界先进水平。

20世纪70年代，法国国家信息与自动化研究所（INRIA）和法国原子能委员会（CEA）研发出第一批工业机器人和第一个移动机器人，凭借原子能委员会开发的应用于核领域的机器手，法国在世界机器人制造领域处于领先地位。

20世纪80年代，法国第一批服务型机器人企业诞生，私人企业也开始进入工业机器人开发领域。多种机器人服务陆续推向市场，如残疾人护理、工业清洁、核安装监控等。

与此同时，以法国国家科学研究院、法国国家信息与自动化研究所、法国原子能委员会为代表的法国科研界掀起了机器人研究高潮，交通领域的机器人探测技术飞速发展。此外，法国国防业也开始进入机器人研究领域。但由于缺乏社会和经济的支持，法国工业机器人产业在20世纪末逐渐走下坡路，大部分企业被其他国家的公司（如意大利柯马公司等）收购，仅几家小型企业留存。

随着科技的日益进步，21世纪初，法国机器人制造产业逐渐复苏，新一代服务型机器人企业应运而生。一些大型企业也开始进入机器人制造业，例如达索、ECA、萨基姆、泰雷兹等逐渐参与到遥控无人驾驶机、海底机器人、地面机器人等领域。

经过10年的发展，法国机器人制造产业目前主要由三类企业组成：传统服务型和工业机器人中小企业、新兴研究型中小企业以及大型国防企业。总体而言，中小企业占多数，但多集中在特定领域或技术中，仅有十几家企业有能力生产成套机器人设备，而且资金基础薄弱，发展受限，企业重组或破产时有发生。大型企业多半集中在军事领域。法国政府还重视相关人才培养，2007年，机器人研究集团成立，聚集了六十几个科研实验室；截止到2010年，法国科研界共有由600名研究人员和300名在读博士构成的六十多个研究团队从事于机器人研究行业。

如今，法国具有国际领先的机器人研究团队，尤其是在世界服务型机器人领域颇具竞争力。为推广服务型机器人产业，法国还于2007年成立了服务型机器人协会（Syrobo），2011年在法国里昂组织了第一届服务型机器人国际展览会。

从科学研究层面看，根据机器人研究集团的分类，法国服务型机器人研究可分为八类：医疗、自动运输工具（陆地或航空）、自动化操作、机器人系统先进操作结构、机器人系统和用户互动、创新机械和机械电子结构设计、类人型机器人、机器人神经组织。

从应用层面看，法国服务型机器人主要应用于医学领域，如矫形和机能训练、外科整形。此外，机器人无人驾驶侦察机、自动运输工具、个人护理等方面应用也逐渐增多。

三、德国机器人发展政策与形势

德国工业机器人的总数占世界第三位，仅次于日本和美国。这里所说的德国，主要指的是原联邦德国。它比英国和瑞典引进机器人晚了五六年。其所以如此，是因为德国的机器人工业一起步，就遇到了国内经济不景气。但是，德国的社会环境是有利于机器人工业发展的。战争导致劳动力短缺，加之国民技术水平高，都是使用机器人的有利条件。到了20世纪70年代中后期，政府采用行政手段为机器人的推广开辟道路；在"改善劳动条件计划"中规定，对于一些有危险、有毒、有害的工作岗位，必须以机器人来代替普通人的劳动。这个计划为机器人的应用开拓了广泛的市场，并推动了工业机器人技术的发展。

日耳曼民族是一个重实际的民族，他们始终坚持技术应用和社会需求相结合的原则。除了像大多数国家一样，将机器人主要应用在汽车工业之外，突出的一点是德国在纺织工业中用现代化生产技术改造原有企业，报废了旧机器，购买了现代化自动设备、电子计算机和机器人，使纺织工业成本下降、质量提高，产品的花色品种更加适销对路。

与此同时，德国看到了机器人等先进自动化技术对工业生产的作用，提出了1985年以后要向高级的、带感觉的智能型机器人转移的目标。经过近十年的努力，其智能机器人的研究和应用方面在世界上处于公认的领先地位。

四、俄罗斯机器人发展政策与形势

在前苏联（主要是在俄罗斯），从理论和实践上探讨机器人技术是从20世纪50年代后半期开始的。到了20世纪50年代后期开始了机器人样机的研究工作。1968年成功试制出一台深水作业机器人。1971年研制出工厂用的万能机器人。早在前苏联第九个五年计划（1970～1975年）开始时，就把发展机器人列入国家科学技术发展纲领之中。到1975年，已研制出30个型号的120台机器人，经过20年的努力，前苏联的机器人在数量、质量水平上均处于世界前列地位。国家有目的地把提高科学技术进步当作推动社会生产发展的手段，有关机器人的研究生产、应用、推广和提高工作，都由政府安排，有计划、按步骤地进行。

五、日本机器人发展政策与形势

日本在20世纪60年代末正处于经济高度发展时期，年增长率达11％。第二次世界大战后，日本的劳动力紧张，而高速度的经济发展更加剧了劳动力严重不足。为此，日本在1967年由川崎重工业公司从美国Unimation公司引进机器人及其技术，建立起生产车间，并于1968年试制出第一台川崎的"尤尼梅特"机器人。

正是由于日本当时劳动力显著不足，机器人在企业里受到了"救世主"般的欢迎。日本政府一方面在经济上采取了积极的扶植政策，鼓励发展和推广应用机器人，从而更进一步激发了企业家从事机器人产业的积极性。尤其是政府对中、小企业的一系列经济优惠政策，鼓励集资成立"机器人长期租赁公司"，公司出资购入机器人后长期租给用户，使用者每月只需付较低廉的租金，大大减轻了企业购入机器人所需的资金负担；政府把由计算机控制的示教再现型机器人作为特别折扣优待产品，企业除享受新设备通常的40％折扣优待外，还可再享受 13％的价格补贴。另一方面，国家出资对小企业进行应用机器人的专门知识和技术指导等。

这一系列扶植政策，使日本机器人产业迅速发展起来，经过短短的十几年，到20世纪80年代中期，已一跃成为"机器人王国"，其机器人的产量和安装的台数在国际上跃居首位。按照日本产业机器人工业会常务理事米本完二的说法："日本机器人的发展经过了60年代的摇篮期，70年代的实用期，到80年代进入普及提高期。"并正式把1980年定为"产业机器人的普及元年"，开始在各个领域内广泛推广使用机器人。

日本政府和企业充分信任机器人，大胆使用机器人。机器人也没有辜负人们的期望，它在解决劳动力不足、提高生产率、改进产品质量和降低生产成本方面，发挥着越来越显著的作用，成为日本保持经济增长速度和产品竞争能力的一支不可缺少的队伍。

日本在汽车、电子行业大量使用机器人，使日本汽车及电子产品产量猛增，质量日益提高，而制造成本则大为降低。从而使日本生产的汽车能够以价廉的绝对优势进军号称"汽车王国"的美国市场，并且向机器人诞生国出口日本产的实用型机器人。此时，日本价廉物美的家用电器产品也充斥了美国市场。日本由于制造、使用机器人，增强了国力，获得了巨大的好处，迫使美、英、法等许多国家不得不采取措施，奋起直追。

六、中国机器人发展政策与形势

有人认为，应用机器人只是为了节省劳动力，而我国劳动力资源丰富，发展机器人不一定符合我国国情，这是一种误解。在我国，社会主义制度的优越性决定了机器人不仅能为我国的经济建设带来高度的生产力和巨大的经济效益，而且可为我国的宇宙开发、海洋开发、核能利用等新兴领域的发展作出卓越的贡献。

我国已在"七五"计划中把机器人列入国家重点科研规划内容，拨巨款在沈阳建立了全国第一个机器人研究示范工程，全面展开了机器人基础理论与基础元器件研究。20多年来，相继研制出示教再现型的搬运、点焊、弧焊、喷漆、装配等门类齐全的工业机器人及水下作业、军用和特种机器人。目前，示教再现型机器人技术已基本成熟，并在工厂中推广应用。我国自行生产的机器人喷漆流水线在长春第一汽车厂及东风汽车厂投入运行。1986年3月开始的国家863高科技发展规划已列入研究、开发智能机器人的内容。就目前来看，我们应从生产和应用的角度出发，结合我国国情，加快生产结构简单、成本低廉的实用型机器人和某些特种机器人。

我国未来工业机器人技术发展的重点如下。

（1）危险、恶劣环境作业机器人：主要有防暴、高压带电清扫、星球检测、油气管道等机器人。

（2）医用机器人：主要有脑外科手术辅助机器人，遥控操作辅助正骨等。

（3）仿生机器人：主要有移动机器人，网络遥控操作机器人等。

工业机器人发展趋势是智能化、低成本、高可靠性和易于集成。市场竞争越来越激烈，中国制造业面临着与国际接轨、参与国际分工的巨大挑战，加快工业机器人技术的研究开发与生产是我们抓住这个历史机遇的主要途径。因此我国工业机器人行业要认识到以下几点：

（1）工业机器人技术是我国由制造大国向制造强国转变的主要手段和途径，政府要对国产工业机器人有更多的政策与经济支持，参考国外先进经验，加大技术投入与改造；

（2）在国家的科技发展计划中，应该继续对智能机器人研究开发与应用给予大力支持，形成产品和自动化制造装备同步协调的新局面；

（3）部分国产工业机器人的质量和水平已经与国外相当，企业采购工业机器人时不要盲目进口，应该综合评估，立足国产。

第四节　机器人的"器官"

机器人要模仿人或动物的一部分行为特征，自然应该具有人或动物脑的一部分功能。机器人的大脑就是我们所熟悉的电脑。但是光有电脑发号施令还不行，还得给机器人装上各种感觉器官。

一、机器人的手和脚

机器人必须有"手"和"脚"，这样才能根据电脑发出的"命令"动作。"手"和"脚"不仅是一个执行命令的机构，还应该具有识别的功能，这就是我们通常所说的"触觉"。由于动物和人的听觉器官和视觉器官并不能感受所有的自然信息，所以触觉器官得以存在和发展。动物对物体的软、硬、冷、热等的感觉就是靠触觉。在黑暗中看不清物体的时候，往往要用手去摸一下。大脑要控制手、脚去完成指定的任务，也需要由手和脚的触觉所获得的信息反馈到大脑里，以调节动作，使动作适当。因此，我们给机器人装上的手应该是一双会"摸"的、有识别能力的、灵巧的"手"。机器人的手一般由方形的手掌和节状的手指组成（图3-7）。为了使它具有触觉，在手掌和手指上都装有带有弹性触点的触敏元件。如果要感知冷暖，还可以装上热敏元件。当触及物体时，触敏元件发出接触信号，否则就不发出信号。在各指节的连接轴上装有精巧的电位器（一种利用转动来改变电路的电阻而输出电流信号的元件），它能把手指的弯曲角度转换成"外形弯曲信息"。把外形弯曲信息和各指节产生的"接触信息"一起送入电子计算机，通过计算迅速判断机械手所抓的物体的形状和大小。

现在，机器人的手已经具有了灵巧的指、腕、肘和肩胛关节，能灵活自如地伸缩摆动，手腕也会转动弯曲。通过手指上的传感器还能感觉出抓握东西的重量，可以说已经具备了人手的许多功能。

在实际情况中有许多时候并不一定需要这样复杂的多节人工指，能从各种不同的角度触及并搬动物体的钳形指足矣。1966年，美国海军就是用装有钳形人工指的机器人"科沃"把因飞机失事掉入西班牙近海的一颗氢弹从750米深的海底捞上来。1967年，美国飞船"探测者三号"就把一台遥控操作的机器人送上月球。它在地球上的人的控制下，可以在2平方米左右的范围里挖掘月球表面40厘米深处的土壤样品，并且放在规定的位置，还能对样品进行初步分析，如确定土壤的硬度、重量等。它为"阿波罗"载人飞船登月当了开路先锋。

二、机器人的眼睛

人的眼睛是感觉之窗，人有80％以上的信息是靠视觉获取，能否造出"人工眼"让机器像人那样识文断字、看东西，是智能自动化的重要课题。关于机器识别的理论、方法和技术，称为模式识别。所谓模式是指被判别的事件或过程，可以是物理实体，如文字、图片等，也可以是抽象的虚体，如气候等。机器识别系统（图3-8）与人的视觉系统类似，由信息获取、信息处理与特征抽取、判决分类等部分组成。

图3-7　机器人的手

图3-8　机器人的眼睛

① 机器认字。在邮政上，信件投入邮筒需经过邮局工人分拣后才能发往各地。一人一天只能分拣两三千封信，现在采用机器分拣，可以提高效率十多倍。机器认字的原理与人认字的过程大体相似。先对输入的邮政编码进行分析，并抽取特征，若输入的是个6字，其特征是底下有个圈，左上部有一直道或带拐弯。其次是对比，即把这些特征与机器里原先规定的0～9这十个符号的特征进行比较，与哪个数字的特征最相似，就是哪个数字。这一类型的识别，实质上叫分类，在模式识别理论中，这种方法叫作统计识别法。

机器人认字的研究成果除了用于邮政系统外，还可用于手写程序直接输入、政府办公自动化、银行合计、统计、自动排版等方面。

② 机器识图。现有的机床加工零件完全靠操作者看图纸来完成。能否让机器人来识别图纸呢？这就是机器识图问题。机器识图的方法除了上述的统计方法外，还有语言法，它是基于人认识过程中视觉和语言的联系而建立的。把图像分解成直线、斜线、折线、点、弧等基本元素，研究它们是按照怎样的规则构成图像的，即从结构入手，检查待识别图像是属于哪一类"句型"，是否符合事先规定的句法。按这个原则，若句法正确就能识别出来。

机器识图具有广泛的应用领域，在现代的工业、农业、国防、科学实验和医疗中，涉及到大量的图像处理与识别问题。

③ 机器识别物体。机器识别物体即三维识别系统。一般是以电视摄像机作为信息输入系统。根据人识别景物主要靠明暗信息、颜色信息、距离信息等，机器识别物体的系统也是输入这三种信息，只是其方法有所不同。由于电视摄像机所拍摄的方向不同，可得各种图形，如抽取出棱数、顶点数、平行线组数等立方体的共同特征，参照事先存储在计算机中的物体特征表，便可以识别。

目前，机器可以识别简单形状的物体。对于曲面物体、电子部件等复杂形状的物体识别及室外景物识别等研究工作，也有所进展。物体识别主要用于工业产品外观检查、工件的分选和装配等方面。

三、机器人的鼻子

人能够嗅出物质的气味，分辨出周围物质的化学成分，这全是由上鼻道的黏膜实现的。在人体鼻子的这个区域，在只有5平方厘米的面积上却分布有500万个嗅觉细胞。嗅觉细胞受到物质的刺激，产生神经脉冲传送到大脑，就产生了嗅觉。人的鼻子实际上就是一部十分精密的气体分析仪。

机器人的鼻子是用气体自动分析仪做成的。中国已经研制成功了一种嗅敏仪（图3-9），这种气体分析仪不仅能嗅出丙酮、氯仿等40多种气体，还能够嗅出人闻不出来但

图3-9 嗅敏仪（机器人的鼻子）

却可以导致人死亡的一氧化碳（也就是我们通常所用的煤气）。这种嗅敏仪有一个由二氧化锡、氯化钯等物质烧结而成的探头（相当于鼻黏膜）。当它遇到某些种类气体时，它的电阻就发生变化，这样就可以通过电子线路做出相应的显示，用光或者用声音报警。同时，用这种嗅敏仪还可以查出埋在地下的管道漏气的位置。

现在利用各种原理制成的气体自动分析仪已经有很多种，广泛应用于检测毒气、分析宇宙飞船座舱里的气体成分、监察环境等方面。

这些气体分析仪其原理和显示都和电现象有关，所以人们把它叫作电子鼻。把电子鼻和电子计算机组合起来，就可以做成机器人的嗅觉系统了。

四、机器人的耳朵

人的耳朵是仅次于眼睛的感觉器官，声波叩击耳膜，引起听觉神经的冲动，冲动传给大脑的听觉区，引起人的听觉。机器人的耳朵通常是用"微音器"或录音机来做的。被送到太空去的遥控机器人的耳朵就是一架无线电接收机。

人的耳朵是十分灵敏的。我们能听到的最微弱的声音对耳膜的压强是每平方厘米一百亿分之几千克。这个压强的大小只是大气压强的一百亿分之一。用钛酸钡的压电材料做成的"耳朵"比人的耳朵更为灵敏，即使是火柴棍那样细小的东西反射回来的声波也能被它"听"得清清楚楚。如果用这样的耳朵来监听粮库，那么在2～3千克的粮食里的一条小虫爬动的声音也能被它准确地"听"出来。

用压电材料做成的"耳朵"之所以能够听到声音，其原因是压电材料在受到拉力或者压力作用的时候能产生电压，这种电压能使电路发生变化，这种特性就叫作压电效应。当它在声波的作用下不断被拉伸或压缩的时候，就产生了随声音信号变化而变化的电流，这种电流经过放大器放大后送入电子计算机（相当于人大脑的听区）进行处理，机器人就能听到声音了。

能听到声音只是做到了第一步，更重要的是要能识别不同的声音。目前人们已经研制成功了能识别连续话音的装置，它能够99％识别不是特别指定的人所发出的声音，这项技术使得电子计算机能开始"听话"了。这将大大降低对电子计算机操作人员的特殊要求。操作人员可以用嘴直接向电子计算机发布指令，改变了人在操作机器的时候手和眼睛忙个不停而与此同时嘴巴和耳朵却是闲着的状况。一个人可以用声音同时控制四面八方的机器，还可以对楼上楼下的机器同时发出指令，而且不需要照明，这样就很适宜于在夜间或地下工作。这项技术也大大加速了电话的自动回答、车票的预订以及资料查找等服务工作的自动化实现的进程。

现在人们还在研究使机器人能通过声音来鉴别人的心理状态，人们希望未来的机器人不光能够听懂人说的话，还能够理解人的喜悦、愤怒、惊讶、犹豫和暧昧等情绪。这些都会给机器人的应用带来极大的发展空间。

第五节　机器人与人类的关系

一、机器人的"福"与"祸"

社会分工越来越细，尤其在现代化的大生产中，有的人每天就只管拧同一个部位的螺母，有的人整天就是接一个线头，就像电影《摩登时代》中那样，各种职业病开始产生。于是人们强烈希望用某种机器代替自己工作，于是研制出了机器人，代替人完成那些枯燥、单调、危险的工作。由于机器人的问世，使一部分工人失去了原来的工作，于是有人对机器人产生了敌意。"机器人上岗，人将下岗。"不仅在我国，即使在一些发达国家，也有人持这种观念。其实这种担心是多余的，任何先进的机器设备，都会提高劳动生产率和产品质量，创造出更多的社会财富，也就必然提供更多的就业机会，这已被人类生产发展史所证明。任何新事物的出现都有利有弊，只不过利大于弊，很快就得到了人们的认可。比如汽车，它不仅抢了人力车夫、挑夫的生意，还常常出车祸，给人类生命财产带来威胁。虽然人们都看到了汽车的这些弊端，但它还是成了日常生活中必不可少的交通工具。英国一位著名的政治家针对关于工业机器人的这一问题说过："日本机器人的数量居世界首位，而失业人口最少，英国机器人数量在发达国家中最少，而失业人口居高不下"。

美国是机器人的发源地，机器人的拥有量远远少于日本，其中部分原因是美国有些工人不欢迎机器人，从而抑制了机器人的发展。日本之所以能迅速成为机器人大国，其中很重要的一条就是当时日本劳动力短缺，政府和企业都希望发展机器人，国民也都欢迎使用机器人。由于使用了机器人，日本尝到了甜头，它的汽车、电子工业迅速崛起，很快占领了世界市场。从现在世界工业发展的潮流看，发展机器人是一条必由之路。没有机器人，人将变为机器；有了机器人，人仍然是主人。

如今，机器人的出现已经改变并将更深远地改变人类的生活，不断发展的计算机芯片技术使机器人的智力不断接近人，同时机器人的"威胁论"也普遍受到人的关注。其实不论是工业机器人还是特种机器人（尤其是服务机器人）都存在一个与人相处的问题，最重要的是机器人不能伤害人。然而由于某些机器人系统的不完善，在机器人使用的前期，引发了一系列意想不到的事故。

这给人们使用机器人带来了心理障碍，于是有人展开了"机器人是福是祸"的讨论。面对机器人带来的威胁，日本组织了一个研究小组，对此进行研究，终于揭开了机器人杀人之谜。原来是外来电磁波的干扰，使机器人内部已编好的程序发生紊乱，以致机器人动作失误而杀了人。从此，计算机专家在编写机器人内部程序的时候多了一道抗电磁波干扰的程序。随后的几十年里这种意外伤人事件越来越少，近几年没有再听说过类似事件的发生。正是由于机器人安全、可靠地完成了人类交给的各项任务，使人们使用机器人的热情越来越高。

二、"更深的蓝"战胜了什么？

北京时间1997年5月12日凌晨4时50分，当"更深的蓝"将棋盘上的兵走到C4位置时，卡斯帕罗夫推枰认负。至此轰动全球的第二次人机大战结束，"更深的蓝"以3.5：2.5微弱的优势取得了胜利。

那么"更深的蓝"是何许人也？卡斯帕罗夫又是谁？

"更深的蓝"是美国IBM公司生产的一台超级国际象棋电脑，重1270千克，有32个"大脑"（微处理器），每秒钟可以计算2亿步。"更深的蓝"输入了100多年来优秀棋手的200多万局对局。

卡斯帕罗夫是人类有史以来最伟大的棋手，在国际象棋棋坛上他独步天下，无人能及。前世界冠军卡尔波夫号称是唯一能与其抗衡的棋手，但在两人交战史上，每次都是卡斯帕罗夫取胜。可是，在临近世纪末的1997年，孤独求败的卡斯帕罗夫不得不承认自己输了，而战胜他的是一台没有生命、没有感情的电脑。也许这是一件偶然的事件，可是，这件事使人类看到了一个自己不愿看到的结果：人类的工具终于有一天会战胜人类。

"深蓝"和卡斯帕罗夫曾于1996年交过手，结果卡斯帕罗夫以4：2战胜"深蓝"。经过1年多的改进，"深蓝"有了更深的功力，因此又被称为"更深的蓝"。"更深的蓝"与1年前的"深蓝"相比具有了非常强的进攻性，在和平的局面下也善于捕捉杀机。

卡斯帕罗夫与"更深的蓝"的较量，引来了全世界无数棋迷和非棋迷的关注。人们对此次人机大战倾注了巨大的热情，各种新闻媒体都竞相报道和评论此次人机大战，显然不只是出于对国际象棋的热爱，事实上，许多关心比赛的记者和读者都是棋盲，是这场比赛所蕴涵的机器与人类智慧较量的特殊意义吸引了他们。

卡斯帕罗夫输掉这场人机大战在社会上引起了轩然大波，引出了两种不同的观点：一部分人对此深感悲观，甚至惊恐不安，就像一些人对克隆技术感到害怕一样。另外一些人则只是对这一结果感到不愉快，但他们认为这未必不是好事。首先，比赛的结果不足以说明电脑就战胜了人脑，因为电脑的背后是包括美籍华裔谭崇仁、许峰雄等一大批计算机专家。这些专家经过多年的努力，培养出一个世界超级电脑棋手。电脑的进步表明人类对人脑的思维方式有了更深入的了解。从科学意义上讲，人机大战只是一项科学实验。其次，虽然电脑在棋盘上战胜了人类，但这并不会封杀国际象棋艺术，相反许多棋坛人士从人机大战中看到了国际象棋的新机遇。

我们已经发明了比我们跑得快、举得重、看得远的机器，如汽车、起重机、望远镜等，它们只能成为人类的一种工具，并没有影响到人的本质。人类发明的机器或许可以分为两类："体能机器"和"智能机器"。体能机器如汽车、飞机等，已经得到了公众的赞许，但智能机器却得到完全不同的反应。向来都自以为智商最高的人类，却在智力游戏中输掉了，于是有人惊呼，今天我们输掉了最伟大的棋手，明天我们还将输掉什么！

三、机器人是人类的助手和朋友

在科幻小说和电影、电视中，我们对机器人作战的场面已不陌生。机器人不外乎分为两种：一种是人类的朋友，协助正义战胜邪恶；另一种是人类的敌人，给世界带来灾祸。

英国雷丁大学教授凯文·渥维克是控制论领域知名专家，他在《机器的征途》一书中描写了机器人对未来社会的影响。他认为50年内机器人将拥有高于人类的智能。机器人在某些方面确实比人类强，比如：速度比人快、力量比人大等，但机器人的综合智能较人类还相去甚远，还没有对人类形成任何威胁。但这是否说明人类永远能控制或战胜自己的创造物呢？现在还不得而知。这些预见从另一个角度给人们敲响了警钟，不要给自己创造敌人。克隆技术的出现，在社会上引起了很大的争议，大多数国家禁止克隆人。对于机器人还没有到这种地步，因为现在的机器人不仅未对我们构成威胁，而且给社会带来了巨大的裨益。对于一些对人类有害，如带攻击武器的军用机器人应有所选择并限制起其发展，我们不应将生杀大权交给机器人。

随着工业化的实现、信息化的到来，我们开始进入知识经济的新时代。创新是这个时代的原动力。文化的创新、观念的创新、科技的创新、体制的创新改变着我们的今天，并将改造我们的明天。新旧文化、新旧思想的撞击、竞争，不同学科、不同技术的交叉、渗透，必将迸发出新的精神火花，产生新的发现、发明和物质力量。机器人技术就是在这样的规律和环境中诞生和发展的。科技创新带给社会与人类的利益远远超过它的危险。机器人的发展史已经证明了这一点。机器人的应用领域不断扩大，从工业走向农业、服务业；从产业走进医院、家庭；从陆地潜入水下、飞往空间……机器人展示出它们的能力与魅力，同时也表示了它们与人的友好与合作。

"工欲善其事，必先利其器"。人类在认识自然、改造自然、推动社会进步的过程中，不断地创造出各种各样为人类服务的工具，其中许多具有划时代的意义。作为20世纪自动化领域的重大成就，机器人已经和人类社会的生产、生活密不可分。世间万物，人力是第一资源，这是任何其他物质不能替代的。尽管人类社会本身还存在着不文明、不平等的现象，甚至还存在着战争，但是，社会的进步是历史的必然，所以，我们完全有理由相信，像其他许多科学技术的发明发现一样，机器人也应该成为人类的好助手、好朋友。展望21世纪，科学技术的灯塔指引着更加美好的明天。

第六节　机器人的未来发展

一、机器人未来发展趋势

机器人是先进制造技术和自动化装备的典型代表，是人造机器的"终极"形式。它涉及机械、电子、自动控制、计算机、人工智能、传感器、通信与网络等多个学科和领域，是多种高新技术发展成果的综合集成，因此它的发展与众多学科发展密切相关。一方面，机器人在制造业应用的范围越来越广阔，其标准化、模块化、网络化和智能化的程度也越来越高，功能越来越强，并向着成套技术和装备的方向发展；另一方面，机器人向着非制造业应用发展以及微小型方向发展，并将服务于人类活动的各个领域。总体趋势是，从狭义的机器人概念向广义的机器人技术（RT）概念转移，从工业机器人产业向解决方案业务的机器人技术产业发展。机器人技术（RT）的内涵已变为"灵活应用机器人技术的、具有在实世界动作功能的智能化系统"。

目前，国外机器人技术正在向智能机器和智能系统的方向发展，其现状及发展趋势主要体现在以下几个方面。

① 机器人机构技术。目前已经开发出了多种类型的机器人机构，运动自由度从3个到7个或8个不等，其结构有串联、并联及垂直关节和平面关节多种。目前研究重点是机器人新的结构、功能及可实现性，其目的是使机器功能更强、柔性更大、满足不同的需求。另外研究机器人一些新的设计方法，探索新的高强度轻质材料，进一步提高负载/自重比。同时机器人机构向着模块化、可重构方向发展。

② 机器人控制技术。现已实现了机器人的全数字化控制，控制能力可达21轴的协调运动控制；基于传感器的控制技术已取得了重大进展。目前重点研究开放式、模块化控制系统，人机界面更加友好，具有良好的语言及图形编辑界面。同时机器人控制器的标准化和网络化以及基于PC机的网络式控制器已成为研究热点。编程技术除进一步提高在线编程的可操作性之外，离线编程的实用化将成为重点研究内容。

③ 数字伺服驱动技术。机器人已经实现了全数字交流伺服驱动控制，绝对位置反馈。目前正研究利用计算机技术，探索高效的控制驱动算法，提高系统的响应速度和控制精度；同时利用现场总线（FILDBUS）技术，实现分布式控制。

④ 多传感系统技术。为进一步提高机器人的智能和适应性，多种传感器的应用是解决问题的关键。目前视觉传感器、激光传感器等已在机器人中成功应用。下一步的研究热点集中在有效可行的（特别是在非线性及非平稳非正态分布的情形下）多传感器融合算法，以及解决传感系统的实用化问题上。

⑤ 机器人应用技术。机器人应用技术主要包括机器人工作环境的优化设计和智能作业。优化设计主要利用各种先进的计算机手段，实现设计的动态分析和仿

真，提高设计效率和优化。智能作业则是利用传感器技术和控制方法，实现机器人作业的高度柔性和对环境的适应性，同时降低操作人员参与的复杂性。目前，机器人的作业主要靠人的参与实现示教，缺乏自我学习和自我完善的能力。这方面的研究工作刚刚开始。

⑥ 机器人网络化技术。网络化使机器人由独立的系统向群体系统发展，使远距离操作监控、维护及遥控电脑型工厂成为可能，这是机器人技术发展的一个里程碑。目前，机器人仅仅实现了简单的网络通信和控制，网络化机器人是目前机器人研究的热点之一。

⑦ 机器人灵巧化和智能化发展。机器人结构越来越灵巧，控制系统越来越小，其智能也越来越高，并正朝着一体化方向发展。

二、我国工业机器人之弊端

20世纪90年代末，我国建立了9个机器人产业化基地和7个科研基地。产业化基地的建设给产业化带来了希望，为发展我国机器人产业奠定了基础。目前，我国已经能够生产具有国际先进水平的平面关节型装配机器人、直角坐标机器人、弧焊机器人、点焊机器人、搬运码垛机器人等一系列产品，不少品种已经实现了小批量生产。机器人产业化已呈星火燎原之势！

尽管如此，我国工业机器人产业化却存在着巨大的问题。除了众多历史原因造成制造业水平低下外，更多的是对工业机器人产业的认识和定位上存在着不同的观点。

（1）我国基础零部件制造能力差。虽然我国在相关零部件制造方面有了一定的基础，但是无论从质量、产品系列全面度，还是批量化供给方面都与国外存在较大的差距。特别是在高性能交流伺服电机和精密减速器方面的差距尤其明显，因此造成关键零部件需要进口，影响了我国机器人的价格竞争力。

（2）中国的机器人还没有形成自己的品牌。虽然已经拥有一批企业从事机器人的开发，但是都没有形成较大的规模，缺乏市场的品牌认知度，在机器人市场方面一直面临国外机器人品牌的打压。国外机器人作为成熟的产业采用整机降价，吸引国内企业购买，而在后续的维护备件费用很高的策略，逐步占领中国市场。

（3）国家认识不到位，在鼓励工业机器人产品方面的政策少。工业机器人的制造及应用水平，代表了一个国家的制造业水平，我们必须从国家高度认识发展中国工业机器人产业的重要性，这是从制造大国向制造强国转变的重要手段和途径。

中国机器人产业化正处于关键的转折点，如果政府的扶植力度再向前推进一步，中国的机器人产业将会越过目前的"临界期"，跨上一个新的台阶，进入快速发展阶段。

同时，如何适应快速变化的国内外市场需求，如何以高质量、低成本和快速反应的手段在市场中取得生存和发展，已是我国企业不容回避的问题。这些问题为我国工业机器人提供了不同的市场需求，促进我国工业机器人的应用市场日趋成熟。

第四章 交通工程与文化

交通运输是人类社会生产、经济、生活中不可缺少的重要环节。随着社会的发展，人们对交通运输的需求迅速增长，从而形成了现代交通运输业。交通运输业是国民经济的重要组成部分，在整个社会机制中起着纽带作用。交通运输既能满足工农业生产和人民生活的需要，是保证人们在政治、经济、文化、军事等方面联系交往的手段，也是衔接生产和消费的一个重要环节。

运输是实现人和物空间位置变化的活动，与人类的生产生活息息相关。运输是人类获取食物、衣服、居室材料、器具以及武器的手段，故运输发展的历史与人类文明的发展史同样悠久。人类最初利用体力，即以其自身作为运输工具（肩扛、背驮或以头顶作为运输方式），其后，以畜力代替人类以减轻负担，逐步发展到利用各种简单的以致复杂的水上、陆上和空中的交通运输工具。

现代交通运输方式主要包括铁路、公路、航空、水运和管道五种基本运输方式，本章以铁路和公路这两种基本交通运输方式的发展为主线，介绍交通运输中蕴含的文明与文化。

第一节　铁路运输的发展

一、火车的出现

1804年，英国的矿山技师德里维斯克利用瓦特的蒸汽机造出了世界上第一台蒸汽机车（图4-1），时速为5～6km。因为当时使用煤炭或木柴做燃料，所以人们都叫它"火车"。1879年，德国西门子电气公司研制了第一台电力机车，重约954千克，只在柏林贸易展览会上做了一次表演。1903年10月27日，西门子与通用电气公司研制的第一台实用电力机车投入使用。1894年，德国研制成功了第一台汽油内燃机车（图4-2），并将它应用于铁路运输，开创了内燃机车的新纪元。20世纪50年代，因为石油得到大量开采，价格低廉，所以世界各国都在研制和使用内燃机车，而把电力机车放在次要地位。但是，在发生了世界性的石油危机之后，人们又把注意力转向了电力机车，从而促进了电力机车的迅速发展。

二、电力机车

1835年出现了世界上第一辆以电池为动力的双轮轴机车。

1879年，德国工程师维纳·冯·西门子制造了一辆小型双轴电力机车（图4-3），

图4-1 蒸汽机车

图4-2 汽油内燃机车

这是现代电力机车的雏形。它利用两条铁轨之间的第三条轨将电力引进机车里。这种供电方式适合于电压和功率都比较低的情况。要使电力机车跑得快、运载量大，就得提高电力机车供电系统的电压和功率，因而需要使用高压输电线和变电装置。在这种情况下，使用设在地面上的第三条轨道供电既不安全，也不方便。1881年，德国试验成功一种适合以高压输电线为电力机车供电的新系统，叫做"架空接触导线"供电系统，也就是将电力机车的供电线路由地面转向空中。实际上，这种供电系统和现在城市中的有轨电车相似，在车顶上装着一条"长辫子"。它与以前使用蓄电池的电动机车的主要不同在于，自身不带电源，由电厂供电，所以机车结构比较简单，但需要一套供电设备。

20世纪70年代初，欧洲大陆以及亚洲的日本基本上实现了运输繁忙的主要铁路干线电气化。1973～1974年爆发石油危机之后，各国对铁路电力和内燃牵引重新进行了经济评价，电力牵引更加受到青睐。现在大部分国家普遍使用电力机车。

三、磁悬浮列车

磁悬浮列车（图4-4）是一种没有车轮的、陆上无接触式有轨交通工具，时速可达到500km。它的原理是利用常导或超导电磁铁与感应磁场之间产生相互吸引或排斥力，使列车"悬浮"在轨道上面或下面（大约浮起10mm），做无摩擦的运行，从而克服了传统列车车轨黏着限制、机械噪声和磨损等问题，并且具有启动、停车快和爬坡能力强等优点。

图4-3 电力机车

图4-4 磁悬浮列车

早在1922年，德国的赫尔曼·肯佩尔（Hermann Kemper）就提出了电磁悬浮原理，并在1934年申请了磁悬浮列车的专利。

经过数十年的发展，磁悬浮技术形成了以德国和日本为代表的两大研究方向——EMS系统和EDS系统。德国的EMS（常导吸浮型）系统，是利用常规的电磁铁与一般铁性物质相吸引的基本原理，把列车吸附上来悬浮运行。日本的EDS（排斥式悬浮）系统，则是用超导的磁悬浮原理，使车轮和钢轨之间产生排斥力，使列车悬空运行。目前两种车型都达到了500千米左右的时速，两种方案都切实可行，孰优孰劣，难分高下。

世界第一条磁悬浮列车示范运营线建立在中国上海，从浦东龙阳路站到浦东国际机场30多千米只需6～7min。上海磁悬浮列车属于"常导吸浮型"（简称"常导型"），利用"异性相吸"原理设计，是一种吸力悬浮系统，利用安装在列车两侧转向架上的悬浮电磁铁，和铺设在轨道上的磁铁，在磁场作用下产生的吸力使车辆浮起来。

列车底部及两侧转向架的顶部安装电磁铁，在"工"字轨的上方和上臂部分的下方分别设反作用板和感应钢板，控制电磁铁的电流，使电磁铁和轨道间保持10毫米的间隙，让转向架和列车间的吸引力与列车重力相互平衡，利用磁铁吸引力将列车浮起10毫米左右在轨道上运行。

悬浮列车的驱动和同步直线电动机原理一样。在位于轨道两侧的线圈里流动的交流电，能将线圈变成电磁体，由于它与列车上的电磁体相互作用，使列车开动。

稳定性由导向系统来控制。"常导型磁吸式"导向系统，是在列车侧面安装一组专门用于导向的电磁铁。列车发生左右偏移时，列车上的导向电磁铁与导向轨的侧面相互作用，产生排斥力，使车辆恢复正常位置。列车如运行在曲线或坡道上，控制系统通过控制导向磁铁中的电流控制列车运行。

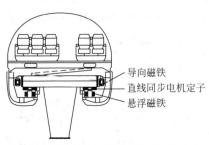

导向磁铁
直线同步电机定子
悬浮磁铁

图4-5　常导吸浮型磁悬浮列车示意图

"常导吸浮型"磁悬浮列车的构想由德国工程师赫尔曼·肯佩尔于1922年提出（图4-5）。"常导型"磁悬浮列车及轨道和电动机的工作原理完全相同。只是把电动机的"转子"布置在列车上，将"定子"铺设在轨道上。通过"转子"、"定子"间的相互作用，将电能转化为前进的动能。电动机的"定子"通电时，通过电磁感应就可以推动"转子"转动。当向轨道这个"定子"输电时，通过电磁感应作用，列车就像电动机的"转子"一样被推动着做直线运动。

上海磁悬浮列车时速430km，一个供电区内只能允许一辆列车运行，轨道两侧25m处有隔离网，上下两侧也有防护设备。转弯处半径达8000m，肉眼观察几乎是一条直线；最小的半径也达1300m，乘客不会有不适感。轨道全线两侧50米范围内装有目前国际上最先进的隔离装置。

上海磁悬浮列车线路全长29.863km，由中德两国合作开发。2001年3月1日在浦东挖下第一铲，2002年12月31日全线试运行，2003年1月4日正式运营。这列当今世界上最酷的列车，带车头的车厢长27.196m，宽3.7m，中间的车厢长24.768m，14min内能在上海市区和浦东机场之间打个来回。置身其中，将体验到"陆地客机"所带来的奇异感受。

目前，我国和日本、德国、英国、美国都在积极研究磁悬浮列车。

（1）磁悬浮列车的优点：如果乘坐磁悬浮列车，从北京到上海不超过4小时，从杭州至上海只需23min。在时速达200km时，乘客几乎听不到声响。磁悬浮列车采用电力驱动，其发展不受能源结构，特别是燃油供应的限制，不排放有害气体。据专家介绍，磁悬浮线路的造价只是普通路轨的85%，而且运行时间越长，效益越明显。磁悬浮列车的路轨寿命可达80年，普通路轨只有60年。磁悬浮列车车辆的寿命是35年，轮轨列车是20～25年。此外，磁悬浮列车的年运行维修费仅为总投资的1.2%，而轮轨列车高达4.4%。磁悬浮高速列车的运行和维修成本约是轮轨高速列车的1/4。磁悬浮列车和轮轨列车乘客票价的成本比约为1∶2.8。

（2）磁悬浮列车面临的困难：磁悬浮列车虽然具有这么多的好处，但到目前为止，世界上真正投入商业运营的仅仅有中国上海。尽管日本和德国已经有了实验路线，但磁悬浮列车要想成为民众日常交通工具，似乎还遥遥无期。

安全方面。由于磁悬浮系统必须辅之以电磁力完成悬浮、导向和驱动，因此在断电情况下列车的安全就是需要考虑的问题。此外，在高速状态下运行时，列车的稳定性和可靠性也需要长期实际检验。由于列车在运行时需要以特定高度悬浮，因此对线路的平整度、路基下沉量等要求都很高。而且，如何避免强磁场对人体及环境的影响也要考虑到。

参加修建上海磁悬浮快速列车的电力专家介绍，铺设在磁浮工程全线的电缆，是德国进口的一种普通铝芯制高压电缆，受电后将产生20kV高压。专家提醒有关部门，要注意工程沿线周围施工安全，并加强对沿线电缆的保护力度，以防止意外事故发生。

上海段约30km的线路设计投资为380亿元人民币，而德国的两条线路，一条36.8km长，将耗资约16亿欧元；另一条长度78.9km，则将耗资32亿欧元（1欧元当时约为7.2元人民币）。实际施工中，根据地形、路面及设计运送能力的不同，造价也会相差较大。

早在1994年，我国西南交大就研制成功中国第一辆可载人常导低速磁浮列车，但那是在完全理想的实验室条件下运行成功的。2000年，西南交通大学研制出世界第一辆载人高温超导磁悬浮列车"世纪号"，此后研制的载人常温常导磁悬浮列车"未来号"等受到胡锦涛、江泽民等党和国家领导人的高度关注和充分肯定。

2003年，西南交大在四川成都青山建设的磁悬浮列车线完工，该磁悬浮试验轨道长420米，主要针对观光游客，票价低于出租车。悬浮列车的原理并不深奥，它是运用磁铁"同性相斥、异性相吸"的原理，使磁铁具有抗拒地心引力的能力，即"磁性悬浮"。科学家将"磁性悬浮"这种原理运用在铁路运输系统上，使列车完全脱离轨道而悬浮行驶，成为"无轮"列车，时速可达几百千米每小时以上。这就是所谓的"磁悬浮列车"，也称"磁垫车"。

完善铁路运输需要提高客、货运量，改善客运舒适条件，提高列车运行安全性，搞好环境保护，改造现有的车辆，设计新型车辆。改进机车车辆的途径有提高机车功率，采用可控硅和脉冲控制运行速度，减轻机车车辆自重，提高轴重，降低运营费用、单位燃油消耗量、电能消耗等。

第二节　汽车的发展与各国的文化

一、汽车的发展

世界第一辆汽车的制造者是法国人居尼奥，他于1769年制成了具有实用价值的蒸汽机汽车，如图4-6所示。18世纪末在欧美各国出现了研究和制造蒸汽机汽车的热潮，各种用途的蒸汽汽车相继问世。汽车的车身和其他机构也在迅速改进。19世纪是蒸汽汽车的全盛时期，车速最高已达55km/h。蒸汽机汽车的好时光结束于1912年，这一年出现了汽油电动启动装置，这意味着年轻的小姐们再也不必为启动车而发愁了，同时蒸汽机启动慢的缺点也显得更加突出。在冬天的晚上，必须放净蒸汽机汽车锅炉里的水，以防结冰冻裂锅炉。这意味着第二天出车前，汽车司机必须花1小时来给锅炉预热。到20世纪20年代，蒸汽机汽车已经完全衰落，成为了博物馆里供人怀念的展品，取而代之的是内燃机汽车。

1886年，德国人卡尔·奔驰制造出世界上首辆三轮汽车——"奔驰1号"。1888年，奔驰生产出世界上第一辆供出售的汽车。这代表了内燃机汽车时代的来临，给人类带来更宜于驾驭的路面交通工具。

奔驰汽车公司的创始人是卡尔·奔驰和戈特利布·戴姆勒。戴姆勒也是德国人，他在1886年制造出世界上首辆四轮机动马车，命名"戴姆勒1号"。奔驰汽车厂和戴姆勒汽车厂在1926年合并为戴姆勒·奔驰汽车公司。1936年产品统一命名为梅赛德斯·奔驰汽车。奔驰汽车的标志是三叉星，它象征着征服陆、海、空的愿望，是戴姆勒汽车厂和奔驰汽车厂合并后产生的。戴姆勒汽车厂原商标是三个尖的星，而奔驰汽车厂的商标是二重圆中存"奔驰"（BENZ）字样，两者合并后戴姆勒-奔驰公司的商标为单圆中的一颗三叉星（图4-7）。

戴姆勒·奔驰汽车公司为什么会给汽车的品牌统一命名为梅赛德斯-奔驰？其实梅赛德斯、奔驰分别是戴姆勒汽车厂和奔驰汽车厂的汽车品牌。然而为什么戴姆勒汽车厂当时会用梅塞德斯作为它的汽车品牌呢？这个名字背后有这样一个故事：

图4-6 世界第一辆蒸汽汽车

图4-7 奔驰汽车标志的演变

最初戴姆勒公司的汽车名称繁多，没有规律。1899年，奥匈帝国驻法国尼斯的总领事埃米尔·叶里尼订购了三辆戴姆勒公司的凤凰牌轿车，并用女儿的名字——梅赛德斯为它们命名，他开着它们参加了尼斯汽车拉力赛，获得第三名。梅赛德斯在西班牙语中是"幸福"、"慈悲"的意思，埃米尔·叶里尼觉得是女儿的名字带来了好运，于是建议戴姆勒公司用梅赛德斯来命名他的汽车。一来梅赛德斯确实优美动听，二来戴姆勒公司也希望这个贵族能帮他们打开市场，于是双方一拍即合。以"梅赛德斯"命名的汽车销量大增，于是公司决定将所有型号的车都更名为"梅赛德斯"。

二、中国汽车的发展

我国最早进口汽车是在1901年（清光绪二十七年），匈牙利人李恩时（Leine）将两辆汽车带入上海。1929年5月，在沈阳由张学良将军掌管的辽宁迫击炮厂制造了我国第一辆组装汽车，命名为民生牌75型汽车，开辟了中国自制汽车的先河。

自1953年7月第一汽车制造厂动工兴建，1956年7月13日我国生产出第一辆载货的解放牌汽车，1958年5月，我国第一汽车制造厂自行研制设计生产了第一辆东风牌轿车，这是中国自制的第一部轿车，同年6月，北京第一汽车厂附件厂试制成功井冈山牌轿车，同时工厂更名为北京汽车制造厂。同年8月，第一汽车制造厂又设计试制成功第一辆红旗牌高级轿车（当时是仿制奔驰汽车制造的，但使用时经常出现故障）。同年9月，上海汽车配件厂（上海汽车装修厂，后更名为上海汽车厂）试制成功第一辆凤凰牌轿车（图4-8）。

图4-8 解放牌汽车和东风牌轿车

20世纪六七十年代，除了红旗轿车外，中国唯一大批量生产的轿车就是上海牌轿车。1964年，凤凰牌轿车改名为上海牌，并对制造设备做了一系列改进。首先车身外板成套冲模，结束了车身制造靠手工敲打的落后生产方式，又以此为基础制成各种拼装台，添置点焊机，实现拼装流水线生产，轿车质量稳步提高。1965年上海轿车通过中华人民共和国第一机械工业部技术鉴定，批准定型。到1979年，上海牌轿车共生产了17000多辆，成为我国公务用车和出租车的主要车型。1972年曾对车身进行了改型，并减轻了自重。1980年，该车年产量突破5000辆。1985年，已经开始与德国大众公司合资的上海轿车厂和嘉定县联营另行建厂，继续生产上海轿车，并继续做了一些技术改进，一直生产到20世纪90年代。在相当长的时间里，上海轿车支撑着国内对轿车的需求，为社会发展作出了贡献。

新中国自力更生制造出的轿车填补了中国汽车工业的空白，让中国立于世界汽车工业之林。当时我国的汽车工业以载货车为主导，对轿车的重视程度不高，这使得我国的轿车工业技术水平长期落后。改革开放后，我国经济迅速发展，对轿车的需求越来越强，我国落后的轿车工业根本无法满足这种需求，一时间，外国轿车洪水般涌入国内。1984～1987年，我国进口轿车64万辆，耗资266亿元。为了迅速提高中国轿车生产能力和技术水平，我国汽车工业开始走上与国外汽车企业合作、引进消化外国先进技术的发展道路。

轿车生产基本都是从进口全部散件组装开始，逐渐提高国产化比例。

（1）20世纪80年代中期可以视为第一阶段，建立了上海桑塔纳、广州标致两个合资企业，还引进了夏利、奥迪等车型。这一阶段是引进的摸索阶段，引进的车型和技术不是很先进。

（2）20世纪90年代前期和中期是新时期轿车工业发展的第二个阶段，中外合作以及技术引进都进一步深入，两个新建的合资企业一汽-大众和神龙富康起点都比较高，富康引进的是20世纪90年代的车型，一汽引进了先进的20气阀发动机制造技术，并向德国出口这种发动机部件。全国主要引进车型的国产化率达到80%以上，质量也显著提高，价格不断下降，国产轿车占据了绝大部分市场销售份额。

我国的轿车工业初具规模，整体实力显著增强。同时，国家也把轿车生产作为汽车工业发展的重点，并鼓励私人购车，轿车开始迅速进入百姓家，市场上80%的轿车由私人购买，1000万人口的北京已经有5万多辆私人轿车。1998年，我国轿车产量达到43万辆，大约占汽车总产量的40%，汽车产业结构已经发生根本性的转变。1998年以来，以中外合作和技术引进为基础的我国轿车工业又迈上了一个新台阶，广州本田、上海通用和一汽-大众分别引进了最新的高档车型雅阁、别克和奥迪A6，这是我国轿车生产技术实力大大增强的必然结果。

中国已经拥有大量的自主品牌：哈飞汽车、华普汽车、上海荣威、一汽轿车、陆风汽车、奇瑞、吉利、风行汽车、长安汽车、双环汽车、天津一汽、华晨中华、江淮汽车、众泰汽车、长城汽车、海马汽车、长丰汽车、比亚迪、重庆力帆、东风小康、华晨金杯、浙江飞碟、东风汽车，这些汽车品牌已经发展壮大起来，技术也不断提高并具有较高的市场占有量，但中国的汽车自主品牌发展仍存在以下六大问题。

（1）数量众多但规模有限。与国外成熟的造车业相比，中国的自主造车者整体上呈现出数量众多、规模有限的局面。对于中国汽车企业来说，重组整合已不可避免。

（2）增长迅速但产品集中于低端市场。2006年中国自主品牌轿车企业发展势头迅猛，全年市场份额达到27%，但自主品牌的市场仍持续徘徊在低端市场，在中级车市场，自主品牌并未被消费者接受，技术和品牌的两大问题成为自主品牌产品结构提升的两大瓶颈。

（3）与合资品牌产品的技术、性能、质量差距拉大。自主品牌在产品的技术、性能、质量上从行业整体到产品个体均与合资品牌差距明显，自主品牌与合资品牌的差距是整体技术平台和系统管理的差距。

（4）缺乏整体品牌规划，品牌差距巨大。"中国汽车自主品牌"缺乏清晰的品牌定位和系统的品牌规划，不但影响品牌形象的建立，还威胁到可持续发展。

（5）溢价能力低下，价值差距明显。"低品牌溢价能力"、"低利润产品占据企业市场"是自主品牌获得市场的最根本手段，而这一策略获得的临时繁荣最终导致企业盈利能力低，无法保证良好的持续发展，同时对抗风险的抵抗能力薄弱。

（6）利润微薄差距悬殊。中国自主品牌的销量激增是以牺牲利润空间为代价的，自主品牌销量增长的背后是利润的微薄，单车利润与合资产品呈十几倍至几十倍的差距。整体利润的下降使自主品牌的生存空间变得更加艰难，未来增长的持续性充满疑问。

三、各国汽车文化

1. 法国车看外形

法国品牌有标致（图4-9）、雷诺、雪铁龙等。人们觉得法国车的外形动感时尚、浪漫、前卫，对于优秀的中级车来说，让人眼前一亮的外观可以带来视觉冲击与审美震撼。

法国城市街头，多数是两厢小车，而且以法国本土的汽车品牌居多，法国人在自己对待汽车的态度上，比其他欧洲大国更为朴素和实用，因而法国汽车厂商在如何造一辆时尚漂亮的小车方面是行家，他们同样注重汽车的安全性和操控性。

在消费者越来越希望自己开的车能与众不同的心理驱使下，狮子般的标致、楔型双箭雪铁龙、菱形犀利的雷诺使得法系车成为时尚选择。标致907、雪铁龙C6的推出除了在外形设计上展现法国人的设计天分外，在产品豪华性和技术含量上也成功超越了自己以往的界定。

2. 美国车看空间

美国车的品牌有通用（GM）、福特（Ford）、克莱斯勒（Chrysler）（图4-10），

图4-9　标致207

图4-10　克莱斯勒300

其中克莱斯勒与德国戴姆勒-奔驰公司合并成立了戴姆勒-克莱斯勒公司。通用汽车公司是世界最大的汽车公司，旗下汽车品牌有凯迪拉克、别克、雪佛兰、奥兹莫比尔、悍马、旁蒂亚克、土星和直接使用通用商标的GM和GMC；福特汽车公司旗下汽车品牌有福特、林肯、水星；戴姆勒-克莱斯勒公司旗下汽车品牌有克莱斯勒、吉普、道奇。

美国车的最大的特点是空间够大、够舒适，这与美国的民族与文化息息相关。美国的面积为937.2615万平方千米，与中国的面积、幅员都差不多。但如果仔细研究两国在地理上的差异，中国西部都是高山、高原和戈壁，中部又都是丘陵，东部不大的冲积平原上却聚积了大量的人口；而美国横跨两大洋，只有西岸的洛基山是山区，中部零星的沙漠和戈壁远没有中国大，剩余的面积几乎全部是平原。如此广大而又富饶的国土，造就了美国人性格中的豪迈、自由和奔放的性格。汽车塑造了近代美国的特色和文化，因而被称为"轮子上的国家"。美国地大物博，汽车使人们的活动半径变得更为广大，汽车也成为人们离不开的工具。

随着时间的推移，美国的汽车消费观念也逐渐转变，油价上升是一方面，还有就是有越来越多消费者成为环保主义者，他们宁愿开价格更高昂的混合动力车；经济实用的日本和韩国车也在消费者心理逐渐被接受。

3. 德国车看动力

德国车的品牌有大众、奔驰（图4-11）、宝马、奥迪、保时捷、欧宝、迈巴赫，以及大众旗下顶级豪华超级跑车品牌布加迪威龙，还有像斯柯达等二级汽车品牌。

德国车动力性能都相当出色，在发动机制造技术上也属全球领先，因此动力性能历来是有口皆碑。

德、法、英三国中，汽车豪华程度最高的是德国，甚至很多城市的出租车都以奔驰为主。德国人购买汽车并不是一味追求豪华，而是以实用和节能为主。在奔流不息的德国车流中发现有"三多"：两门车多、两厢车多、多功能旅行车多。主要的原因是德国的油价非常高，一是通过油价收取相关的税费，二是旨在限制燃油的消费，间接起到环保的效果。这是两门车和两厢车等小排量汽车多的一个主要原因。而多功能旅行车多则主要是为了实用，德国人喜欢旅游、度假，这种车满足了德国人这方面的需求。

德国的汽车还有一个最大的特点就是车速快。德国之所以车速快主要有三个原因：一是德国的高速公路不收费，进出高速公路没有收费站；二是德国的高速公路只有极少数路段限速；三是德国人的"秩序精神"。

德国不但高速路上车速快，而且市区里车速也很快，一路上看不到一个警察，但一路上凡是遇到红灯，即使街道上没有其他车辆，他们也会把车停下来等。

德国人有超强的时间概念，有这样一个比喻，通知不同国家的人开会要有不同的办法，对大多数国家的人都得提前几分钟，通知日本得晚几分钟，但唯独通知德国人可以完全准确。德国人的时间概念更为精准，有评论说德国人就像走时准确的瑞士手表，这也是德国汽车动力性能卓越的主要源动力。

4．日本车看油耗

日本车的品牌有本田、丰田、日产、马自达、凌志、三菱、日野、大发、富士、阿库拉、无限、总统、英菲迪尼、帝斯勒、俊朗、铃木、五十铃等（图4-12）。

图4-11　奔驰汽车

图4-12　丰田凯美瑞

日本汽车工业一直把提高汽车的燃油经济性作为头等大事，在全球油价飞涨愈演愈烈的形势下，那些节油、环保的汽车也愈加受到人们的青睐。日本注重汽车的油耗问题，这与日本本国的国情与文化有关。

日本是一个国土狭小、资源缺乏、人口密度大的国家。

这些特点，在日本汽车制造业中产生了深远影响。日本汽车在日本国内都被强制限速为180km/h，即使其发动机可以达到180km/h以上的速度，也以法律形式规定必须安装电子限速装置。所以，日本车的设计以180km/h为主，钢板厚度相对欧美车薄，车身相对轻，油耗也随之降低。

5．瑞典车看安全

"Volvo"在拉丁文里是"滚滚向前"的意思。美国公路损失资料研究所曾评比过10种最安全的汽车，Volvo汽车荣登榜首。Volvo（图4-13）在1999年被美国福特汽车公司收购。2010年，中国浙江吉利控股集团有限公司宣布已与福特汽车签署最终股权收购协议收购沃尔沃轿车公司100％的股权以及相关资产（包括知识产权）。

瑞典位于北欧斯堪的纳维亚半岛的东南部，面积约45万平方千米，是北欧最大的国家。瑞典是世界上福利最高的国家之一，也是少数未参加第二次世界大战的国家之一，战后瑞典集中精力发展经济，实行广泛的社会福利政策，建立了比较完善的社会福利制度。这体现了瑞典人民高质量、高标准的生活要求。瑞典是世界上公路交通安全方面做得最好的国家之一，车虽多，但公路上秩序井然。交通安全和道路建设也有很大的关系，政府十分重视道路的建设，将交叉路口设置成环岛的方式来减少车辆侧身的碰撞，从而减少交通事故的发生。也许正因为瑞典人对交通安全的看重，也使得以安全著称的沃尔沃汽车在几百年的发展过程中，一直将安全放在发展汽车的首要位置。

沃尔沃的设计、沃尔沃的安逸、沃尔沃的美，来自于瑞典百年的历史文化，它的一切造就了沃尔沃，也使沃尔沃的发展紧贴着瑞典的民风、瑞典的设计、瑞典文化生活。

6. 韩国车看价格

韩国车的品牌有现代（图4-14）、起亚、双龙等。对于普通消费者来说，购车最重要的决定性因素是价格。韩国汽车作为世界汽车工业的后来者靠的就是价格低廉。

图4-13　沃尔沃汽车

图4-14　现代瑞纳

韩国文化一直传承中国儒家思想，所以在汽车设计上韩国车追求中庸之道，不注重汽车哪一部分特别的出色，但用户所要求的又都能达到，它不像德国车（比如宝马）那样强调个性鲜明，而是在各个方面达到综合平衡。一般情况下，同等价位或同等车型里面韩国车的配置高过日本车。而且韩国车在工艺设计上有点倾向于欧美的风格，一定要以人为本把安全放在首位。

7. 英国车看尊贵与品味

老牌贵族坚持传统，英国车品牌有劳斯莱斯（德国大众收购，图4-15）、莲花、宾利（德国大众收购）、MG罗孚（路虎）（先被德国宝马公司后被美国福特汽车公司收购）、阿斯顿马丁（被美国福特汽车公司收购）、捷豹（被美国福特汽车公司收购）。

英国所处的大不列颠群岛孤悬于欧洲大陆之外，以多雾和气候潮湿的天气为主，天气变化迅速，忽晴忽阴又忽雨的情况很多。也许是气候的原因，英国人常使人感到孤僻和高傲，而且往往寡言少语、感情轻易不外露、保守而冷漠，但他们做事很有耐心，很少能见到英国人面露焦虑的神色，英国人的绅士风度也是全球闻名的。

英国是最早规定行车道方向和红绿灯的国家，在伦敦、利物浦、伯明翰这样的大城市，古老的建筑群使马路比较狭窄，但行车很有礼貌，比如超车时向被超的车用灯光表示谢意，斑马线车辆主动让行人先过、十字路口车辆主动谦让。英国也是老爷车遍布的国家，街道上、小镇中，都能看到很多几十年前的经典款式依然行使着。猛铜公司（MANGANESE BRONZE）生产的伦敦老爷出租车，其厚重的黑色、古朴的造型，充满绅士派头，并且宽大的车厢十分实用，和英国街道上弥漫的传统气息非常吻合，也成了英伦文化的典型象征。

8. 意大利车看设计

意大利汽车的品牌有菲亚特、法拉利（图4-16）、马萨拉蒂、兰博基尼、阿尔法罗密欧等。

图4-15　劳斯莱斯汽车

图4-16　法拉利跑车

早期的意大利汽车造型设计，受到了美国的影响，但到了20世纪30年代，意大利人就已经开始设计具有自己特色的汽车了。这些汽车使用了有节制的、优雅的线条。由于意大利人有着法国式浪漫、时尚的嗅觉，所以设计中以豪放、性感、洒脱的表现吸引着顾客。如果说法国是赛车的发源地，那么意大利就是高级跑车的家乡。

四、汽车品牌文化

大部分的消费者认识汽车最简单而且实用的方法，就是记住品牌，接下来才是外形、内饰、动力。德国的奔驰，美国的福特、克莱斯勒，英国的劳斯莱斯，法国的雪铁龙、雷诺，日本的丰田，其品牌都是以创始人的名字直接命名的。每一个品牌都具有不同的个性和风格，每一个品牌又是一部创始人的奋斗史。

1. 美系

福特汽车（图4-17）公司是世界最大的汽车企业之一。福特汽车公司创始于20世纪初，福特展示着"制造人人都买得起的汽车"的梦想。2008年经济危机时，福特是唯一没有经过国家救济而自己走出经济危机的汽车集团。福特汽车的口号是"你的世界，从此无界。"

2. 日系

丰田是世界十大汽车工业公司之一，日本最大的汽车公司，创立于1933年。

早期的丰田、皇冠、光冠、花冠汽车名噪一时，近来的克雷西达、凌志豪华汽车也极负盛名。丰田公司的三个椭圆的标志（图4-18）是从1990年初开始使用的。标志中的大椭圆代表地球，中间由两个椭圆垂直组合成一个T字，代表丰田公司。它象征丰田公司立足于未来，对未来有信心和雄心。

马自达汽车有限公司的创始人松田重次郎的姓氏为"松田"，其英文拼写是"MATSUDA"，马自达的英文拼写是"MAZDA"，跟"松田"有关。MAZDA汽车不能翻译成松田汽车，它有自己的含义，象征着追求善良、放弃邪恶。马自达公司与福特公司合作之后，采用了新的车标（图4-19），椭圆中展翅飞翔的海鸥，同时又组成"M"字样。"M"是"MAZDA"第一个大写字母，预示着公司将展翅高飞，以无穷的创意和真诚的服务，迈向新世纪。

图4-17　福特汽车标志

图4-18　丰田汽车标志

图4-19　马自达汽车标志

3．德系

宝马是驰名世界的汽车企业，也被认为是高档汽车生产业的先导。宝马公司创建于1916年，总部设在慕尼黑。近100年历史中，它由最初的一家飞机引擎生产厂发展成为今天以高级轿车为主导，并生产享誉全球的飞机引擎、越野车和摩托车的企业集团，位列世界汽车公司前20名。宝马标志（图4-20）中间的蓝白相间图案，代表蓝天、白云和旋转不停的螺旋桨，喻示宝马公司渊源悠久的历史，象征该公司过去在航空发动机技术方面的领先地位，又象征公司一贯宗旨和目标：在广阔的时空中，以先进的精湛技术、最新的观念，满足顾客的最大愿望，反映了公司蓬勃向上的气势和日新月异的新面貌。宝马车的口号是："贺乘乐趣，创新极限。"

4．法系

1898年，刘易斯·雷诺三兄弟在法国比仰古创建雷诺汽车公司（图4-21）。它是世界上最悠久的汽车公司之一，主要产品有雷诺牌轿车、公务用车和运动车等。雷诺车标是四个菱形拼成的图案，象征雷诺三兄弟与汽车工业融为一体，表示"雷诺"能在无限的（四维）空间中竞争、生存、发展。雷诺口号："让汽车成为一个小家。"

5．韩系

现代汽车公司（HMC）成立于1967年（图4-22），最初现代汽车被认为是低端的不可靠的汽车品牌。从1988年，是排名前100位全球最有价值的品牌。现代标志是一个椭圆形内含一个H（象征着公司本身）。现代口号是"驾驭你的路。"

图4-20　宝马汽车标志　　　　图4-21　雷诺汽车标志　　　　图4-22　现代汽车标志

6. 英系

劳斯莱斯（Rolls-Royce）的平面车标，图4-23采用两个"R"重叠在一起，这是劳斯（ROLLS）与莱斯（ROYCE）两个创始人姓名的第一个字母，也象征着你中有我，我中有你，体现了两人融洽及和谐的关系。双"R"车标镶嵌在发动机散热器格栅上部，与著名的"飞天女神"雕像相呼应。华贵的劳斯莱斯征服了包括英国王室在内的各国元首和贵族的心，也被称为"帝王之车"。第一辆作为英女王御用劳斯莱斯的是劳斯莱斯幻影五代。

7. 国产汽车

中国第一汽车集团公司被誉为"中国汽车的摇篮"，于1953年7月15日创建，前身是第一汽车制造厂，1956年第一辆国产载货汽车下线，结束了中国不能自主生产汽车的历史。中国一汽的标志（图4-24）以"1"字为视觉中心，由"汽"字构成展翅的鹰形，给人以雄鹰在蔚蓝天空飞翔的视觉景象，寓意中国一汽鹰击长空、展翅翱翔。其中，奔腾B70在2011年5月18日上市，与老款最明显的区别是不再使用"1"字形车标，而改挂一汽的"鹰标"。

图4-23　劳斯莱斯汽车标志　　　　图4-24　新老一汽汽车标志

在竞争激烈的汽车工业发展中，每一个汽车品牌都拥有各自的特点，也是因为自己的特点才能真正赢得更多消费者的青睐。

从各国的汽车文化，可以从中看出一个国家文化的形成，与这个国家的工业实力、汽车历史、国民性格、用车习惯等有着深刻的关系。中国在不断前行中的自主品牌，应该好好总结先进国家已经走过的道路和经验，并通过汽车业界的舆论引导，褒扬良好的开车、坐车和用车行为，形成符合当今和谐社会建设特点的汽车文化。从另外的角度上看，每次车展都能看到中国汽车在近些年来的长足进步，但是竞争对手并没有停止脚步。

跨国汽车企业未来的生产经营模式将越来越采用研发和销售的哑铃形式，研发是为了始终紧跟世界技术潮流，销售是为了控制全球的市场，而中间采购和生产都可以做到全球本地化，哪里的市场潜力大，生产成本低廉，运输便利，环保和企业社会责任约束少就选哪里成为制造基地，这样的模式也将是我们自主品牌的必由之路。在这样的战略驱动下，寻找中国汽车的核心和内涵，是我们自主品牌进步的原动力。

第三节　交通文明与文明交通

一、国外的交通文明与文明交通

1. 德国

在德国，大车让小车，小车让自行车，自行车让行人是"铁的法则"。德国的人行道比较宽，用白线或者红色的水泥砖明确标出了自行车道。汽车、自行车和行人"各行其道"。每当自行车与行人发生路线交叉时，会让行人先行；如果自行车与汽车发生"矛盾"，汽车会让自行车先行。

德国是一个汽车大国，8000万人口的国家就有汽车5000多万辆，对于一个拥有如此多汽车的国家来说，交通秩序主要是靠交通参与者遵守交通规则。在德国城市的街道上，几乎看不到交通警察，交通由信号灯以及路牌指示。

2. 法国

法国巴黎驾校的考试是十分严格的，经过3～5个月的学习一次通过考试的学员凤毛麟角。巴黎驾校的教练们认为，经他们调教过的学员就应该是能熟练开车上路的司机。因此保障学员日后行车安全，便成为他们义不容辞的责任。

3. 比利时

比利时与其他欧洲国家一样不但有名车，而且还给全国的高速公路安上路灯。在首都布鲁塞尔街区，甚至在一些僻静的小街，出租车司机永远是按先来后到的顺序，安静地排队等候，无须交警指挥或疏通。如果一个不留神打乱了车序，司机会礼貌地告诉你，排在第一个出租车的准确位置。所有城市，无论大小都开辟步行街。人和车泾渭分明，互不干涉。全城很少有红绿灯，却有心照不宣的交通规则：行人第一，自行车第二，汽车最后。人人恭敬让行，一切秩序井然。

4. 奥地利

当局制定交通规则时重要的理念是保护参与交通各方的权利，重点保护行人，其次是自行车、社会服务车辆和公交车辆。机动车不能与自行车抢道，自行车则要谦让行人。在交通繁忙的路口和路段，一般都为机动车、自行车和行人分别设置红绿灯，避免三者相互抢道。对不熟悉城市交通特点的外国旅客来说，只要按照标志行进即可。

维也纳井然有序的城市交通，得益于交管部门在制定交通法规时尽量克服"盲区"，使参与交通任何一方的每个具体行为都受到约束。在奥地利人迹稀少的山间公路上，随时看到醒目的路牌："孩子们正在经过，车辆慢行"。

二、国内的交通文明与文明交通

交通文明行动我国已经开展了十几年，一直以来交管部门都十分重视文明交通宣传活动。让遵守文明交通法规成为人们的一种习惯并崇尚文明交通，在全社会形成一种以遵守交通法规为荣，以违反交通法规为耻的氛围。文明交通体现在出行时既要对自己的安全负责，也要对他人的安全负责。对于驾驶员来说文明交通可以这样做：

（1）车辆行驶时，发现本车道前方的车辆行驶速度比较慢，应开启左转向灯，在不妨碍其他车道车辆行驶的情况下，变更车道超越，也可减速慢行，保持安全距离尾随其后；

（2）车辆行驶时，发现后车示意超车，应减速慢行，靠边行驶，给对方让出超车空间；

（3）超车时，发现后车示意超车，应停止超车，与前方车辆保持安全距离，或减速慢行，或变更车道；

（4）超车时，发现前方车辆正在超车时，应减速慢行，让前方车辆先超车；

（5）当汽车经过积水路面时，应特别注意减速慢行，以免泥水飞溅到道路两侧行人身上；

（6）驾驶员注意查看路旁标识，经过不允许鸣笛的路段，应注意安全，不要鸣笛；行经没有禁止鸣笛的路段，驾驶人也应尽可能少鸣笛，以免影响其他人的正常工作。

而作为行人，我们常常忽视以下几种不文明交通违法行为。

（1）行人不走人行道、人行横道。在日常生活中，行人交通违法随处可见，主要表现为行人不走人行道、逆行、闯红灯、争道等违法行为。50％的行人在通过路口时往往选择最近的距离行走，对人行横道线视而不见；在非机动车道、机动车道中缓慢行走、随意横穿现象屡见不鲜。

（2）行人在灯控路口乱闯或抢信号灯。行人不按照信号灯指示方向行驶，闯、抢信号灯的现象非常普遍。对于等候红灯，有很多的行人表现为不耐心，当路口的人行横道上黄灯已经亮了，一些行人还会快跑抢行；更有少数人，对路口的红灯视而不见，从疾驰的机动车缝隙中穿行。

（3）行人不观察瞭望、乱翻护栏等。行人横过道路必须前后观察瞭望，确认安全后通过。行人横过机动车道，应当观察来往车辆的情况，确认安全后通过，不得在车辆临近时突然横过或者中途倒退、折返。绝大多数行人能够做到这一点，但也有少数行人置法规于脑后，横过道路不观察左右方向来往车辆的情况，或者只注意观察一个来车方向，而忽略了另一个来车方向，或者在机动车道内乱拐乱行，忘却了自身安全，影响了道路交通秩序。

行人的文明交通，我们可以这样做：

（1）出行时在人行道内行走，没有人行道的靠路边行走。在通过路口或者横过道路时，走人行横道或者过街设施；通过有交通信号灯的人行横道，按照交通信号灯指示通行；通过没有交通信号灯、人行横道的路口，或者在没有过街设施的路段要横过道路时，先确认安全后通过；

（2）不跨越、倚坐道路隔离设施，不扒车、强行拦车或者实施妨碍道路交通安全的其他行为；

（3）通过铁路道口时，按照交通信号或者管理人员的指挥通行。没有交通信号和管理人员的，在确认无车驶临后，迅速通过（图4-25）。

图4-25 交通文明从我做起

安全有序、文明和谐的交通环境是一个城市乃至一个国家文明的标志、是广大人民共同的心愿，更是安康开展创建国家卫生城市和国家园林城市的必然要求。对于每一位大学生应争做文明交通的宣传者。自觉学习和掌握道路交通安全知识，树立文明交通意识，主动向身边人员宣传交通法律法规，讲解交通安全常识。大力倡导机动车礼让斑马线、机动车按序排队通行、机动车有序停放、文明使用车灯、行人和非机动车各行其道、行人和非机动车过街遵守信号等文明交通行为，在全社会努力营造文明出行的良好氛围（图4-26）。

为提高交通文明的自觉性，交管部门还编写了大量的交通安全宣传标语。例如：做人以诚为本，开车以慎为本；遵章行驶、幸福伴随你，疲劳驾驶、害人又害己；遵章守法，各行其道；遵章安全路路通，违章肇事步步险。

当代的大学生要争做文明交通行动的推动者。自觉摒弃机动车随意变更车道、占用应急车道、开车打手机、不系安全带、驾乘摩托车不戴头盔、行人过街跨越隔离设施等交通陋习；积极参与文明交通公益活动，主动劝阻与文明交通不协调的各种行为，自觉监督和维护道路交通秩序，做文明出行使者，养成文明出行习惯，树文明出行新风，推动形成"人人参与文明交通、处处彰显交通文明"的生动局面。

争做文明交通的践行者。自觉遵守道路交通安全法，坚决抵制酒后驾驶、疲劳驾驶、超速行驶、闯红灯、强行超车、超员超载等危险驾驶行为，做到文明候车、文明乘车、文明开车、文明停车。自觉践行文明礼让，从我做起，车让人、让出一份文明，人让车、让出一份安全，车让车、让出一份秩序，人让人、让出一份友爱，在每一个人的身边形成遵章守纪、相互礼让的良好社会风尚。

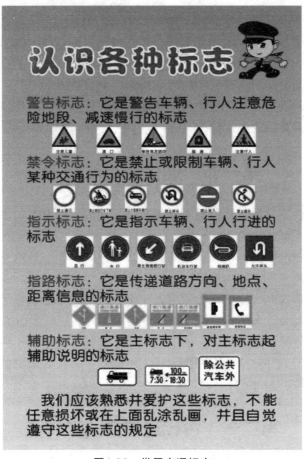

图4-26　常用交通标志

第五章　通信工程与文化

通信技术发展与人类文明相互促进、相互推动，通信技术的总体发展趋势是更准、更远、更快、更大，追求更高的质量、更好的体验、更快的自由度。远距离通信发展促进人类向更广、更深的领域发起探索。通信技术的不断提升带动人类生活质量的提升，同时人类文明促进大信息量通信发展。本章以通信技术的发展作为主线，挖掘科学技术背后的人文精神。

第一节　通信的基本概念

随着社会的快速发展、科技的不断进步、人们的生活节奏加快，通信已经成为人们日常生活中不可或缺的一部分。

通信是指由一地向另一地进行消息的有效传递。例如：打电话，是利用电话系统来传递消息；两个人之间的对话，是利用声音来传递消息等。通信的目的就是传递消息，消息的形式有许多种，如语言、文字、数据、图像、符号等。从定义中可以看出自从有了人类，人们就已经可以通过简单的方法进行通信了。

现在无论身边的朋友还是远方的朋友，只要想联系对方都非常方便，而且方法也有很多种。例如：打电话、上网聊天等。然而对于古代人来说，想进行远距离的沟通就不那么容易了。

第二节　古代通信方式和特点

在原始社会，我们的祖先就已经能够在一定范围内借助于呼叫、打手势或采取以物示意的办法来相互传递一些简单的信息，至今在我们的生活中仍然能找到这些方式的影子，如旗语（通过各色旗子的舞动）、号角、击鼓传信、灯塔、船上使用的信号旗、喇叭、风筝、漂流瓶、信号树、信鸽等。

我国是世界上最早建立有组织的传递信息系统的国家之一。邮驿也称驿传，是从早期的声光通信和专人送信演变而来的。邮是早期有组织的通信方式，是靠人步行来送信的一种方式，信息传递速度相对慢。随着人们对马匹有组织的驯养系统的建立，出现了驿（图5-1），驿是通过骑马接力送信的方法，将文书一个驿站接一个驿站地传递下去。驿站是古代接待传递公文的差役和来访官员途中休息、换马的处所，它在我国古代运输中有着重要的地位和作用，在通信手段十分原始的情况下，担负着政治、经济、文化、军事等方面的信息传递任务。说到这里大家可能会想到

"一骑红尘妃子笑，无人知是荔枝来"，意为：杨贵妃喜欢荔枝，唐玄宗差人快马相运。这体现了驿不仅仅有通信的功能，还具备传递物件的能力。

图5-1 古代的驿

现在常常用来形容边疆不平静的"狼烟四起"也是古代通信的一种方式。新疆库车县克孜尔尕哈汉代烽燧（烽火台，图5-2），展现了距今2000多年前我国西北边陲"谨侯望，通烽火"的历史遗迹。

烽火通信作为一种原始的声光通信手段，是通过烽火及时传递军事信息的，远在周代时就服务于军事战争。烽火台的布局十分重要，它分布在高山险峻的地方，而且必须是要三个台都能相互望见，以便于看见和传递信号。从边境到国都以及边防线上，每隔一定距离就筑起一座烽火台，台上有桔槔，桔槔头上有装着柴草的笼子，敌人入侵时，烽火台一个接一个地燃放烟火传递警报，一直传到军营。每逢夜间预警，守台人点燃笼中柴草并把它举高，靠火光给邻台传递信息，称为"烽"；白天预警则点燃台上积存的薪草，以烟示急，称为"燧"。古人为了使烟垂直上升，以便远远就能望见，还常以狼粪代替薪草，所

图5-2 烽火台

以又别称"狼烟"。为了报告敌兵来犯的多少，以燃烟、举火数目的多少来加以区别。各路诸侯见到烽火，马上派兵相助，抵抗敌人。有这样一个典故，"烽火戏诸侯，一笑失天下"，写的是周幽王为了看到褒姒的笑容，命令守兵点燃烽火。一时间，狼烟四起，烽火冲天，各地诸侯一见警报，以为犬戎打过来了，带领本部兵马急速赶来救驾。到了骊山脚下，连一个犬戎兵的影儿也没有，只听到山上一阵一阵奏乐和唱歌的声音，原来是周幽王和褒姒高坐台上饮酒作乐。周幽王派人告诉他们说，不过是大王和王妃放烟火取乐，诸侯们才知被戏弄，怀怨而回。

古人也利用动物进行通信，如信鸽传书、鸿雁传书、青鸟传书、黄耳传书等。有"会飞的邮递员"美称的鸽子，是人们使用最广的动物。同鸿雁传书一样，鱼传尺素也被认为是邮政通信的象征。在我国古诗文中，鱼被看作传递书信的使者，并用"色素"、"色书"、"鲤鱼"、"双鲤"等作为书信的代称。古时候，人们常用一尺长的绢帛写信，故书信又被称为"尺素"。捎带书信时，常常把它结成两条鲤鱼的

样子，故称双鲤。书信和"鱼"的关系，其实早在唐以前就有了。在东汉蔡伦发明造纸术之前，没有现在的信封，写有书信的竹简、木牍或尺素是夹在两块木板里的，而这两块木板被刻成了鲤鱼的形状，两块鲤鱼形木板合在一起，用绳子在木板上的三道线槽内捆绕三圈，再穿过一个方孔缚住，在打结的地方用极细的黏土封好，然后在黏土上盖上空印，就成了"封泥"，这样可以防止在送信途中信件被私拆。黄耳传书讲的是用一只名为"黄耳"的家犬递送家书的故事，这可以认为是我国第一代狗信使。

我国古代还有一些传递秘密信息的方法，其中一种是套格。明文是普普通通的一封信，报平安或老友叙旧之类，可以公开。解密是用一张同样大小的纸，在纸上的不同位置挖洞，覆盖到原信上，从洞里读暴露出的字就是另外有含义的秘密信息。类似的通信方式还有藏头诗等。

古代通信的方式虽然非常简单、非常原始，但它同近代战争时期所用的五光十色的信号弹、信号灯光等以及现代复杂的军事通信具有同样重要的作用，它基本上满足了当时人们的生活需要，但它和不断发展的社会对通信的需求产生了越来越多的不适应。随着火药的问世和蒸汽机的诞生，人类从农业时代跨入工业时代，拉开了近代通信的序幕。

第三节　近现代通信的发展及对人类的影响

人类通信史上，信息的传递一直以来主要依靠人或动物等。把电信号作为信息的载体传递信息，是通信史上最伟大的发明，开辟了近现代通信史。

柏拉图曾经说过，惊异乃是真正的哲学激情。在惊异之中，我们可以窥探到一切哲学思维之根源，哲学的出现始于人类的惊异。而惊异不仅仅是哲学思维的根源，同样也是自然科学发展的根源。举一个例子"牛顿与他的万有引力定律"。很多人也许都在苹果树下坐过，甚至有人还被从树上掉下的苹果砸中，但只有牛顿将苹果的落下与万有引力定律联系到了一起，而牛顿之所以能够做到这一点，其中的一个根本原因是他有一种强烈的问题意识，有一种惊异、好奇、探索、敏感的鲜活心态，而我们后面所介绍的所有为通信的发展做出杰出贡献的发明者都具有牛顿的这种品格。

随着近代资本主义生产力的迅速发展，贸易、金融、军事情报需要迅速传递。用火车、轮船等传递信息往往需要几天，甚至几个月。人们渴望找到迅速传递信息的办法。由于电流可以通过金属线快速流动，于是人们就想到，能不能利用电来传递信息呢？

一、第一台用电传递信息的通信设备

真正为远距离通信开了第一炮的人，本是一名画家，只因为偶然改变了他的后半生。1832年10月的一天，美国画家莫尔斯搭乘一艘从法国驶往美国的邮轮。在船上，他遇到了一位名叫杰克逊的物理学家。在漫长的航程中，杰克逊做了许多电学实验，而深深吸引莫尔斯的一次是，杰克逊手里摆弄着一个马蹄形铁，上面绕着一圈圈绝缘铜线。当铜线通电或断电时，那些撒在马蹄铁附近的铁片立即被吸了过去或掉了下来。杰克逊操作的这个电磁感应实验，点燃了不懂电学知识的莫尔斯心中的发明之火。回到美国后，莫尔斯开始走上了科学发明的道路。他把画室变成了实验室，电线、电池、锯、钳、锤等应有尽有。1835年年底，莫尔斯终于用旧材料制成了第一台电报机（图5-3），电报机分发报机和收报机两个部分，但只能在2～3米的距离内有效。这是由于收发两方距离若增大，电阻将相应增大而导致失灵。莫尔斯请一位年轻的发明家贝尔一起攻克难题。经过努力，他们对电报机做了改进：将字母式自动发报机改为手按键，收报机上出现的信号由波形线改为点和划。这种点和划的符号后来被叫作"莫尔斯符号"。1837年9月4日，莫尔斯造出了一台能在500米范围内有效工作的电报机。到了1844年电报已经可以发送到70千米以外。

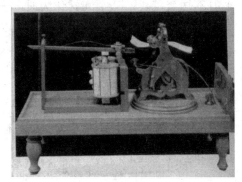

图5-3　有线电报机

电报的发明，拉开了电信时代的序幕，开创了人类利用电来传递信息的历史。从此，信息传送的速度大大加快了。"嘀—嗒"一响（1秒钟），电报便可以载着人们所要传送的信息绕地球走上7圈半。这种速度是以往任何一种通信工具望尘莫及的。人们铺设了横跨大洋的海底电缆，这代表人们只需不到1秒钟的时间就可以把信息传递到地球的另一面。

电报除了传递信息功能外，还能实现各地时间的统一。过去，美国的密歇根州有27个地方时间，而威斯康星州有39个，纽约、波士顿、费城在地理上是近邻，却有三种时间，相差也就几分钟。尽管地方时间多得让人眼花缭乱，但在铁路到来之前，各地都不过是老死不相往来的"孤岛"。随着横跨东西的铁路通车、社会的商业触角不断向外延伸，个体的流动性增加，时间的多样性令美国人难以忍受。最初每个火车站里都挂着时间换算表，旅客们下了火车就忙着算时间。由此或迟延或超前，难与列车相接还是小事，更可怕的是，时刻表的巨大混乱不免使火车时有相撞。统一各地的时间是当时急需解决的问题，1870年查里斯·道特提出建议，1881年一位名叫艾伦的土木工程师进行完善，美国最终被分为四个时区，形成了通用至今的标准时间。电报对时间的统一也起到了非同寻常的作用，它可以迅捷并准确调整各地的时间差，使一个时区内的钟表走在同一个钟点。需求与技术的完美结合，解除了时间不一致带来的混乱。

电报还促使美国商品贸易模式发生了巨大的变化。电报发明之前，美国每个城市的商品价格波动由于地理因素的制约往往有一种联动的但却延迟的反应。通信速度的迟缓，使得一个市场的价格变化，要经过相当长一段时间，才影响到另一个市场。因此，套利，即通过货物在空间的位移廉价买进再高价卖出，是商品贸易的主要形式。信息相对灵通的投机者，利用空间因素所造成的时间间隔谋取利益。19世纪上半叶，由于美国运河、公路和铁路的发达，各城市之间商品的月平均差价明显减小。电报被发明并得到运用之后，时间立刻战胜空间：一方面，市场的区域化消失了，获取即时行情的可能性使全国性市场体系开始形成；另一方面，投机生意也不得不转变模式，从空间转化为时间——电报使期货这一新的贸易模式应运而生，并在很大程度上取代套利，商品从地点之间的交易转变为时间的交易。货物还没到达之前，农作物的收成和行情已经可以获取，单据交易替代了实物交货——交易完全脱离了货物真实的空间运动。于是，市场就从有形的实物和地理空间一下子转化为无形，令当时的人们感觉不可思议，市场变得无处不在、无时不在，这只"看不见的手"似乎更加强大有力。有了电报和其他通信、运输手段，买卖的速度和数量已今非昔比，传统上个体之间的经济形式被非个人化的组织和管理结构所取代，现代化的工商业组织管理模型从此萌芽。

电报不仅可以独立于实物，而且可以独立于运输工具而运动，这在当时可是件大事。因为电报发明之前，信息的传递无论靠两只脚，还是马匹、火车，都离不了运输工具，所以communication这个词历来和transportation同义。但电报终结了这种同一性，它使符号独立于运输工具，而且比运输的速度更快。说来难以置信，在电报发明之前，19世纪中期美国一些地方的铁路调度居然靠的是骑手，铁路沿线每隔5英里有一骑手策马来回跑动，向面临撞车的火车司机发出警告。电报不仅摆脱了所有的运输工具，而且速度还快过火车，所以用来对延绵几英里的铁路进行中央调度丝毫不成问题。电报一旦将传播从地理和运输工具的束缚中解放出来，就使"传播"和"运输"这两个词分离开来，同时也改变了人们对通信的基本思维方式。

二、能够传送人类声音的通信设备

尽管电报给人类带来巨大的便利，但电报传送的是一种符号。发送一份电报，得先将报文译成电码，再用电报机发送出去；在收报一方，要经过相反的过程，即将收到的电码译成报文，然后，送到收报人的手里。这不仅手续麻烦，而且也不能进行及时的双向信息交流。因此，人们开始探索一种能够以直接的方法传递信息的方式，后来就出现了大家所熟悉的"电话"。

欧洲对于远距离传送声音的研究始于18世纪，在1796年，休斯提出了用话筒接力传送语音信息的办法。虽然这种方法不太切合实际，但他赐给这种通信方式一个名字——Telephone（电话），一直沿用至今。

1861年，德国一名教师发明了最原始的电话机，利用声波原理可在短距离互相通话，但无法投入真正的使用。

图5-4　贝尔在测试电话

亚历山大·贝尔系统地学习过人的语音、发声机理和声波振动原理，在为聋哑人设计助听器的过程中，他发现电流导通和停止的瞬间，螺旋线圈发出了噪声，这一发现使贝尔突发奇想——用电流的强弱来模拟声音大小的变化，从而用电流传送声音（图5-4）。

从这时开始，贝尔和他的助手沃森特就开始了设计电话的艰辛历程，1875年6月2日，贝尔和沃森特正在进行模型的设计和改进，最后测试的时刻到了，沃森特在紧闭了门窗的另一房间把耳朵贴在音箱上准备接听，贝尔在最后操作时不小心把硫酸溅到自己的腿上，他疼痛地叫了起来："沃森特先生，快来帮我啊！"没有想到，这句话通过他实验中的电话（图5-4）传到了在另一个房间工作的沃森特的耳朵里。这句极普通的话，也就成为人类第一句通过电话传送的话音而记入史册。后来，在1876年，申请了电话机的专利，成立了贝尔电话公司。

早期的电话是磁石式的，用手摇通电，再通过电话局转接要打的号码。这种电话有桌上型、手提型和壁挂型，里面放着两颗大电池用来供电。后来出现充电式的供电电话，话筒拿起断电，电话局就知道要转接。20世纪20年代，当时马萨诸塞州流行麻疹，为保证不会因接线员病倒造成全城电话瘫痪，步进式交换机出现了，这时的电话上有了拨号盘，号码拨出去，交换机就会一个信号接着一个信号跳动，不需要人工操作。

电话传入我国是1881年，英籍电气技师皮晓浦在上海十六铺沿街架起一对露天电话，付36文制钱可通话一次，这是中国的第一部电话。1882年2月，丹麦大北电报公司在上海外滩扬于天路办起我国第一个电话局，用户25家。1889年，安徽省安庆州候补知州彭名保，自行设计了一部电话，包括自制的五六十种大小零件，成为我国第一部自行设计制造的电话。最初的电话并没有拨号盘，所有的通话都是通过接线员进行，由接线员将通话人接上正确的线路，20世纪初开始使用拨号盘。

自从贝尔发明了电话机，人人都能手拿"话柄"，和远方的亲朋好友谈天说地了。电报和电话的相继发明，使人类获得了远距离传送信息的重要手段。但是，电信号都是通过金属线传送的。线路架设到的地方，信息才能传到，这就大大限制了信息的传播范围，特别是在大海、高山。能够在大海中、高山上进行通信，成为当时人类通信发展的一个重要目标。

三、电磁波

1820年，丹麦物理学家奥斯特发现，当金属导线中有电流通过时，放在它附近的磁针便会发生偏转。接着，学徒出身的英国物理学家法拉第明确指出，奥斯特的实验证明了"电能生磁"。他还通过艰苦的实验，发现了导线在磁场中运动时会有电流产生的现象，此即所谓的"电磁感应"现象。

著名的科学家麦克斯韦进一步用数学公式表达了法拉第等人的研究成果，并把电磁感应理论推广到了空间。他认为，在变化的磁场周围会产生变化的电场，在变化的电场周围又将产生变化的磁场，如此一层层地像水波一样推开去，便可把交替的电磁场传得很远。1864年，麦氏发表了电磁场理论，成为人类历史上预言电磁波存在的第一人。

亨利希·鲁道夫·赫兹证实电磁波的存在。1887年的一天，赫兹在一间暗室里做实验。他在两个相隔很近的金属小球上加上高电压（图5-5），随之便产生一阵阵噼噼啪啪的火花放电。这时，在他身后放着一个没有封口的圆环。当赫兹把圆环的开口处调小到一定程度时，便看到有火花越过缝隙。通过这个实验，他得出了电磁能量可以越过空间进行传播的结论。赫兹的发现公布之后，轰动了科学界，1887年成为了近代科学技术史的一座里程碑，为了纪念这位杰出的科学家，电磁波的单位便命名为"赫兹（Hz）"。

赫兹的发现具有划时代的意义，它不但证明了麦克斯韦理论的正确，更重要的是导致无线电的诞生，开辟了电子技术的新纪元，标志着从"有线电通信"向"无线电通信"的转折。也是整个移动通信的发源点，应该说，从这时开始，人类开始进入无线通信的新领域（图5-5）。

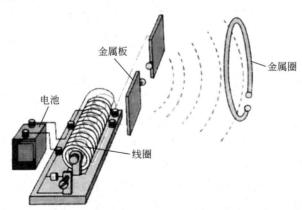

金属板

金属圈

电池

线圈

图5-5 赫兹验证电磁波存在的实验装置

赫兹通过闪烁的火花，第一次证实了电磁波的存在，但他却断然否定利用电磁波进行通信的可能性。他认为，若要利用电磁波进行通信，需要有一个面积与欧洲大陆相当的巨型反射镜，显然这是不可能的。赫兹发现电磁波的消息扩散开来，传到了俄国一位正从事电灯推广工作的青年波波夫耳朵里，他兴奋地说："用我一生的精力去装电灯，对广阔的俄罗斯来说，只不过照亮了很小一角，要是我能指挥电磁波，就可飞越整个世界！"1894年，波波夫设计了无线电接收机并为之增加了天线，使其灵敏度大大提高。1896年，波波夫成功地用无线电进行莫尔斯电码的传送，距离为250米，电文内容为——"海因里斯·赫兹"。然而，真正实现无线通信的是一名年轻的意大利人。

四、无线通信

1897年5月18日，另一位研究无线电的年轻人——马可尼（图5-6），改进了无线电传送和接收设备，在布里斯托尔海峡进行无线电通信取得成功，把信息传播了12千米。1898年，英国举行了一次游艇赛，终点设在离岸20英里

图5-6 马可尼与他的无线电报

的海上。《都柏林快报》特聘马可尼为信息员。他在赛程的终点用自己发明的无线电报机向岸上的观众及时通报了比赛的结果，引起了很大的轰动。这被认为是无线电通信的第一次实际应用。紧接着，马可尼在英国建立了世界上第一家无线电器材公司——英国马可尼公司。

1901年，英国的无线电报能发送到大西洋彼岸，不过当时的天线是用风筝牵着的金属导线。1902年在英国与加拿大之间正式开通了越洋无线电报通信电路，使国际间电报通信跃入到一个新的阶段。

由于无线电通信不需要昂贵的地面通信线路和海底电缆，因而很快便受到人们的重视。它首先被用于敷设线路困难的海上通信。第一艘装有无线电台的船只是美国的"圣保罗"号邮船。1912年"泰坦尼克"号撞到冰山后，发出电报"SOS，速来，我们撞上了冰山。"几英里之外的"加利福尼亚"号客轮本应能够救起数百条生命，但是这条船上的报务员不值班，因此没有收到这条信息。由于当时没有对电报机足够的重视，使船在沉没的时候没得到及时的营救，使1000多人遇难。从此以后，所有的轮船都开始了全天候的无线电信号监听。后来，海上无线电通信接二连三地在援救海上遇险船只的行动中发挥作用，从而初露头角。这一时期，无线电所传播的都是莫尔斯码。

五、无线电广播

1906年12月24日圣诞节前夕，晚上8点左右，在美国新英格兰海岸附近穿梭往来的船只上，一些听惯了"嘀嘀嗒嗒"莫尔斯电码声的报务员们，忽然听到耳机中传来有人正在朗读圣经故事，有人拉着小提琴，还伴奏有亨德尔的《舒缓曲》，报务员们怔住了，他们大声地叫喊着同伴的名字，纷纷把耳机传递给同伴听，果然，大家都清晰地听到说话声和乐曲声，最后还听到亲切的祝福声，几分钟后，耳机中又传出那听惯了的电码声。

其实这并不是什么奇迹，而是由美国物理学家费森登主持和组织的人类历史上第一次无线电广播（图5-7）。这套广播设备是由费森登花了4年的时间设计出来的，包括特殊的高频交流无线电发射机和能调制电波振幅的系统，从这时开始，电波就能载着声音开始展翅飞翔了。

图5-7　费森登的第一次无线电
广播测试

1920年，美国匹兹堡的KDKA电台进行了首次商业无线电广播。广播很快成为一种重要的信息媒体而受到各国的重视。后来，无线电广播从"调幅"制发展到了"调频"制，到20世纪60年代，又出现了更富有现场感的调频立体声广播。

无线电频段有着十分丰富的资源。在第二次世界大战中，出现了一种把微波作为信息载体的微波通信。这种方式由于通信容量大，至今仍作为远距离通信的主力之一而受到重视。在通信卫星和广播卫星启用之前，它还担负着向远地传送电视节目的任务。

六、实现用电传送图像的通信设备

1923年的一天，一个朋友告诉贝尔德："既然马可尼能够远距离发射和接收无线电波，那么发射图像也应该是可能的。"这使他受到很大启发。贝尔德决心要完成"用电传送图像"的任务。他将自己仅有的一点财产卖掉，收集了大量资料，并把所有时间都投入到研制电视机上。

1925年10月2日是贝尔德一生中最为激动的一天。这天他在室内安上了一具能使光线转化为电信号的新装置，希望能用它把比尔的脸显现得更逼真些。下午，他按动了机器上的按钮，一下子比尔的图像模糊地显现出来，他简直不敢相信自己的眼睛，他揉了揉眼睛仔细再看，那不正是比尔的脸吗？那脸上光线浓淡层次分明，细微之处隐约可辨，那嘴巴、鼻子，那眼睛、睫毛，那耳朵和头发。贝尔德兴奋得一跃而起，此时浮现在他脑际的只有一个念头——赶紧找一个活的比尔来，传送一张活生生的人脸出去。贝尔德楼底下是一家影片出租商店，这天下午，店内营业正在进行，突然间楼上"搞发明的家伙"闯了进来，碰上第一个人便抓住不放。

图5-8　贝尔德第一台向公众
公开播送的电视机

那个被抓的人便是年仅15岁的店堂小厮威廉·台英顿。几分钟之后，贝尔德在"魔镜"里便看到了威廉·台英顿的脸——那是通过电视播送的第一张人的脸。接着，威廉得到许可也去朝那接收机内张望，看见了贝尔德自己的脸映现在屏幕上。接着，贝尔德又邀请英国皇家科学院的研究人员前来观看他的新发明。1926年1月26日，科学院的研究人员应邀光临贝尔德的实验室，放映结果完全成功，引起极大的轰动。这是贝尔德研制的电视第一天公开播送，世人将这一天作为电视诞生的日子（图5-8）。

七、无线电寻呼机

无线电寻呼机又叫作BP机，是我们大家熟悉的通信工具，现在已基本没人用了。它专门用来接收由无线电寻呼系统发来的信息，可以是寻人信息，也可以是有关天气预报、股市行情等一类短消息。

摩托罗拉原是最早生产无线电寻呼机的公司。摩托罗拉是一家生产车用直流收音设备装置的公司，该公司随着汽车在美国的流行而迅速发展，第二次世界大战时期公司转入无线电通信设备的生产。1941年，摩托罗拉生产出了美军参战时唯一的便携式无线电通信工具——5磅重手持对讲无线电样机，及SCR-300型高频率调频背负式通话机（图5-9），1956年，生产了世界上第一个无线电寻呼机。

图5-9　SCR-300型高频率调频背负式通话机

早期的寻呼机形状如单向收音机，有砖头那么大。呼叫员整天在机器里不停地念着各种信息，有点像今天的出租车调度台，是一种"大广播"方式，你听到的是呼叫员发出的所有信息。你得仔细留意自己的名字，错过了，就再也找不到了。

后来，寻呼机获得了个体特征。每个寻呼机都取了一个数字名字，因此它只接收对自己的呼唤，而忽略其他信息。当听到对自己的呼唤时，呼机就会嘀滴地响起来，于是它的主人需要找到一部电话，向呼叫员询问信息，这就是模拟寻呼机。在1968年，日本率先在150MHz移动通信频段上开通用声音发出通知音和消息的模拟

图5-10 寻呼机

寻呼系统。

20世纪70年代曾出现了语音呼机——某种信息到来之前，寻呼机发出一种预定的声音信号，使用者打开机器便可听到这一信息（图5-10）。20世纪80年代早期出现了数字呼机，它的屏幕很小，只能把数字写在上面，以显示不同的数字来代表不同的信息内容。显然，这种寻呼机所能传递的信息就比前丰富多了，这类寻呼系统于1973年在美国最先使用，其使用频率为150MHz和450MHz。

数字寻呼系统不仅有"人工"的，也有"自动"的。人工寻呼是由话务员受理，然后再由话务员对信息进行编码后发送给指定用户。自动寻呼的上述操作过程都是由计算机自动进行处理的，不用人来操作。

随后几年出现了能显示文字信息的寻呼机，这些信息可能是告诉你需要回的电话、会议开始的时间或航班情况。寻呼信号可以通过卫星向全国各地传播，在电波中搜索特定的寻呼机号码，准确地找到目标。

我国从1983年开始研究发展寻呼系统，同年9月16日，上海用150MHz频段开通了我国第一个模拟寻呼系统，1984年5月1日，广州用150MHz频段开通了我国第一个数字寻呼系统。1991年11月15日，上海首先用150MHz频段开通了汉字寻呼系统。这种以汉字直接显示信息内容的"汉显"BP机，省去了查代码的麻烦，且一目了然，因而深受用户的欢迎。

我国的数字寻呼和汉显寻呼在20世纪90年代盛行，但目前由于手机普及，寻呼已经基本失去了市场。

八、移动通信网络

由于两次世界大战的需要，早期移动通信的雏形已开发出来，如步话机、对讲机等等，其中，步话机在1941年美陆军就开始装备了，当时使用的是短波波段，设备是电子管的。从20世纪50年代开始，开始使用150MHz，后来发展为400MHz，紧接着60年代晶体管的出现，专用无线电话系统大量出现，在公安、消防、出租汽车等行业中应用。但这些仅能在少数特殊人群中使用且携带不便，能不能有更小、更方便、适合大众使用的个人移动电话呢？

随着对电磁波研究的深入、大规模集成电路的问世，移动电话被制造出来，它主要由送受话器、控制组件、天线以及电源四部分组成。在送受话器上，除了装有话筒和耳机外，还有数字、字母显示器、控制键和拨号键等。控制组件具有调制、解调等许多重要功能。由于手持式移动电话机是在流动中使用，所需电力全靠自备的电池供给，当时使用镍镉电池，可反复充电。

20世纪70年代初，贝尔实验室提出蜂窝系统覆盖小区的概念和相关的理论后，迅速得到发展，很快进入了实用阶段。在蜂窝式的网络中，每一个地理范围（通常是一座大中城市及其郊区）都有多个基站，并受一个移动电话交换机的控制（图5-11）。在这个区域内任何地点的移动台车载、便携电话都可经由无线信道和交换机联通公用电话网，真正做到随时随地可以同世界上任何地方进行通信，同时，在两个或多个移动交换局之间，只要制式相同，还可以进行自动和半自动转接，从而扩大移动台的活动范围。因此，从理论上讲，蜂窝移动电话系统可容纳无限多的用户。第一代蜂窝移动电话系统是模拟蜂窝移动电话系统，主要特征是用模拟方式传输模拟信号。

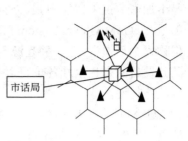

移动交换中心(MSC)
▲ 基站(BTS) 白移动台(MS)
图5-11　蜂窝系统

移动电话使用蜂巢的结构来规划网络。在建筑学上，蜂巢是经济高效的结构方式，移动网络在相邻的小区使用不同的频率，在相距较远的小区采用相同的频率。这样既有效地避免了频率冲突，又可让同一频率多次使用，节省了频率资源。这一理论巧妙地解决了有限高频频率与众多高密度用户需求量的矛盾和跨越服务覆盖区信道自动转换的问题。

在1975年，美国联邦通信委员会（FCC）开放了移动电话市场，确定了陆地移动电话通信和大容量蜂窝移动电话的频谱，为移动电话投入商用做好了准备，1979年，日本开发了世界上第一个蜂窝移动电话网。其实世界上第一个移动电话通信系统是1978年在美国芝加哥开通的，但蜂窝式移动电话后来居上，在1979年，AMPS制模拟蜂窝式移动电话系统在美国芝加哥试验后，终于在1983年12月在美国投入商用。

我国在1987年开始使用模拟式蜂窝电话通信，1987年11月，第一个移动电话局在广州开通。

模拟式蜂窝电话迅速发展，也开始显现出它的缺点，特别是在人口密集的大城市，由于模拟式蜂窝电话采用的频分多址技术造成频率资源严重不足，同时，模拟式蜂窝电话易被窃听和码机，造成对用户利益的危害。

九、2G移动通信系统

20世纪80年代后期，大规模集成电路、微型计算机、微处理器和数字信号处理技术的大量应用，为开发数字移动通信系统提供了技术保障。

1982年，欧洲成立了GSM（移动通信特别组，Group Special Mobile），任务是制定泛欧移动通信漫游的标准。GSM本来是欧洲成立的一个移动通信小组的简称，这个小组在欧洲的蜂窝移动通信方面做了大量的工作，他们对8个不同的实验方案进行了论证，最后制定了泛欧洲的数字蜂窝移动通信系统，并用该研究小组名字的缩写"GSM"命名。GSM移动电话系统对频谱利用率高、容量大，同时可以自动漫游和自动切换，采用EFR（增强全速率编码）后通信质量好，加上其业务种类多、易于加密、抗干扰能力强、用户设备小、成本低等优点，使移动通信进入了一个新的里程。GSM-Global System for Mobile Communications，中文为全球移动通信系统，俗称"全球通"，是一种起源于欧洲的移动通信技术标准，是第二代移动通信技术，其开发目的是让全球各地可以共同使用一个移动电话网络标准，让用户使用一部手机就能行遍全球。

GSM技术推出不久，一种更先进的CDMA技术也推出了，CDMA是码分多址的英文缩写（Code Division Multiple Access），它是在数字技术的分支——扩频通信技术上发展起来的一种崭新而成熟的无线通信技术。当时摩托罗拉占有蜂窝式移动电话的绝大部分市场，由于CDMA比GSM先进得多，所以摩托罗拉认为GSM技术只能是从模拟到纯数字的过渡，一直没有重视GSM手机的商业开发。但GSM手机一推出就受到从事商业、贸易和高级管理人员的欢迎，到1996年，诺基亚和爱立信来势凶猛的GSM手机已占据了手机市场的大部分时，摩托罗拉才回过头开发8200系列产品。

随着GSM的迅猛发展，GSM自然而然成为全球移动通信系统的代名词。1993年9月18日，浙江嘉兴首先开通了我国第一个数字移动通信网。1994年10月，第一个省级数字移动通信网在广东省开通，容量为5万门，从此GSM手机在我国迅速成长，发展到今天几乎人手一台。

十、铱星系统

有了畅通的手机可以自由自在和世界任何地方通话，不过，一个重要的前提就是你必须在服务区范围内，如果在偏远山区和荒漠里，再好的手机也只是摆设。有没有能在地球任何一个地方都能收发信号的手机呢？

图5-12 "铱"星系统

要实现这一点，最好的办法是采用地球低轨道卫星通信系统，第一个开发出来的卫星电话系统就是著名的"铱"星系统（图5-12）。

早在1945年10月，英国人A.C.克拉克提出静止卫星通信的设想。他在英国"Wireless World"（无线电世界）杂志第10期发表了题为《地球外的中继——卫星能提供全球范围的无线电覆盖吗？》的文章，首次揭示了人类使用卫星进行通信的可能性。接着在1954年7月，美国海军利用月球表面对无线电波的反射进行了地球上两地的电话传输试验。试验成功后于1956年在华盛顿和夏威夷之间建立了通信业务。1957年10月4日世界上第一颗人造卫星升空，正式拉开了卫星通信的序幕。

1990年，摩托罗拉（Motorola）公司推出全球个人通信新概念——"铱"星系统。"铱"星系统是由美国摩托罗拉公司卫星通信部设计、筹建的通过低地球轨道运行的卫星组成的通信系统，与现有通信网结合，可实现全球数字化个人通信。

"铱"星系统最初设计中是模拟化学元素铱的原子结构，铱的原子核外有77个电子绕核旋转，所以设计的"铱"星系统也由77颗卫星在太空中的7条太阳同步轨道上绕地球运行，可以覆盖地球表面的任一点，构成"天衣无缝"的通信覆盖区，后来，这一系统改为66颗卫星围绕6个极度地圆轨道运行，但仍用原来注册的名称。

"铱"星系统于1994年开始发射了7颗卫星。1998年11月1日，"铱"星系统正式投入运行，开创了人类电信史上的新篇章。美国的副总统戈尔成为"铱"星的第一位用户，他将第一个电话打给了美国地理学会主席（此人是电话的发明人亚历山大·贝尔的曾孙）并告知他这个振奋人心的好消息。

"铱"星系统是一个非常庞大的低轨道卫星网络，共计72颗通信卫星（66颗组网卫星和6颗在轨的备用卫星），运行在距离地面780千米高的轨道上，构成了6个倾角为86.4度的轨道面，卫星在轨道上绕地球运行的周期是100分钟又28秒。每颗卫星的质量约700千克。在每颗卫星上有48个发射点用来传送通信信号。整个"铱"星系统和"铱"星本身都是由Motorola公司负责设计的，"铱"星系统用户端的手持设备（"铱"星手机）由Motorola公司和日本的专业手持电话制造商京瓷（Kyocera）提供，"铱"星手机分为只用于Iridium系统通信单功能机和GSM移动网/Iridium复合模式两种。后者既能用作卫星电话，又能用作蜂窝无线电话。当一个"铱"星用户呼叫另一个"铱"星用户时，"铱"星系统将会通过整个"铱"星网络定位被呼叫的"铱"星用户。如果被呼叫用户位于一个地面GSM系统的呼叫范围内，则信号将通过该地面GSM网络接通该用户的GSM信道（如果该用户使用兼容GSM的"铱"星电话）。而如果无法在地面电话网内定位，则信号将直接在卫星与卫星之间传送，直到传送到被呼叫的"铱"星系统用户的"铱"星电话上。所以，只要通话双方都使用"铱"星电话，则无论用户在南极还是北极，该次通话肯定能够建立，体现出了"铱"星在个人通信方面的强大能力。

1998年11月"铱"星公司的全球卫星通信系统全面建成并正式投入商业运营后，"铱"星公司在世界各地广设分公司，并拨出庞大的财务预算在全球范围内进行大规模的广告宣传活动，以纪念这一重大的技术创举。不过，随着时间的推移，"铱"星公司在项目论证上存在的严重问题就逐渐暴露出来了。"铱"星公司所吸收的卫星电话用户的数量远远低于原来的预期。同时，由于"铱"星公司的有息负债额高达44亿美元，占投资总额的80%，严重的入不敷出导致资金迅速枯竭，财务上陷入困境，该公司不得不在1999年8月申请破产保护，2000年3月17日，"铱"星公司宣布破产，耗资57亿美元的"铱"星系统最终走向失败。有消息称，"铱"卫星公司（Iridium Satellite LLC，不是"铱"星公司）只花了2500万美元就完成了对"铱"星公司（Iridium LLC）及其子公司所属资产的收购，并从美国国防部获得了一份为期两年，价值7200万美元的合同，给大约20000名官员提供不限时间的无线通信服务。目前几十颗"铱"星委托波音公司管理和维护。

虽然走向大众的"铱"星系统失败了，但卫星移动通信系统仍存在广阔市场。因为目前，陆地蜂窝移动通信系统只能覆盖地球2%的面积，而且受用户和通信量制约，在一些地广人稀的区域长期运营蜂窝网得不偿失，加之海事卫星系统几十年来的成功运营，均表明卫星移动通信市场前景广阔。目前卫星通信系统仍在发展，除已投入使用的全球星系统外，还有ICO系统、奥德赛系统、NTT系统、RACE系统，都有着广阔的发展前景。

随着通信技术的不断发展，无线通信技术将成为未来电子通信的主流和趋势。利用电磁波信号在自由空间内"流动"的原理，无线通信在现在这个时期得到了较大的发展，已成为通信技术领域的主导方向。同时，无线通信技术可以实现更大范围的信息传输、更快速的信息投送和更持久的信息资源共享，因此，无线通信技术不仅是这个时代电子通信的主流，也必然主导未来的通信领域。随着新型电子技术的高速发展，以及卫星通信、网络通信的不断融合，无线通信技术的范式和模式已经基本成型，而且在市场中产生了不错的价值和效应，得到了用户、企业和社会各界的普遍好评，这给无线通信技术进一步的飞越式发展带来了机遇。展望未来，电子通信将更多地作为一种技术基础和概念出现。随着无线宽带技术的快速发展，以WLAN技术、UWB技术为代表的无线宽带接入技术，给无线通信的发展插上了翅膀。可以说，正是多种先进技术的涌现和应用，奠定了无线通信技术在未来的光明发展前景。

另外一个主导和左右未来电子通信技术朝着无线通信方向演变的重要因素就是移动通信技术的高速发展，即移动终端设备的快速增加与移动通信用户的急速累积构成了完整的市场体系，为未来无线通信技术的高速融合与市场应用提供了基本保障。以我国为例，2012年手机用户已经突破9亿，大部分用户开始使用无线通信，这就形成了一个巨大的市场，为无线通信在我国手机市场的应用提供了良好的机遇。所以，诸如上述的因素启示人们，未来的电子通信必然以无线通信为主导，而无线通信技术的快速发展和演变可以改变人们的生产、生活方式，从而带来巨大的社会进步。

电子通信技术的多元化发展将是未来的趋势。更确切地说，电子通信过程中涉及的通信技术、计算机技术和网络技术正在融为一体，加上电视技术，可以看作是"四位一体"。现在，类似这样的技术融合已经初见端倪，在不远的未来，以智能多媒体信息服务为特征的天人一体、天地一体的大规模智能信息网络必然逐渐为人们所熟悉。在此期间，未来电子通信技术提供的信息将不再是单独的视听信息资源，而是融合了人类听觉、视觉、嗅觉甚至感觉的多元化信息资源体系。所以，未来电子通信的技术综合化趋势已经是大势所趋。

随着计算机网络的普及以及蜂窝移动信息技术的发展，电子通信在未来必然呈现出更加光明的图景。

（1）未来电子通信的数字化程度必然更高，信息、数据和资源的传输必定更加快捷，而数字形式的信息资源的传递将彻底改变现有通信的面貌。

（2）未来电子通信的实时性、即时性也会有所凸显，信息的传输不再依赖单一的渠道，信息的样子将更加丰富，更加符合多种用户群体的需求。

（3）未来电子通信的信息传递安全性和质量也必然有显著提升，用户的信息资料安全可以更好地得到保障。

十一、第三代移动通信系统

移动通信已经进入了3G时代，3G是第三代移动通信技术，是第三代移动通信系统的通称。3G系统致力于为用户提供更好的语音、文本和数据服务。与现有的技术相比较而言，3G技术的主要优点是能极大地增加系统容量、提高通信质量和数据传输速率。此外，利用在不同网络间的无缝漫游技术，可将无线通信系统和Internet连接起来，从而可对移动终端用户提供更多、更高级的服务。

3G与2G的主要区别是在传输声音和数据的速度上的提升，它能够在全球范围内更好地实现无线漫游，并处理图像、音乐、视频流等多种媒体形式，提供包括网页浏览、电话会议、电子商务等多种信息服务，同时也要考虑与已有第二代系统的良好兼容性。为了提供这种服务，无线网络必须能够支持不同的数据传输速度。

模拟移动通信具有很多不足之处，比如容量有限；制式太多、互不兼容、不能提供自动漫游；很难实现保密；通话质量一般；不能提供数据业务等。

第二代数字移动通信克服了模拟移动通信系统的弱点，话音质量、保密性得到了很大提高，并可进行省内、省际自动漫游。但由于第二代数字移动通信系统带宽有限，限制了数据业务的应用，也无法实现移动的多媒体业务。同时，由于各国第二代数字移动通信系统标准不统一，因而无法进行全球漫游。比如，采用日本的PHS系统的手机用户，只有在日本国内使用，而中国GSM手机用户到美国旅行时，手机就无法使用了。而且2G的GSM的信号覆盖盲区也较多，一般高楼、偏远地方会信号较差，要通过加装蜂信通手机信号放大器来解决。

与第一代模拟移动通信和第二代数字移动通信相比，第三代移动通信是覆盖全球的多媒体移动通信。它主要的特点之一是可实现全球漫游，使任意时间、任意地点、任意人之间的交流成为可能。也就是说，每个用户都有一个个人通信号码，带着手机，走到世界任何一个国家，人们都可以找到你，而反过来，你走到世界任何一个地方，都可以很方便地与国内用户或他国用户通信，与在国内通信时毫无差别。能够实现高速数据传输和宽带多媒体服务是第三代移动通信的另一个主要特点。这就是说，用第三代手机除了可以进行普通的寻呼和通话外，还可以上网读报纸、查信息、下载文件和图片；由于带宽的提高，第三代移动通信系统还可以传输图像，提供可视电话业务。

3G通信是移动通信市场经历了第一代模拟技术的移动通信业务，在第二代数字移动通信市场的蓬勃发展中被引入日程的。在当今Internet数据业务不断升温中，在固定接入速率（HDSL、ADSL、VDSL）不断提升的背景下，3G移动通信系统已经推广开来。还记得我们前面所说的，由于没有重视GSM手机的商业开发，失去了手机市场老大地位的摩托罗拉公司吗？由于摩托罗拉公司抓住了3G手机出现的机遇，注重智能系统的开发使用，又重新赢得了部分市场。

十二、未来的4G通信技术

目前，移动通信开始了新一轮的通信技术提升，正推广4G通信技术，4G通信技术并没有脱离以前的通信技术，而是以传统通信技术为基础，利用一些新的通信技术，来不断提高无线通信的网络效率和功能。如果说3G能为人们提供一个高速传输的无线通信环境的话，那么4G通信会是一种超高速无线网络，一种不需要电缆的信息超级高速公路，这种新网络可使电话用户以无线及三维空间虚拟实境连线。

与传统的通信技术相比，4G通信技术最明显的优势在于通话质量及数据通信速度。然而，在通话品质方面，移动电话消费者还是能接受的。随着技术的发展与应用，现有移动电话网中手机的通话质量还在进一步提高。

数据通信速度的高速化的确是一个很大优点，它的最大数据传输速率达到100Mb/s。由于技术的先进性确保了成本投资的大大减少，未来的4G通信费用也会更低。

4G通信技术是继第三代以后的又一次无线通信技术演进，其开发更加具有明确的目标性：提高移动装置无线访问互联网的速度，据3G市场分三个阶段走的发展计划，3G的多媒体服务在10年后进入第三个发展阶段。在发达国家，3G服务的普及率更超过60%，这时就需要有更新一代的系统来进一步提升服务质量。

要充分利用4G通信给人们带来的先进服务，人们还必须借助各种各样的4G终端才能实现，而不少通信运营商正是看到了未来通信的巨大市场潜力，已经开始把眼光瞄准到生产4G通信终端产品上，例如生产具有高速分组通信功能的小型终端、生产对应配备摄像机的可视电话以及电影电视的影像发送服务的终端，或者是生产与计算机相匹配的卡式数据通信专用终端。有了这些通信终端后，手机用户就可以随心所欲漫游了，随时随地享受高质量的通信。

其实，3G和4G技术就是无线通信技术的表象，可以归结为前面提到的无线通信的领域，但是考虑到3G、4G巨大的影响力，还是有必要对其进行单独的分述。现在的无线通信是3G主导的局面，未来的通信技术必然是4G的天下，即3G技术的变革、升华与4G技术的大面积应用将成为未来电子通信、无线通信的主流。相比于3G技术，4G技术带来的无线通信的改变不仅仅体现在信息传输的等量级、空间、区域、速度和质量上，而是表现为一种层次和品质的变化，是一种通信趋势的质变和量变。所以，未来的无线通信将变成"4G天下"，这一点应该是毋庸置疑的（表5-1）。

表5-1　2G、3G、4G速率对比表

通信标准	2G		3G			4G
蜂窝制式	GSM	CDMA2000	CDMA2000	TD-SCDMA	WCDMA	TD-LTE
下行速率	236kb/s	153kb/s	3.1Mb/s	2.8Mb/s	14.4Mb/s	100Mb/s
上行速率	118kb/s	153kb/s	1.8Mb/s	2.2Mb/s	5.76Mb/s	50Mb/s

第四节　通信的进步与人类的文明

一、通信的发展与人类生活方式的改变

计算机网络可以说是对我们人类影响最大的一种通信方式之一。计算机网络主要是计算机技术和信息技术相结合的产物，它从20世纪50年代起步至今已经有近60多年的发展历程。它给人们提供了一个可以资源共享的平台，使信息的传递与交流更方便。

过去，远方的朋友用信件保持联系；如今，QQ、MSN等聊天工具成为联络首选，而且这些方式一般是免费的。电子邮件与普通邮件的对比见表5-2。

表5-2　电子邮件与普通邮件对比

项目	传递网络	通信方式	传递速度	成本
电子邮件	通过由终端，传输和交换设备组成的电信网络（因特网）传递	人到人的通信，只需要联网的电脑邮箱即可，收件人可离开场所	直接 快速 高效	低
普通邮件	通过邮政网络（邮局和邮路）传递	场所到场所的通信，收件人不能离开场所	慢	高

通信方式的改变也提高了社会运转节奏，如在网上进行合同商定、商品交易；加快信息的交流速度，如使世界各地的科学家频繁、方便地参加电子会议，在专用的电子公告牌上发表最新的思想，最新的论文，推动世界科学技术的发展；加快经济的发展，如利用因特网进行电子商务，促进经济发展；促进人类的生活方式转变，如刷卡消费，刷卡消费日益成为人们首选的支付方式。网络为金融行业带来较大收益，也为人们的生活提供便捷。网络购物，目前我国至少有15%的网民使用网络购物，1/5的网民使用网上银行和网上炒股。家庭信息化，未来市民可通过数字家庭解决方案，随意操控家居系统内各种环境模式。

网络所创造的技术和产业神话，已经使人领略到了其力量的神奇、信息的便捷、物质的丰富和生活的安逸。在网络技术飞速发展的今天，更要关注人类的精神家园，不能忽略人类心灵的塑造，信息文明的声光电掩盖不了道德增值和情操修养的重要性。事实也证明，离开人文精神的辅佐和道德精神的参与，网络技术就有走

向邪路的危险。居高不下的网络犯罪、层出不穷的信息污染、令人胆战心惊的电脑黑客及道德滑坡、亲情隐退造成的人与人的欺诈和防范等已为人类敲响了警钟。

二、人文精神在通信中的体现

人文精神是一种普遍的人类自我关怀，表现为对人的尊严、价值、命运的维护、追求和关切，对人类遗留下来的各种精神文化现象的高度珍视，对一种全面发展的理想人格的肯定和塑造。

在英文中，"人文精神"一词应该是humanism，通常译作人文主义、人本主义、人道主义。把人文精神的基本内涵确定为三个层次：一是人性，对人的幸福和尊严的追求，是广义的人道主义精神；二是理性，对真理的追求，是广义的科学精神；三是超越性，对生活意义的追求。简单地说，就是关心人，尤其是关心人的精神生活；尊重人的价值，尤其是尊重人作为精神存在的价值。人文精神的基本含义就是：尊重人的价值，尊重精神的价值。

人文本体是人文精神的核心。人文精神是对人生价值和意义的观照，何谓人文精神，它有何特征？徐志坚在《人文精神的时代内涵与大学生人文素质培养》中所说："人文精神的核心是人们关于'人应当如何生活'，'人之为人的价值标准'等一系列命题的自我意识，这便是人文本体，人文本体是决定着人文世界向正确方向发展的客观依据。"而人文本体——人文精神的核心也正是不同时代和历史背景下使用的人文精神的概念和内涵有所区别的关键。因此，在不同的时代，人文精神的特点和重点是不同的，它反映的是在特定时代背景下人们的价值观、人性观、时代精神的集中反映。

近代社会，随着人们对外部世界的经验、知识的日益丰富、系统，各门具体科学便纷纷独立出来，各种学科之间的分立成为了一种普遍现象。这种学科分化、分立的状况具有两面性：一是，这种分立使各门学科之间的交流与沟通显得日益困难，对于知识发展和解决问题也是极为不利的，因为我们当今所面对的问题都是综合性的，需要各种专业人士进行能力合作，才能解决。二是，这种分立在一定程度上是人类认识发展和社会进步的表征，正是这种学科的分立，使人类各门具体的科学知识日益系统化和专业化。由于社会分工和知识的专业化，把社会划分为专业群体（比如，财会专业群体、通信专业群体等），这种"专业群体"隔离了这些群体之间的交往和理解。这一问题被称为"现代性危机"。就知识领域而言，现代性危机起源于专家对知识的切割与分离。要想解决这一问题，就要充分发挥网络对人类自由发展的优势。利用互联网技术解决几种"现代性危机"：知识的民主、交往的自由、开放性的理解。

1. 知识的民主

在不破坏甚至有助于专业分工的前提下，以廉价手段为大众提供接近各种专业知识的机会，利用网站来实现知识民主。

① 医药。普及性医药知识网站设有针对各类疾病的医药咨询专页和进一步获得付费医药的咨询。患者能够学到与自身疾病相关的医疗知识。另外，还有高度专业的医疗网站，患者可以在网上对专业医生提供疑难问题咨询。

② 法律。法律网站通过聊天室或电子邮件对话方式免费评估潜在的立案可能性。在聊天室里，当事人可以把自己经历的事情详细讲述给主持人听，然后由主持人评估事件在多大程度上可能胜诉，以及能够获得多少赔偿。这些重要的"首次咨询"在许多律师事务所都是必须付费的。

③ 金融。金融专业网站设有免费金融与投资网页。专业网站的好处在于访问者在那里可以免费学习大量金融与投资知识。许多网站的聊天室已经成为业余投资者学习金融知识的最佳场所。而且，业余投资者还可以从这些网站获得免费提供的实时股市走势图和其他重要的行情。这些服务相当有效地缓解了专业投资机构与业余投资者之间的"信息不对称性"。

④ 各门科学与人文的专业知识。只要在浏览器的地址栏中输入地址，打开"百度"或"谷歌"搜索引擎，基本可以满足你所需要查找的专业知识。

2．交往的自由

与"民主"一样，"自由"也是甚至是一个更广泛的外延性概念（而非"建构性概念"）。这里所说的，仅仅是"交往的自由"。即便是"交往（communication）"这样一个概念，用于此处也还是过于宽泛。对这个语词的更严格的界定，似乎应当是"交流"或"通信"。总之，互联网提供了比以往的交流方式广阔得多的对话界面。以电子邮件为例，如西蒙（Herbert Simon，计算机科学、政治学、心理学和经济学教授，诺贝尔经济学奖得主）曾经注意到的那样：电子邮件比电话更灵活，后者要求受话人必须在场，而前者则允许受话人在任何时候接收信息并决定是否回复。电子邮件的这一性质导致了对客户问题的分层次答复方式，例如各个网站都要准备的"FAQ（经常被问到的问题）"解答，以及更深入一步的专业问题解答，其次是通过电话直接与工程师对话解决问题（这是"微软"目前采用的客户服务程序），最后，如"Dell"和"Cisco"那样，通过"常驻客户工程师（on-site staff）"解决客户的技术问题。在这样一个广泛和多层次的社会交往过程中，电子邮件提供的是较浅层次但非常广泛的交流面，它的灵活性在于，一旦建立了交流，对话双方随时可以进入更深层次的合作。

3．开放性的理解

这里说的"开放性的理解"其实就是开放性的认知方式。我们的每一种感官都需要借助我们已经建立了的世界诸种事物之间的理性联系（合理性）才能够辨认出所面对着的具体事物的属类。能够说出一项事物的"名"，已经意味着一种理解和由这种理解力所获得的对此一事物的"权力"。从"文字的权力"发展到今天"知识的权力"（knowledge is power）。

科学技术是第一生产力，发展要靠技术的创新和进步。但科技发展并不必然会有社会的可持续发展，推动网络文明、网络人文精神支撑的技术至上主义不仅不会促进社会的进步，还可能给人类带来痛苦和灾难。因此，我们必须把网络和人自身看作是未完成的、有待进化的社会存在物，在网络中倡导代内平等和代际平等、互相尊重、互相关爱、诚实可信、对网络语言和行为的责任意识，来促进网络的文明，并以这种网络文明支撑网络技术持续的创新与发展。

三、未来通信技术的发展

现代通信技术的典型标志是将计算机技术、控制技术、数字信号处理技术等引入到通信技术中。目前通信技术总的发展趋势可以概括为"六化"：数字化、综合化、融合化、宽带化、智能化和个人化。

通信技术数字化是实现其他"五化"的基础。数字通信具有抗干扰能力强、失真不积累、便于纠错、易于加密、适于集成化、利于传输和交换的综合，以及可兼容数字电话、电报、数字和图像等多种信息的传输等优点。

通信业务的综合化达到一网多用的目的。网络互通融合化是电信网络和数据网络的互通与融合。网络的宽带化是现代网络发展的基本特征、现实要求和必然趋势。为用户提供高速全方位的信息服务是网络发展的重要目标。网络管理智能化是将传统电话网中的交换机功能进行分解，让交换机只完成基本的呼叫处理，而把各类业务处理，包括各种新业务的提供、修改以及管理等，交给具有业务控制功能的计算机系统来完成。通信服务个人化是实现任何人在任何地点与任何其他地点的任何人进行任何业务的通信。个人通信概念的核心是使通信最终适应个人（而不一定是终端）的移动性。

在未来，对于通信系统的相互交互性将发展并表现得更加彻底，对于参与通信的任何一方都可发出控制请求并得到系统的响应。这将为广大用户带来实时性的功能和多元化的、立体的信息通信，这将从原始的、人类自身的听觉、视觉、触觉、嗅觉等功能跨度到现阶段运用先进的通信技术满足人们多功能的视觉、听觉等方面的享受。在未来市场的进程中，我们对于计算机信息系统的需求和提出的要求将越来越高，这就对于我们加强通信技术的仿真技术提出了新的要求，如何实现对于数据、图像和声音等多种形式的还原，让我们在技术上有了新的思考。在未来，对于通信系统在实现信息的及时性和仿真性上有着巨大的要求。

目前，无线网络技术不断飞跃式发展，无线通信范围内的各种新型的技术为大家带来的互补性越来越明显。毋庸置疑，未来的无线网络技术是不断发展的，并将逐渐适应市场发展的需求，作为企业也将不断加强对于自身通信的要求和规划，加强对于现有资源的优化配置，同时不断加强技术创新。在未来NGN的概念中，固定网络将形成一个高带宽、IP化、具有强服务质量保证的信息通信综合网络平台。在这个高效能的平台之上，我们将看到各种接入手段成为网络的触手，向各个综合的领域里延伸。发挥不同技术的个性，综合布局，解决不同区域、不同用户群对带宽及业务的不同需求，达成无线通信网络的整体优势和综合能力。

对于通信技术的无线发展趋势，未来的前景是广阔的，在各种关于无线技术的互补上将更加注重发挥各自的优点，努力做到取长补短，尽可能发挥各自的优势，通信技术将朝着多元化和网络化的趋势发展，逐步形成一体化的综合进程，从宏观上形成网络技术的大融合，为社会发展提供强大的技术支撑。

通信技术具有的最大特点是有关数据传输速度和效率越来越高，也越来越受到人们的重视。高速无线通信时代的到来，将使通信网络的传输速度得到大幅度提升。通信技术的发展也逐渐从单一的电话、短信等，逐渐过渡到综合性的一体化进程，让各种功能都得到统一的实现。未来对于高速无线通信技术的应用，将使用高速的网络为基础，加强对于个人的身份识别功能和定位功能，同时还将逐渐取代银行的电子支付等附带功能，让不同的客户享受到个性化和有针对性的服务。这使得我们的通信设备的功能不断强化，同时也让拥有通信功能的产品的覆盖面不断扩大，未来的通信技术将广泛运用到眼镜、书包、手表等一系列生活用品中，通过植入高科技的电子芯片，让各种产品也同时具有通信的功能。

随着通信技术的成熟，通信业务不断扩大，为我们的生活提供了便利，也为我们的生活品质提升打下了坚实的基础。通信技术同计算机技术和控制技术等相关技术相结合已然成为了这个通信时代的典型性标志之一。未来通信技术的发展也日益走向数字化、综合化，功能日益强大和个性化。未来的通信技术和设备将不断朝着智能化的发展方向迈进，其在兼容性方面将更加平滑，同时能为广大的消费者提供各种增值服务，进一步为广大消费者实现更多、更加高质量的多媒体通信。

第六章　计算机工程与文化

计算机是20世纪人类最伟大发明之一，西方人发明了这种奇妙的机器，为它起名为Computer。今天，计算机的概念早已背离了它的本义，不再仅仅作为计算的工具，更是一种具有快速运算、逻辑判断和巨大记忆功能的电子设备，是一种能够按照指令对各种数据和信息进行自动加工和处理的机器。

第一节　计算的起源

早期的计算机的发展可以追溯到祖先用石头、手指、结绳等方式进行计算。

一、指算

在远古时代，人类社会开始形成的时候起，人就不可避免地要和数打交道。在茹毛饮血的原始社会，狩猎、采集野果是人类赖以生存的手段。伴随着生存斗争，自然而然地产生了"多与少"、"有和无"等最早的数学萌芽，数的概念就此而生了。人们对数的认识是和计数的需要分不开的，在计数工具的帮助下才不容易出错。人的双手就是最古老、最现成的计数工具。起初，人们用一只手表示一，两只手表示二等。由于人类文明发展的不平衡，在澳洲的原始森林中至今还有停滞于这种发展水平的原始部落。他们一般人只知道一、二、三，即使部落中的"聪明人"，充其量也只知道四和五，再多，他们一概称之为"很多很多"，这其实就是人类远古状态的再现，可以看作是"活化石"。

随着狩猎水平的提高，接触的数也多了起来。人们觉得有必要用一个手指代表一，五个手指代表五，"一五一十"地计数。于是，数的范围得到了扩大。用手指还可以做一些简单的加减法运算。

用手指计数固然很方便，可是不能长时间保留，它们还得干活！并且，它们能表示的物体个数也很有限。我们不是常用"屈指可数"表示东西少得可怜吗？于是，有人想到了用小石块、小木块等表示数。小石块、小木块等不仅能计数，还能做简单的加减法，这无疑是一个进步。在拉丁语中，"计算"的单词为Calculus，其本意就是用于计算的小石子。随着文明的进步，人类学会了使用越来越多、越来越复杂的计算工具，计算方法也越来越高级。

人类从以手指计数到用物体代表数可以从幼儿身上看到缩影。幼儿从牙牙学语开始，就对多与少有了最初的概念，稍大一些，父母就要教他们用手指数数了。如果你问幼儿园的小朋友家里有几个人，他一定会扳着小手指一个、两个、三个……

认真地数给你听，直到上小学，屈指计数一直是小朋友们的"绝招"，他们进而用几块积木、几颗糖来表示东西的数量，相当于用石块、木块来计数。

二、结绳计数

石块、木块等物虽然能计数，可是不太"保险"。于是我们的祖先又创造了一些更为牢靠的计数方法。结绳计数就是华夏祖先较早的一种创造。在世界各地区，几乎都有过结绳计数的历史（图6-1）。

图6-1　公元前3000年的古埃及人用结绳来记录土地面积和收获的谷物

世界历史上使用结绳最为发达、复杂的是南美洲的印加（Inca）人。在秘鲁利马省的拉帕村里，曾发现一根长达250米的印加人记事绳（Record Keeper），是用来计数和记事的，当地人称之为Quipu，即一个绳结之意。这绳是用羊驼和骆马的毛织成的，染成各种颜色，最多的有七色。

除结绳外，在木头或竹片上刻痕或符号也是一种常用的计数方法。我国古代名著《周易·系辞》上就有"上古结绳而治，后世圣人，易之以书契"的记载。书契，其实就是一种刻痕，它们在文字出现之前就已经广泛使用了。

原始社会的生产力低下，接触的数比较小，用这些天然或人工的简陋计数工具已经绰绰有余。随着社会的发展，这些计数工具日渐落伍，人们不得不考虑设法创造出更为先进的计数工具和运算工具。

三、最古老的计算工具——算筹

根据史书的记载和考古材料的发现，古代的算筹实际上是一根根同样长短和粗细的小棍子，一般长为13～14厘米，粗0.2～0.3厘米，多用竹子制成，也有用木头、兽骨、象牙、金属等材料制成的，大约二百七十几枚为一束，放在一个布袋里，系在腰部随身携带。需要记数和计算的时候，就把它们取出来，放在桌上、炕上或地上摆弄。别看这些都是一根根不起眼的小棍子，在中国数学史上却是立有大功的。而它们的发明，也同样经历了一个漫长的历史过程。

按照中国古代的筹算规则，算筹记数的表示方法为：个位用纵式，十位用横

图6-2　骨质算筹

式，百位再用纵式，千位再用横式，万位再用纵式……这样从右到左，纵横相间，以此类推，就可以用算筹表示出任意大的自然数了。由于位与位之间的纵横变换，且每一位都有固定的摆法，所以既不会混淆、也不会错位。毫无疑问，这样一种算筹记数法和现代通行的十进位制记数法是完全一致的（图6-2）。

中国古代十进位制的算筹记数法在世界数学史上是一个伟大的创造。把它与世界其他古老民族的记数法作一比较，其优越性是显而易见的。古罗马的数字系统没有位值制，只有七个基本符号，如要记稍大一点的数目就相当麻烦。玛雅人虽然懂得位值制，但用的是20进位；古巴比伦人也知道位值制，但用的是60进位。20进位至少需要19个数码，60进位则需要59个数码，这就使记数和运算变得十分繁复，远不如只用9个数码便可表示任意自然数的十进位制来得简捷方便。中国古代数学之所以在计算方面取得许多卓越的成就，在一定程度上应该归功于这一符合十进位制的算筹记数法。马克思在他的《数学手稿》一书中称，十进位记数法为"最妙的发明之一"，是一点也不过分的。

四、算盘

随着计算技术的发展，在求解一些更复杂的数学问题时，算筹显得越来越不方便了。于是在六七百年前，中国人发明了算盘，它结合了十进制计数法和一整套计算口诀，一直沿用至今，被许多人看作是最早的数字计算机。

"珠算"一词最早见于东汉徐岳写的《数术记遗》一书（约2世纪），但许多学者认为此书是北周一位名叫甄鸾的人依托伪造而自己注释的。《数术记遗》中记载了14种古代算法。据甄鸾的注释，"珠算"把木板刻为三部分，上、下两部分是停游珠用的，中间一部分是作定位用的；每位各有一颗可以移动的算珠，上面一颗珠与下面4颗珠用不同的颜色来区别；上面的一颗珠相当于5个单位，下面的4颗珠每一颗相当于一个单位。由此可见，当时的"珠算"与现今通行的珠算有所不同，但它已具备了现代珠算的雏形。

我国最早的珠算术书没有流传下来。据明代数学家程大位在《算法统宗》中记载，1078～1162年，就有《盘珠集》、《走盘集》、《通微集》和《通杭集》4部著作与珠算有关，可惜一本都没有存留下来。元代刘因在他的《静修先生文集》中有一首题为"算盘"的五言绝句。元末陶宗仪在《南村辍耕录》一书中，用俗语形容婢

仆侍候不勤像"算盘珠"那样,"拨之则动"。在《元曲选》中,有"去那算盘里拨了我的岁数"一句唱词。现存最早载有算盘图的书是明洪武四年新刻的《魁本对相四言杂字》。因此可以认为,我国珠算盘在元末明初已经定型。算盘的结构也有很大学问,在十进位制数,任何一个数位上的数字都不大于9,一般说来,每一位上应该有9个算珠。仿照筹算的摆法,用一根横梁把算盘分成上、下两部分。上面一个珠表示5,下面一个珠表示1。这样一来,每一挡上边有1珠,下面有4珠,就能够表示任何一个数位上的数字了。

在做多位数乘、除演算过程中,有时有某一位的数字大于9而不便进入左边一位的情况,在筹算中可以用2个5来表示。为了使用方便,仿照筹算在算盘上边放了2个珠,下面放了5个珠。这样,每一挡就由最大表示9,扩展到最大表示15,对于做一般的乘除运算就没有困难了。日本的算盘横梁上只放1个珠,在做多位数乘除法时,有许多的不方便。所以,经过了上千年的演变,确定了中国算盘现在的式样:用横梁把每一挡分成上、下两部分,上2珠、下5珠。

这里应该指出的是,算盘一词并不专指中国算盘。从现有文献资料来看,许多文明古国都有过各自的算盘。古今中外的各式算盘大致可以分为三类:沙盘类、算板类、穿珠算盘类。

沙盘是在桌面、石板等平板上铺上细沙,人们用木棍等在细沙上写字、画图和计算。后来逐渐不铺沙子,而是在板上刻上若干平行的线纹,上面放置小石子(称为"算子")来记数和计算,这就是算板。19世纪中叶在希腊萨拉米斯发现的一块1米多长的大理石算板,就是古希腊算板,现存在雅典博物馆中。算板一直是欧洲中世纪的重要计算工具,不过形式上差异很大,线纹有直有横,算子有圆有扁,有时又造成圆锥形(类似现在的跳棋子),上面还标有数码。穿珠算盘指中国算盘、日本算盘和俄罗斯算盘。日本算盘叫"十露盘",和中国算盘不同的地方是算珠的纵截面不是扁圆形而是菱形,尺寸较小而挡数较多。俄罗斯算盘有若干弧形木条,横镶在木框内,每条穿着10颗算珠。

在世界各种古算盘中,我国的算盘是最先进的。可以说,中国算盘已经基本具备了现代计算机的主要结构特征。例如,拨动算珠,也就是向算盘输入数据,这时算盘起着"存储器"的作用;运算时,珠算口诀起着"运算指令"的作用,而算盘则起着"运算器"的作用。当然,算珠毕竟要靠人手来拨动,其运算能力远远比不上电子计算机,而且也根本谈不上"自动运算"。

算盘是我国古代重大科学成就之一。它具有结构简单、运算简易、携带方便等优点,因而被广泛采用,经久不衰。直到今天,珠算仍是我国小学生的必修课。尽管各种电子计算机、电子计算器在市场上已经相当普及,但作加减法时,它们的计算速度仍赶不上珠算熟练操作者手中的算盘。

珠算在中国大显身手之后,又漂洋过海,流传到朝鲜、日本、东南亚和阿拉伯国家,对世界文明作出了重要的贡献。

五、16～17世纪早期来自西方的灵感

计算尺的出现，开创了模拟计算的先河。从冈特开始，人们发明了多种类型的计算尺。直到20世纪中叶，计算尺才逐渐被袖珍计算机所取代。

1. 对数计算尺

20世纪70年代前，广大的工程技术人员几乎人人都有一把模样奇特、精致美观的"尺"。这把奇妙的"尺"既不用来绘图，也不用来测量长度，而是用来计算，这就是计算尺。利用计算尺可以方便地进行乘除、乘方、开方及有关三角函数的运算。在电子计算机出现以前的百余年里，它一直是工程师们的忠实助手。

对数的创始人是英国著名的数学家耐皮尔。1550年，耐皮尔出生在背山面海、景色秀丽的苏格兰爱丁堡。孩提时代的耐皮尔兴趣广泛、勤学好问、聪慧过人。他酷爱阅读自然科学方面的书，对数学的探求精神尤为突出。9岁时，父亲常给他做航海方面的计算题，培养他的运算能力和灵活运用知识的能力。1563年，耐皮尔刚满13岁，就以优异的成绩读完中学全部课程，直接进入著名的圣安得鲁斯大学学习。17岁那年，他以优等毕业生的资格被推荐派往欧洲大陆留学深造。

回国后耐皮尔致力于航海学和天文学方面的研究。在多年的工作中，他发现了对航海十分有用的球面耐皮尔比拟式，发明了做乘除运算的耐皮尔算筹。

耐皮尔一生与数字打交道，深深地感到计算是一项十分艰巨而困难的工作，迫切需要找到一种能够简化运算的手段。经过数10年不懈努力，已进入晚年的耐皮尔终于在1614年创立了对数理论，对人类作出了巨大的贡献。在他之后，英国数学家布里格斯对耐皮尔的对数进行了深入的研究，最终在1624年将它转换成实用价值很高的常用对数，并重新制作了常用对数表。

利用对数，可以将乘方、开方运算化为乘除运算，将乘除运算化为加减运算，大大地减轻了广大科技工作者的负担。从一定意义上讲，对数延长了他们的生命。伽利略曾经说过："给我空间、时间和对数，我就可以创造出一个宇宙！"

对数能够简化运算，但有一个缺点，就是必须经常查阅对数表。如何克服这一不足之处，使运算更为快捷呢？许多科学家又为此付出了艰辛的劳动。

英国科学家冈特首先在这方面取得了突破，他在1620年利用对数制作出世界上第一把能进行乘除等运算的计算尺。

计算尺是如何进行计算的呢？让我们先看一个最简单的、能算加减法的"计算尺"的"工作原理"：取两根刻度一样的学生用尺，如果要计算2＋3＝？只需将一根尺上的0对准另一尺的2，这时这根尺的3在另一根尺上所对的刻度就是答案。

冈特的计算尺也由两根尺构成，只是它们上面的刻度是按照对数规律刻制而成的。1与2之间的间隔最大，2与3之间的间隔长度要小一些，越往后间隔越小。现在我们要计算2×3＝？只需将一根尺的1对准另一尺的2，这根尺上的3在另一尺上所对的刻度就是答案。大家对此可能会感到惊奇，明明是两个长度相加，似乎该

是求和，怎么会像变魔术似的变成了求积呢？原来，它的奥妙之处正是利用了对数的特性——将乘除运算简化为加减运算。

自从冈特制成第一根对数计算尺以后，计算尺又经历了许多改进，随着社会实践的需要和工艺的革新，人们还研制出一些能用于水文、地质、土木工程等方面的专用计算尺。利用计算尺大大地减轻了工程技术人员的劳动强度。在精度要求不很高的场合，它几乎取代了人们的手工乘除运算，直到20世纪80年代初才逐渐被使用更方便、运算速度更快、精度更高的电子计算器所取代。

2．加法机

1642年，法国数学家、物理学家和思想家帕斯卡发明加法机，这是人类历史上第一台机械式计算机，其原理对后来的计算机械产生了持久的影响。

帕斯卡1623年出生在法国一位数学家家庭，他3岁丧母，由担任着税务官的父亲拉扯长大。从小，他就显示出对科学研究浓厚的兴趣。少年帕斯卡每天都看着年迈的父亲费力地计算税率税款，很想帮助做点事，可又怕父亲不放心。于是，未来的科学家想到了为父亲制作一台可以计算税款的机器。19岁那年，他发明了人类有史以来第一台机械计算机。

帕斯卡的计算机是一种系列齿轮组成的装置，外形像一个长方盒子，用儿童玩具那种钥匙旋紧发条后才能转动，只能够做加法和减法。然而，即使只做加法，也有个"逢十进一"的进位问题。聪明的帕斯卡采用了一种小爪子式的棘轮装置。当定位齿轮朝9转动时，棘爪便逐渐升高；一旦齿轮转到0，棘爪就"咔嚓"一声跌落下来，推动十位数的齿轮前进一挡。

帕斯卡发明成功后，一连制作了50台这种被人称为"帕斯卡加法器"的计算机，至少现在还有5台保存着。在法国巴黎工艺学校、英国伦敦科学博物馆都可以看到帕斯卡计算机原型。据说在中国故宫博物院，也保存着两台铜制的复制品，是当年外国人送给慈禧太后的礼品。

帕斯卡是真正的天才，他在诸多领域内都有建树。后人在介绍他时，说他是数学家、物理学家、哲学家、流体动力学家和概率论的创始人。凡是学过物理的人都知道一个关于液体压强性质的"帕斯卡定律"，这个定律就是他的伟大发现并以他的名字命名。他甚至还是文学家，其文笔优美的散文在法国极负盛名。可惜，长期从事艰苦的研究损害了他的健康，1662年英年早逝，死时年仅39岁。他留给了世人一句至理名言："人好比是脆弱的芦苇，但又是有思想的芦苇！"。

全世界"有思想的芦苇"，尤其是计算机领域的后来者，都不会忘记帕斯卡在混沌中点燃的亮光。1971年发明的一种程序设计语言——PASCAL语言，就是为了纪念这位先驱的。

帕斯卡从加法机的成功中得出结论：人的某些思维过程与机械过程没有差别，因此可以设想用机械模拟人的思维活动。

3. 失败的英雄

巴贝奇是一位富有的银行家的儿子，1792年出生在英格兰西南部的托特纳斯，后来继承了相当丰厚的遗产，但他把金钱都用于了科学研究。童年时代的巴贝奇显示出极高的数学天赋，考入剑桥大学后，他发现自己掌握的代数知识甚至超过了自己的老师。毕业留校，24岁的年轻人荣幸受聘担任剑桥大学"路卡辛讲座"的数学教授。这是一个很少有人能够获得的殊荣，牛顿的老师巴罗是第一位，牛顿是第二位。在教学之余，巴贝奇完成了大量发明创造，如运用运筹学理论率先提出"一便士邮资"制度，发明了供火车使用的速度计和排障器等。

假若巴贝奇继续在数学理论和科技发明领域耕耘，他本来是可以走上鲜花铺就的坦途。然而，这位旷世奇才却选择了一条无人敢于攀登的崎岖险路。

事情还得从法国讲起。18世纪末，法兰西发起了一项宏大的计算工程——人工编制《数学用表》，这在没有先进计算工具的当时，是件极其艰巨的工作。法国数学界调集大批数学家，组成了人工手算的流水线，算得天昏地暗，才完成了17卷大部头书稿。即便如此，计算出的数学用表仍然存在大量错误。

有一天，巴贝奇与著名的天文学家赫舍尔凑在一起，对两大部头的天文数表评头论足，面对错误百出的数学表，巴贝奇目瞪口呆。这件事也许就是巴贝奇萌生研制计算机的起因。巴贝奇在他的自传《一个哲学家的生命历程》里，写到了大约发生在1812年的一件事："有一天晚上，我坐在剑桥大学的分析学会办公室里，神志恍惚地低头看着面前打开的一张对数表。一位会员走进屋来，瞧见我的样子，忙喊道：'喂！你梦见什么啦？'我指着对数表回答说：'我正在考虑这些表也许能用机器来计算'"。

巴贝奇的第一个目标是制作一台"差分机"。所谓"差分"的含义，是把函数表的复杂算式转化为差分运算，用简单的加法代替平方运算。那一年，刚满20岁的巴贝奇从法国人杰卡德发明的提花编织机上获得了灵感，差分机设计闪烁出了程序控制的灵光——它能够按照设计者的旨意，自动处理不同函数的计算过程。

巴贝奇耗费了整整十年光阴，于1822年完成了第一台差分机，它可以处理3个不同的5位数，计算精度达到6位小数，当即就演算出好几种函数表。由于当时工业技术水平极低，第一台差分机从设计绘图到机械零件加工，都是巴贝奇亲自动手完成。当他看着自己的机器制作出准确无误的《数学用表》，高兴地对人讲："哪怕我的机器出了故障，比如齿轮被卡住不能动，那也毫无关系。你看，每个轮子上都有数字标记，它不会欺骗任何人。"以后实际运用证明，这种机器非常适合于编制航海和天文方面的数学用表。

成功的喜悦激励着巴贝奇，他连夜奋笔上书皇家学会，要求政府资助他建造第二台运算精度为20位的大型差分机。英国财政部慷慨地为这台大型差分机提供出1.7万英镑的资助。巴贝奇自己也出资1.3万英镑，用以弥补研制经费的不足。在当年，这笔款项的数额无异于天文数字——有资料介绍说，1831年约翰•布尔制造一台蒸汽机车的费用才784英磅。

然而，第二台差分机在机械制造工厂里触上了"暗礁"。第二台差分机大约有25000个零件，主要零件的误差不得超过每英寸千分之一，即使用现在的加工设备和技术，要想造出这种高精度的机械也绝非易事。巴贝奇把差分机交给了英国最著名的机械工程师约瑟夫·克莱门特所属的工厂制造，但工程进度十分缓慢。设计师心急火燎，从剑桥到工厂，从工厂到剑桥，一天几个来回。他把图纸改了又改，让工人把零件重做一遍又一遍。年复一年，日复一日，直到又一个10年过去后，巴贝奇依然望着那些不能运转的机器发愁，全部零件亦只完成不足一半数量。参加试验的同事们再也坚持不下去，纷纷离他而去。巴贝奇独自苦苦支撑了第三个10年，终于感到无力回天。

一天清晨，巴贝奇走进车间，偌大的作业场空无一人，只剩下满地的滑车和齿轮，四处一片狼藉。他呆立在尚未完工的机器旁，深深地叹了口气。在痛苦的煎熬中，他无计可施，只得把全部设计图纸和已完成的部分零件送进伦敦皇家学院博物馆供人观赏。

1842年，在巴贝奇的一生中是极不平常的一年。英国政府宣布断绝对他的一切资助，连科学界的友人都用一种怪异的目光看着他。英国首相讥讽道："这部机器的唯一用途，就是花掉大笔金钱！"同行们讥笑他是"愚笨的巴贝奇"。皇家学院的权威人士，包括著名天文学家艾瑞等人，都公开宣称他的差分机"毫无任何价值"……就在痛苦艰难的时刻，孤独苦闷的巴贝奇意外地收到一封来信，写信人不仅对他表示理解而且还希望与他共同工作。娟秀字体的签名，表明了她不凡的身份——伯爵夫人。

接到信函后不久，巴贝奇实验室门口走进来一位年轻的女士。她身披素雅的斗篷，鬓角上斜插一朵白色的康乃馨，显得那么典雅端庄。巴贝奇一时愣在那里，他与这位女士似曾相识，又想不起曾在何处邂逅。女士落落大方地作了自我介绍，正是那位写信人。

"您还记得我吗？"女士低声问道，"十多年前，您还给我讲过差分机原理。"看到巴贝奇迷惑的眼神，她又笑着补充说："您说我像野人见到了望远镜。"巴贝奇恍然大悟，想起已经十分遥远的往事。面前这位女士和那个小女孩之间，依稀还有几分相似。

原来，伯爵夫人本名叫阿达·奥古斯塔，是英国著名诗人拜伦的独生女。她比巴贝奇小20多岁，1815年出生。阿达自小命运多舛，来到人世的第二年，父亲拜伦因性格不合与她的母亲离异，从此别离英国。可能是从未得到过父爱的缘由，小阿达没有继承到父亲诗一般的浪漫热情，却继承了母亲的数学才能和毅力。

还是在阿达的少女时代，母亲的一位朋友领着她们去参观巴贝奇的差分机。其他女孩子围着差分机叽叽喳喳乱发议论，摸不着头脑。只有阿达看得非常仔细，她十分理解并且深知巴贝奇这项发明的重大意义。

或许是这个小女孩特殊的气质，在巴贝奇的记忆里打下了较深的印记。他欣然同意与这位小有名气的数学才女共同研制新的计算机器。

就这样，在阿达27岁时，她成为巴贝奇科学研究上的合作伙伴，迷上这项常人不可理喻的"怪诞"研究。其时，她已经成了家，丈夫是洛甫雷斯伯爵。按照英国的习俗，许多资料在介绍里都把她称为"洛甫雷斯伯爵夫人"。

30年的困难和挫折并没有使巴贝奇屈服，阿达的友情援助更坚定了他的决心。还在大型差分机进军受挫的1834年，巴贝奇就已经提出了一项新的、更大胆的设计。他最后冲刺的目标，不是仅仅能够制表的差分机，而是一种通用的数学计算机。巴贝奇把这种新的设计叫作"分析机"，它能够自动解算有100个变量的复杂算题，每个数可达25位，速度可达每秒钟运算一次。

今天我们再回首看看巴贝奇的设计，分析机的思想仍然闪烁着天才的光芒。巴贝奇晚年因喉疾几乎不能说话，介绍分析机的文字主要由阿达完成。阿达在一篇文章里介绍说："这台机器不论在可能完成的计算范围、简便程度以及可靠性与精确度方面，或者是计算时完全不用人参与这方面，都超过了以前的机器。"巴贝奇把分析机设计得那样精巧，他打算用蒸汽机为动力，驱动大量的齿轮机构运转。巴贝奇的分析机大体上有三大部分：第一部分是齿轮式的"存储库"，巴贝奇称它为"仓库"（Store），每个齿轮可储存10个数，齿轮组成的阵列总共能够储存1000个50位数。第二部分是"运算室"，它被巴贝奇命名为"作坊"，其基本原理与帕斯卡的转轮相似，用齿轮间的啮合、旋转、平移等方式进行数字运算。为了加快运算速度，他改进了进位装置，使得50位数加50位数的运算可完成于一次转轮之中。第三部分巴贝奇没有为它具体命名，其功能是以杰卡德穿孔卡中的"0"和"1"来控制运算操作的顺序，类似于电脑里的控制器。他甚至还考虑到如何使这台机器处理依条件转移的动作，比如，第一步运算结果若是"1"，就接着做乘法，若是"0"就进行除法运算。此外，巴贝奇也构思了送入和取出数据的机构，以及在"仓库"和"作坊"之间不断往返运输数据的部件。

阿达"心有灵犀一点通"，她非常准确地评价道："分析机'编织'的代数模式同杰卡德织布机编织的花叶完全一样。"于是，为分析机编制一批函数计算程序的重担，落到了数学才女的肩头。阿达开天辟地第一次为计算机编出了程序，其中包括计算三角函数的程序、级数相乘程序、伯努利函数程序等。阿达编制的这些程序，即使到了今天，电脑软件界的后辈仍然不敢轻易改动一条指令。人们公认她是世界上第一位软件工程师。

美国国防部花了250亿美元和10年的光阴，把所需软件的全部功能混合在一种计算机语言中，希望能成为军方数千种电脑的标准。1981年，这种语言被正式命名为ADA（阿达）语言，使阿达的英名流传至今。

巴贝奇和阿达当年处于水深火热之中：由于得不到任何资助，巴贝奇为把分析机的图纸变成现实，耗尽了自己全部财产，他只好暂时放下手头的活，和阿达商量设法赚一些钱，如制作国际象棋玩具、赛马游戏机等。为筹措科研经费，阿达忍痛两次把丈夫家中祖传的珍宝送进当铺，以维持日常开销，而这些财宝又两次被她母亲出资赎了回来。

贫困交加，无休止的脑力劳动，使阿达的健康状况急剧恶化。1852年，怀着对分析机成功的美好梦想，软件才女英年早逝，死时年仅36岁。阿达去世后，巴贝奇又默默地独自坚持了近20年。晚年的他已经不能准确发音，甚至不能有条理地表达自己的意思，但是他仍然坚持工作。1871年，为计算机事业贡献毕生精力的先驱者巴贝奇，终于满怀着对分析机无言的悲怅，孤独地离开了人世。

分析机终于没能造出来，巴贝奇和阿达失败了。巴贝奇和阿达的失败是因为他们看得太远，分析机的设想超出了他们所处时代至少一个世纪！社会发展的需求和科学技术发展的可能，使得他们注定要成为悲剧人物。尽管如此，巴贝奇和阿达为电脑科学留下了一份极其珍贵的精神遗产（图6-3），包括30种不同设计方案，近2000张组装图和50000张零件图……，更包括那种在逆境中自强不息，为追求理想奋不顾身的拼搏精神。

图6-3　巴贝奇和他的差分机

六、19世纪后期从机械到电动的飞跃

1888年，美国人赫尔曼·霍勒斯发明了制表机，它采用穿孔卡片进行数据处理，并用电气控制技术取代了纯机械装置（图6-4）。

制表机采用电气控制技术取代纯机械装置，这是计算机发展中的第一次质变。以穿孔卡片记录数据，体现了现代软件的思想萌芽。制表机公司的成立，标志着计算机作为一个产业初具雏形。

1890年，美国人口普查全部采用了霍勒斯制表机。在1900年美国人口普查中，由于采用了制表机，全部统计处理工作只用了1年零7个月时间。

七、20世纪早期——电子文明的曙光

电子二极管和三极管在20世纪头几年相继问世。真空电子二极管的发明使人类

1990年发明的第一台霍勒斯人口普查统计机

图6-4　赫尔曼·霍勒斯和他发明的制表机

打开了电子文明的大门，而电子三极管的发明及其放大原理的发现，标志着人类科技史进入了一个新的时代——电子时代。

1. 二极管

1904年，英国人弗莱明发明真空电子二极管。电子管的诞生，是人类电子文明的起点。弗莱明真空二极管的发明得益于爱迪生发现的"爱迪生效应"（图6-5）。

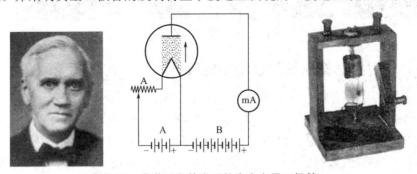

图6-5　弗莱明和他发明的真空电子二极管

2. 三极管

1906年，美国人德弗雷斯特发明电子三极管（图6-6），并在研究中发现，三极管可以通过级联使放大倍数大增，这使得三极管的实用价值大大提高，从而促成了无线电通信技术的迅速发展。有趣的是，三极管的发明最初居然被指控为商业诈骗，并被法官判定为一个"毫无价值的玻璃管"。

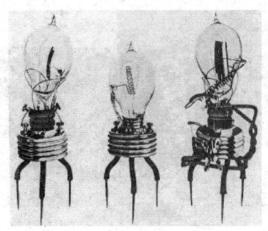

图6-6　德弗雷斯特发明的电子三极管

第二节　计算机的产生与发展

作为能够模拟人类思维的高级计算工具，电子计算机有着严谨的数学理论基础和精密的体系结构。1946年问世的ENIAC堪称20世纪人类最伟大的发明，它标志着现代电子计算机时代的到来。但在ENIAC问世之前，无数杰出的科学家为之付出了艰苦的努力，有一些人的名字是应当被永远铭记的：图林、阿塔纳索夫、冯·诺伊曼……

世界上第一台通用数字电子计算机ENIAC的问世，宣告了人类从此进入电子计算机时代。

1. ENIAC

1946年2月14日，世界上第一台通用数字电子计算机ENIAC研制成功，承担开发任务的"莫尔小组"由四位科学家和工程师埃克特、莫克利、戈尔斯坦、博克斯组成，总工程师埃克特当时年仅24岁。

ENIAC：长30.48米，宽1米，占地面积170平方米，30个操作台，约相当于10间普通房间的大小，重达30吨，耗电量150千瓦，造价48万美元。使用18000个电子管、70000个电阻、10000个电容、1500个继电器，6000多个开关，每秒执行5000次加法或400次乘法，是继电器计算机的1000倍、手工计算的20万倍（图6-7）。

ENIAC的开发经费几经追加，达到48万美元，相当于现在的1000万美元以上。

ENIAC的诞生背景极富戏剧性。1942年8月，莫克利的报告《高速电子管计算装置的使用》引起了美国军方的注意，这实际上是第一台电子计算机的设计方案。1943年4月9日，美军上校西蒙向科学顾问、数学家维伯伦博士介绍了这一报告，维伯伦沉思片刻，只说了一句话："西蒙，给他们这笔经费。"ENIAC和现代计算机的命运就这样决定了。

图6-7　ENIAC

2. 楚泽的Z系列计算机

德国的康拉德·楚泽（Konrad Zuse，1910～1995）从1935年开始研制的Z系列计算机是世界上最早的、可以编程的数字式计算机。在1938年完成的Z-1型计算机几乎是纯机械式的，它的存储器是数千片用螺栓拧在一起的薄钢板，它可以存储64位二进制数，Z-1通过穿孔的电影胶片读取数据，计算结果则用电灯泡显示。在1940年完成的Z-2中，楚泽和施莱尔（Helmut Schreyer）用继电器代替了Z-1存储和计算单元中的纯机械装置。1941年5月完成的Z-3使用了2200个继电器，时钟频率为5～10赫兹，不仅可以进行加、减、乘、除、平方根及其他复杂运算，而且可以执行条件循环指令，是世界上第一台图灵完备（指一切可计算的问题都能计算，这样的虚拟机或者编程语言叫图灵完备）的计算机，也是当时世界上最先进的计算机。因为楚泽研制的Z系列计算机中的大部分机型（包括具有历史意义的Z-3计算机）毁于盟军对柏林的轰炸，所以楚泽在计算机发展史上的地位长期没有得到应有的评价，直到他关于计算机的著述在1965年被翻译成了英文，他才引起了人们的注意（图6-8）。

图6-8　楚泽和他的Z系列计算机

在这一时期，各国科学家对采用继电器的机电式计算机进行了大量的研制工作，为现代计算机的最终诞生积累了极为重要的经验。计算机也开始取得实质性应用价值，被用于军事、科学计算等领域。

3."巨人"计算机

英国在1943年研制成功了一种专门用来破译德国密码的巨人（Colossus）计算机，巨人计算机是第一台可编程的数字式电子计算机。装有2400个真空管的巨人计算机虽然不具备通用图灵机的部分功能，因此还不能被称为是通用的计算机，但它在破译密码方面效率很高，每秒能翻译大约5000个字符，这一速度甚至可以和今天的个人计算机相媲美。巨人计算机在第二次世界大战中发挥了重大作用，为了避免频繁地开关导致电子管的损坏，巨人计算机在第二次世界大战结束前一直没有关机。

第二次世界大战期间共有10台"巨人"在英军服役，平均每小时破译11份德军情报。

4．艾肯的MARK-Ⅰ

美国的第一台数字式计算机是哈佛大学的数学家霍华德·艾肯（Howard Aiken，1900～1973）设计的Mark-Ⅰ型计算机（图6-9），在很长一段时间，完成于1943年1月的Mark-Ⅰ型计算机被认为是世界上第一台靠程序控制的计算机，后来人们才发现，它比康拉德·楚泽的Z-3计算机晚了2年。同Z-3一样，Mark-Ⅰ同样是电动机械式的，但由于使用了十进制的设计，Mark-Ⅰ比Z-3要笨重而且昂贵很多，它有15.5m长、2.4m高、0.6m宽，重5t，使用的零部件数量多达75万个，其中包括3304个继电器，连接这些部件的导线长度接近800千米。Mark-Ⅰ的研制历时4年，制造过程也花费了数千工时，它的造价为50万美元，IBM公司承担了其中的2/3，海军承担了其余的1/3。然而，虽然Mark-Ⅰ配备有4个纸带阅读器并且可以根据条件在不同的阅读器之间切换，但是，Mark-Ⅰ并非图灵完备的计算机，即使在计算速度上，Mark-Ⅰ也比Z-3逊色。Z-3完成一次乘法需要3～5s，而Mark-Ⅰ则需要6s，也就是说，虽然更昂贵也更笨重，但Mark-Ⅰ还是比Z-3落后。

图6-9　艾肯的MARK-Ⅰ

第三节　现代计算机的演变

现代计算机大致经历四代演变：

一、第一代（1947～1956年）电子管计算机

计算机使用的主要逻辑元件是电子管。主存储器先采用延迟线，后采用磁鼓磁芯，外存储器使用磁带。在软件方面，计算机程序运用机器语言和汇编语言。ENIAC 及 EDVAC、IBM701、IBM702 均是这一代的主要代表机型。

这时的电子管计算机因为电子管经常烧坏，计算机停机维修的时间比计算机开机工作的时间还长，而且，为了使计算机中的电子管得到冷却，计算机房中还必须安装强大的制冷设备。1947年，美国贝尔实验室的科学家发明了晶体管，晶体管不仅比电子管体积小、造价低、耗电少，而且可靠性也大为提高，为后来的晶体管计算机打下了基础。20世纪50年代初，杰伊·福雷斯特发明了磁芯存储器，不仅降低了存储的成本，还使计算机的存储能力扩充了很多倍。

1950问世的第一台并行计算机 EDVAC，首次实现了冯·诺依曼体系的两个重要设想：其一是电子计算机应该以二进制为运算基础，其二是电子计算机应采用"存储程序"方式工作，并且进一步明确指出了整个计算机的结构应由五个部分组成：运算器、控制器、存储器、输入装置和输出装置。冯·诺依曼这些理论的提出，解决了计算机的运算自动化的问题和速度配合问题，对后来计算机的发展起到了决定性的作用。直至今天，绝大部分的计算机还是采用冯·诺依曼方式工作。UNIVAC由埃克特和莫克利研制成功，这也是第一个进行批量生产的计算机。1951年，电脑开始走出实验室服务于社会与公众。1952年，UNIVAC（图6-10）因准确地预测美国总统大选结果而名声大噪。但1952年，IBM公司推出的IBM 701在商战中击败UNIVAC，不仅使IBM实现了全面的转型，更奠定了IBM的产业霸主地位。

图6-10　UNIVAC

二、第二代（1957～1963年）晶体管计算机

计算机的体积大大减小，寿命延长，价格降低，为计算机的广泛应用创造了条件。第二代计算机的主存储器采用了磁芯，外存储器使用磁带和磁盘。由于磁盘与磁带体积比较小并且可以随机存取数据。计算机在软件方面，出现了简单操作系统，同时出现了一系列高级语言。

1959年，得克萨斯仪器公司的克尔皮（Jack Kilby）和费尔柴尔德半导体公司的罗伯特·诺伊斯（Robert Noyce）独立地发明了集成电路，集成电路进入计算机领域又一次使计算机的价格、体积和故障率出现了戏剧性的下降。

三、第三代（1964～1971年）中小规模集成电路计算机

这一时期的主要标志是计算机中的逻辑元件由中、小规模集成电路组成，由于计算机系统设计复杂度越来越高，计算机的基本设计思想趋于标准化、模块化、系列化，计算器的成本进一步降低，体积、功耗进一步减少，可靠性和运算速度大大提高，从而使计算机在科学和商业领域中得以推广。但这时的计算机分成了两个系列：科学计算和商业应用。

四、第四代（1971年以后）大规模集成电路计算机

这一时期的主要逻辑元件是大规模和超大规模集成电路，微电子技术的迅速发展是这一时代的技术基础，计算机体积更小、功能更强、造价更低，使计算机应用进入了一个全新的时代。内存储器采用半导体存储器，外存储器采用大容量的软、硬磁盘，光盘和U盘。随着计算机的存储空间和处理速度的提高，操作系统不断发展和完善，同时发展了数据库管理系统和通信软件等。

1971年，IBM公司一个由舒加特领导的小组发明了8英寸软盘，为计算机增添了便捷的移动存储设备。1980年，舒加特创办的希捷（Seagate）公司发明了用于微机的硬盘，同年，菲利普公司发明了光盘，这些发明使微机的存储能力大为改善。1971年1月，Intel公司的霍夫研制成功世界上第一块4位微处理器芯片Intel 4004，标志着第一代微处理器问世，微处理器和微机时代从此开始。Intel 4004的集成度只有2300个晶体管。1971年11月，Intel推出MCS-4微型计算机系统（包括4001 ROM芯片、4002 RAM芯片、4003移位寄存器芯片和4004微处理器）。Intel公司成立于1968年，是由格鲁夫、诺依斯和摩尔三人组合的公司，他们认为最有发展潜力的半导体市场是计算机存储器芯片市场。吸引他们成立新公司的另一个重要原因是：这一市场几乎完全依赖于高新技术，你可以尽可能地在一个芯片上放最多的电路，谁的集成度高，谁就能成为这一行业的领袖。基于以上考虑，摩尔为新公司命名为Intel，这个字是由"集成/电子"（Integrated Electronics）两个英文单词组合成的，象征新公司将在集成电路市场上飞黄腾达，结果就真的如此。Intel已经

是全球CPU最大的制造商，它市场占有率达80％。唯一可以与它竞争的是AMD，AMD（Advanced Micro Devices超威半导体）成立于1969年，总部位于加利福尼亚州桑尼维尔。AMD公司专门为计算机、通信和消费电子行业设计和制造各种创新的微处理器、闪存和低功率处理器解决方案。AMD致力为技术用户——从企业、政府机构到个人消费者——提供基于标准的、以客户为中心的解决方案。其在CPU市场上的占有率仅次于Intel。

第四节 历史人物介绍

一、"电脑之父"冯·诺依曼

世界上第一台电子计算机ENIAC存在两大缺点：没有存储器；它用布线接板进行控制，甚至要搭接几天，计算速度也就被这一工作抵消了。ENIAC机研制组的莫克利和埃克特显然是感到了这一点，他们也想尽快着手研制另一台计算机，以便改进。

1944年，诺伊曼参加原子弹的研制工作，该工作涉及到极为困难的计算。在对原子核反应过程的研究中，要对一个反应的传播做出"是"或"否"的回答。解决这一问题通常需要通过几十亿次的数学运算和逻辑指令，尽管最终的数据并不要求十分精确，但所有的中间运算过程均不可缺少，且要尽可能保持准确。他所在的洛·斯阿拉莫斯实验室为此聘用了一百多名计算员，利用台式计算机从早到晚计算，还是远远不能满足需要。无穷无尽的数字和逻辑指令如同沙漠一样把人的智慧和精力耗尽。

被计算机所困扰的冯·诺伊曼在一次极为偶然的机会中知道了ENIAC计算机的研制计划，从此他投身到计算机研制这一宏伟的事业中，建立了一生的丰功伟绩。

1944年夏的一天，正在火车站候车的冯·诺伊曼巧遇戈尔斯坦，并同他进行了短暂的交谈。当时，戈尔斯坦是美国弹道实验室的军方负责人，他正参与ENIAC计算机的研制工作。在交谈中，戈尔斯坦告诉了诺伊曼有关ENIAC的研制情况。具有远见卓识的冯·诺伊曼为这一研制计划所吸引，他意识到了这项工作的深远意义。

冯·诺依曼由ENIAC机研制组的戈尔斯坦中尉介绍参加ENIAC机研制小组后，便带领这批富有创新精神的年轻科技人员，向着更高的目标进军。1945年，他们在共同讨论的基础上，发表了一个全新的"存储程序通用电子计算机方案"——EDVAC（Electronic Discrete Variable Automatic Computer的缩写）。在这过程中，冯·诺依曼显示出他雄厚的数理基础知识，充分发挥了他的顾问作用及探索问题和综合分析的能力。诺伊曼以"关于EDVAC的报告草案"为题，起草了长达101页的总结报告。报告广泛而具体地介绍了制造电子计算机和程序设计的新思想。这份报告是计算机发展史上一个划时代的文献，它向世界宣告：电子计算机的时代开始了。

EDVAC方案明确奠定了新机器由五个部分组成：运算器、逻辑控制装置、存储器、输入设备和输出设备，并描述了这五部分的职能和相互关系。报告中，诺伊曼对EDVAC中的两大设计思想作了进一步的论证，为计算机的设计树立了一座里程碑。

设计思想之一是二进制，他根据电子元件双稳工作的特点，建议在电子计算机中采用二进制。报告提到了二进制的优点，并预言，二进制的采用将大大简化机器的逻辑线路。

现在使用的计算机，其基本工作原理是存储程序和程序控制，它是由世界著名数学家冯·诺依曼提出的。美籍匈牙利数学家冯·诺依曼被称为"计算机之父"。

二、阿兰·麦席森·图灵

阿兰·麦席森·图灵 1912年生于英国伦敦，1954年死于英国的曼彻斯特，他是计算机逻辑的奠基者，许多人工智能的重要方法也源自于这位伟大的科学家。他对计算机的重要贡献在于他提出的有限状态自动机，也就是图灵机的概念，对于人工智能，它提出了重要的衡量标准"图灵测试"，如果有机器能够通过图灵测试，那他就是一个完全意义上的智能机，和人没有区别了。他杰出的贡献使他成为计算机界的第一人，现在人们为了纪念这位伟大的科学家将计算机界的最高奖定名为"图灵奖"。

上中学时，他在科学方面的才能就已经显示出来，这种才能仅仅限于非文科的学科上，他的导师希望这位聪明的孩子也能够在历史和文学上有所成就，但是都没有太大的建树。少年图灵感兴趣的是数学等学科。在加拿大他开始了他的职业数学生涯，在大学期间这位学生似乎对前人现成的理论并不感兴趣，什么东西都要自己来一次。大学毕业后，他前往美国普林斯顿大学，也正是在那里他制造出了图灵机。图灵机被公认为现代计算机的原型，这台机器可以读入一系列的零和一，这些数字代表了解决某一问题所需要的步骤，按这个步骤走下去，就可以解决某一特定的问题。这种观念在当时是具有革命性意义的，因为即使在20世纪50年代，大部分的计算机还只能解决某一特定问题，不是通用的，而图灵机从理论上却是通用机。在图灵看来，这台机器只用保留一些最简单的指令，一个复杂的工作只用把它分解为这几个最简单的操作就可以实现了，在当时他能够具有这样的思想确实是很了不起的。他相信有一个算法可以解决大部分问题，而困难的部分则是如何确定最简单的指令集，怎么样的指令集才是最少的，而且又能顶用，还有一个难点是如何将复杂问题分解为这些指令。

图灵对于人工智能的发展有诸多贡献，例如图灵曾写过一篇名为《机器会思考吗？》（Can Machine Think?）的论文，其中提出了一种用于判定机器是否具有智能的试验方法，即图灵试验。至今，每年都有该试验的比赛。

第二次世界大战时，图灵在英国通信部工作，他运用专业技能破译德国密码，这在当时十分不容易，因为德国人开发出一种用于计算的机器称为Enigma，它能够定期将密码改变，让破译者根本找不到头绪。在通信部工作的时候，图灵和同事们一起使用一台称为COLOSSUS的设备破译德国的密码，COLOSSUS虽然是用马达和金属做的，与现在的数字式计算机根本不是一回事，但它是现代计算机重要的一步。

1945～1948年，图灵在国家物理实验室，负责自动计算引擎（ACE，Automatic Computing Engine）的工作。在这一时期他开始探索计算机与自然的关系，写了一篇名为《智能机》的文章于1969发表，这时便开始有了人工智能的雏形。1949年，他成为曼切斯特大学计算机实验室的副主任，负责最早的真正的计算机——曼彻斯特一号的软件工作。在这段时间，他继续作一些比较抽象的研究，如"计算机械和智能"。图灵在对人工智能的研究中，提出了"做图灵试验"，尝试定出一个决定机器是否有感觉的标准。1952年，图灵写了一个国际象棋程序。可是，当时没有一台计算机有足够的运算能力去执行这个程序，他就模仿计算机，每走一步要用半小时。他与一位同事下了一盘，结果程序输了。后来美国新墨西哥州洛斯阿拉莫斯国家实验室的研究群根据图灵的理论，在MANIAC上设计出世界上第一个电脑程序的象棋。

图灵相信机器可以模拟人的智力，他也深知让人们接受这一想法的困难，今天仍然有许多人认为人的大脑是不可能用机器模仿的。而图灵认为，这样的机器一定是存在的。图灵经常和其他科学家争论机器实现人类智能的问题。他经常问他的同事，你们能不能找到一个计算机不能回答的问题，当时计算机处理多选问题已经可以了，可是对于文章的处理还不可能，但今天的发展证明了图灵的远见，今天的计算机已经可以读写一些简单的文章了。图灵相信如果模拟人类大脑的思维就能做出一台可以思考的机器，他于1950写文章提出了著名的"图灵测试"，测试是让人类考官通过键盘向一个人和一个机器发问，这个考官不知道他现在问的是人还是机器。如果在经过一定时间的提问以后，这位人类考官不能确定谁是人、谁是机器，那么机器就有了智力。这个测试在我们想起来十分简单，可是伟大的思想就源于这种简单的事物之中。他杰出的贡献使他成为计算机界的第一人，现在人们为了纪念这位伟大的科学家将计算机界的最高奖定名为"图灵奖"。

三、格蕾丝·霍波

海军中尉格蕾丝·霍波（Grace Hopper，1906～1992）博士的创造和发明，至今仍在广为流传的有两个：一个是计算机界通用的术语"臭虫"（Bug）；另一个就是家喻户晓的"千年虫"（Y2K）。她更加辉煌的业绩并没有被公众所了解，事实上，她是计算机语言领域的开拓者，也有人把她称作"计算机软件之母"。

格蕾丝·霍波1906年出生于美国纽约一个中产家庭，父亲瓦特·莫利（W. Murray）是保险经纪人，祖父是纽约一位资深的工程师。母亲玛丽（H. Mary）虽然是家庭妇女，却很喜欢数学，这一点在当时是受社会舆论支持的，因为人们认为妇女喜欢数学，有利于管理家庭财务。母亲的数学爱好，自然给霍波的成长带来相当大的影响；但她最喜欢的人，却是慈祥的曾祖父亚历山大——美国海军的退休将军，小格蕾丝常常坐在他的腿上，抚摸军服上的各种装饰，瞪大眼睛，听老人讲惊险的战斗故事。这些，可能就是她选择海军作为自己终身职业的原因。

少年霍波是出了名的"假小子"。在家乡温特沃斯湖畔，树木茂盛，湖水清澈，她经常带着两个妹妹一起爬树、划船、游泳、捉迷藏。最像男孩性格的，是这个女孩对什么事情都爱寻根究底，只要发现不了解的东西，总想把它们拆开看个究竟。她母亲清楚地记得，格蕾丝七岁那年，为了弄懂"钟为什么朝一个方向转"，她把家里的七台钟——从小号的台式钟直到大号的座钟，全部给拆了，零件摆满了房间无法还原。类似的事情经常发生，也常因此受到母亲的惩罚——罚她在家里挑花刺绣。一天，她又被关在家中，心烦意乱，不知什么时候，父亲已坐在她的身旁。父亲慈爱地摸着她的头说："孩子，想要做成任何事都必须有耐心，有毅力，还要细心。你妈妈让你学绣花，其实是想培养你的这些品质"。格蕾丝点点头，认为父亲说得在理，从此后，她竭力做到既能"动"又能"静"，并喜欢上了看书和弹钢琴。

霍波的父亲是个很开明的人，他家没有男孩，只有三个可爱的女儿，但他希望女儿们也像男孩那样获得受教育的机会，要求她们摆脱传统观念束缚，树立远大的志向，不要依赖父母。不久，他就把大女儿霍波送进了一所私立女子中学。虽然学校要求女学生保持文静的"淑女"形象，可霍波仍坚持体育运动，不仅打篮球，还学会了曲棍球和水球。

上中学期间，霍波的家庭发生了变故：她父亲患了动脉硬化症，双腿被切除，家庭的经济骤然紧张起来。母亲勇敢地承担起养家的责任，凭着出色的几何学才能，谋到了一份工作。霍波则一边学习，一边照顾父亲，尽量减轻家庭负担。16岁那年，霍波中学毕业，拉丁文考试没有及格，不能进入大学。父母都没有责备她，他们认为女儿年龄还小，多读一年书没有坏处。于是，她被送进新泽西州一所寄宿学校补习功课，直到第二年秋天才如愿以偿考进韦莎（Vassar）学院。

霍波的才华到了大学终于得到充分展示。她很快就在自然科学，特别是数学和物理学方面表现出超群的能力。1928年她获得美国优等生的荣誉。同年，取得数学和物理学士学位，留校担任了教师，被聘为韦莎学院的副教授。利用所获得的奖学金，霍波考进著名的耶鲁大学深造。1930年，她获得耶鲁大学数学硕士学位；1934年成为耶鲁大学历史上第一位女数学博士。

第二次世界大战爆发是霍波生命中的一个转折点。1943年，满怀着爱国热情，她义无反顾地加入妇女自愿救护组织，放弃了多年奋斗才得到的优越生活。这时的霍波已是30多岁的中年人，而且有了自己的家庭，但是她坚决要求加入海军，成为一名正式的军人。参军是要经过考试的，无论是身高还是体重，她都不合格。霍波说服了考官，让她进入海军学校学习，并以第一名的成绩毕业。刚佩上海军中尉肩章，她幸运地被任命为著名计算机专家霍德·艾肯博士的助手，参与Mark-Ⅰ计算机的研制。她后来回忆说："我成了世界上第一台大型数字计算机的第三名程序员"。从此，格蕾丝·霍波走上了软件大师的成功之路。

霍波博士在电脑软件领域建立一系列丰功伟绩：1949年，她加盟第一台电子计算机ENIAC发明人莫契利和埃克特创办的公司，为世界上第一台储存程序的商业电脑UNIVAC编写了许多软件，开始第一次使用所谓"简短指令代码"。1952年，在斯佩里·兰德公司兼任系统工程师，她率先研制出世界上第一个编译程序A-O，能够将类似英语的符号代码转换成计算机能够识别的机器指令，并发表了第一篇关于编译器的论文。

霍波一生没有子女，但她非常喜爱孩子。由于自己的成功来自于刻苦的努力和自小受到的良好教育，所以她特别重视对年轻人的教育。她曾经为青年学生作过近千场演讲，讲述计算机的未来，她将在讲演中获得的纪念品和酬金都无偿捐献给了海军。她常常对人说："我一生最大的收获就是我培养的那些年轻人"。霍波生活在一个充满变化的时代，为了时刻激励自己创新意识，她在办公室墙上挂了一个逆时针转动的大钟。她也经常告诫青年人，不必害怕变化，必须勇于创新。她坚信，现在的青年会比他们这辈人更勇敢地面对问题。美国海军部门为了照顾她的身体，曾多次动员她退休，但每次都不得不将她重新请回来，因为离开了这位博学多才的软件大师，许多事情根本无法运转。

直到1986年，已获得海军少将军衔的霍波，才以80岁高龄从海军退休，继续担任DEC公司资深顾问。在波士顿，以美国军队的最高规格为她举行了退休仪式。在告别演说中，霍波将军仍然关注着未来："我们年轻的人民是属于未来的，我们必须为他们创造未来"。

为表彰她对美国海军的贡献，有一艘驱逐舰被命名为"格蕾丝号"；加利福尼亚海军数据处理中心也改称"霍波服务中心"。霍波一生还获得许多殊荣，如计算机科学年度人物奖、国家技术奖、海军功勋服务奖、国防部卓越服务奖等。1971年，为了纪念现代数字计算机诞生25周年，美国计算机学会特别设立了"格蕾丝·霍波奖"，颁发给当年最优秀的30岁以下的青年计算机工作者。因此，"霍波奖"正是全球电脑界"少年英雄"的标志。

格蕾丝·霍波珍惜生命，她希望能够活到94岁，即21世纪来临的那一天。然而，1992年1月1日，女将军在睡梦中再也没有醒来，离她的愿望还差8年。在阿灵顿美国国家公墓，霍波的身边放满了勋章和鲜花，她是世界妇女的楷模，也是计算机界崇拜的软件大师。这一切成就的起点，却是在她少年时代一连拆散七台钟的那一刻。

四、王安

王安自幼聪明非凡，先后于上海交通大学、哈佛大学就读，于1948年获哈佛博士学位。不久，他发明"磁蕊记忆体"，大大提高了电脑的储存能力。1951年，他创办王安实验室。1956年，他将磁蕊记忆体的专利权卖给国际商用机器公司，获利40万美元。雄心勃勃的王安并不满足于安逸享乐，对事业的执着追求使他将这40万美元全部用于支持研究工作。1964年，他推出最新的用电晶体制造的桌上电脑，并由此开始了王安电脑公司成功的历程。

王安公司在其后的20年中，因为不断有新的创造而蒸蒸日上。如1972年，公司研制成功半导体的文字处理机，两年后，又推出这种电脑的第二代，成为当时美国办公室中必备的设备。对科研工作的大量投入，使公司产品日新月异，迅速占领了市场。这时的王安公司，在生产对数电脑、小型商用电脑、文字处理机以及其他办公室自动化设备上，都走在时代的前列。

但在20世纪60年代中期，由于公司初期生意不错，而老板王安博士又雄心勃勃，在与电脑行业霸主IBM公司一争雌雄的商场上败下阵来。最终失去销售市场，以公司倒闭而告终。

第五节　计算机的发展趋势及应用

一、计算机的发展趋势

计算机正向巨型化、微型化、网络化和智能化方面不断发展。

（1）巨型化指速度更快、存储量更大。

（2）微型化指体积更小、更轻便、易于携带。

（3）网络化指将地理位置分散的计算机通过专用的电缆或通信线路互相连接，使分散的各种资源得到共享。

（4）智能化指具有更多的类似人的智能，比如：能听懂人类的语言，能识别图形，会自行学习等。

二、计算机的应用

计算机技术已经渗透到人类生活的各个方面，其使用数量呈上升趋势。

（1）教育领域，运用计算机进行多媒体教学，通过互联网查找资料、资源共享，学生可以通过网络上课等。

（2）计算机与有关的实验观测仪器相结合，可对实验数据进行现场记录、整理、加工、分析和绘制图表，显著地提高实验工作的质量和效率。

（3）计算和模拟作为一种新的研究手段，常使一些学科衍生出新的分支学科。

（4）微处理器和微计算机已嵌入机电设备、电子设备、通信设备、仪器仪表和家用电器中，使这些产品向智能化方向发展。

（5）经营管理方面，计算机可用于完成统计、计划、查询、库存管理、市场分析、辅助决策等。

（6）计算机还是人们的学习工具和生活工具。

本章以时间为线索介绍了计算机发展的历史。现在我们所说的计算机，其全称是通用电子数字计算机，"通用"是指计算机可服务于多种用途，"电子"是指计算机是一种电子设备，"数字"是指在计算机内部一切信息均用0和1的编码来表示。计算机的出现是20世纪最卓越的成就之一，计算机的广泛应用极大地促进了生产力的发展。自古以来，人类就在不断地发明和改进计算工具，从古老的"结绳记事"，到算盘、计算尺、差分机，直到1946年第一台电子计算机诞生，计算工具经历了从简单到复杂、从低级到高级、从手动到自动的发展过程，而且还在不断的发展。回顾计算工具的发展历史，从中可以得到许多有益的启示。美国《时代》杂志总结了在过去60年里人们认识和使用计算机的变化。需要强调的是，一个新的计算机时代的开始并不意味着旧的计算机时代的终结。现在，我们生活在一个研究型计算机、个人计算机和网络计算机时代，并即将进入一个计算机无处不在的计算机时代。

技术很难预测，技术带给社会的影响更难预测，谁能在20世纪40年代预测计算机技术会给我们现在的生活带来如此深远的影响。预测未来10～20年的计算机技术发展情况最好的办法就是观察目前实验室里的研究成果，虽然我们无法知道实验室里的哪些研究成果最终可以获得成功，也无法知道预测未来的结果是否正确，但是有一点是可以确定的，那就是创造未来完全靠我们自己。

第七章　材料工程与文化

　　人类是如何与其他动物区别开来而成为地球的主宰者，至今仍然争论不休，但有一点是毋庸置疑的，人类通过使用工具来认识自然、改造自然，在这一过程中人类自身也慢慢不断进化。人类对宇宙的每一次更进一步的认识，都依赖于更加强大的工具，这也是材料日新月异飞速发展的最直接原因。可以毫不夸张地说，人类自身能够向前发展完全依赖于材料的不断更新，材料的进步更是缘于人类不断提出的新需要。人类对于材料的需要表现在物质和精神两个方面：物质方面，人们利用新材料发明新工具来认识改造世界，比如钛合金的出现使得宇宙飞行器帮助我们更深入地认识太空，半导体硅的发明带领我们进入更强大的信息时代；精神方面，人类又不断赋予材料文明的烙印，用材料来展示对世界的认识，比如古埃及人用精美的黄金饰品展现对太阳的崇拜，中国人用瓷器彰显了炎黄子孙的文明。

　　纵观整个材料的发展历程，从自然界中存在的木材、石头过渡到需要人类加工提取的金属，可以说在这一过程中人类决定了材料的发展方向。这种选择直接取决于材料是否能满足人类的需要。在这一点上，充分体现了"以人为本"的价值原则。

第一节　材料的历史

　　材料在整个人类发展的过程中扮演了极其重要的角色，甚至可以说整个人类文明的进程就是跟随着材料的发展而进步的，这一点从人类历史的命名方式上就可以看出，石器时代、青铜器时代、钢铁时代等。在科技如此发达的今天，人类一切生产生活都与材料有着更加紧密的联系，任何学科领域的探索都依赖于新材料的发明，比如耐高温耐高压的钛合金材料使得宇宙飞船飞向太空，半导体硅帮助人类进入计算机时代。在科技成为第一生产力的今天，越来越多的科学领域中取得的进展依赖于新型材料的发明，人类才得以一步一步将梦想变为现实。因此，可以说，材料的发展是一切其他学科领域得以发展的先决条件，这也意味着材料在科学技术中无可替代的重要作用。

　　纵观材料的发展历程，不难发现材料的变化对整个人类历史的影响。100万年以前，原始人使用石头进行生产和劳作，人类社会处于旧石器时代；1万年以前，人类学会了简单的石头的加工方法，从而进入新石器时代，同时人类学会将黏土烧制成陶器，并且在寻找石器过程中认识了矿石，发展出冶铜术，开创了冶金技术；公元前5000年，人类学会冶炼青铜并将之用于生产生活，进入青铜器时代；公元前1200年，人类大规模用铁器代替青铜进行生产，从而进入了铁器时代；直到19

世纪，人们发明贝氏炼钢法，成功降低铸铁中的含碳量，人类进入钢铁时代。与此同时，铜、铅、锌也大量得到应用，铝、镁、钛等金属相继问世并得到应用。直到20世纪中叶，金属材料在材料工业中一直占有主导地位。

进入21世纪，科学技术以前所未有的速度迅猛发展，新材料也出现了划时代的变化。首先是人工合成高分子材料问世，出现尼龙、聚乙烯、聚丙烯、聚四氟乙烯等，以及维尼纶、合成橡胶、新型工程塑料、高分子合金和功能高分子材料等。仅仅50多年的时间内，高分子材料就与钢铁并驾齐驱大规模影响人类的生活生产，成为国民经济、国防尖端科学和高科技领域不可缺少的材料。在陶瓷方面，合成化工原料和特殊制备工艺的发展，使陶瓷材料产生了一个飞跃，出现了从传统陶瓷向先进陶瓷的转变，许多新型功能陶瓷形成了产业，满足了电力、电子技术和航天技术的发展和需要。结构材料的发展，推动了功能材料的进步。20世纪初，半导体材料的研制成功，使得超大规模集成电路成为构成人类文明的主体，人类从此进入更加高速发展的信息化时代。在金属、非金属无机材料和高分子材料之间人们进行多元化组合，又出现了复合材料。复合材料由于结合多种材料的优点，从而具有比单一材料更优越的性能，不仅应用于航空航天领域，而且在现代民用工业、能源技术和信息技术方面不断扩大应用。

简而言之，材料的发展伴随着人类历史经历了石材、金属和高分子复合材料三个时代，在这一漫长的历程中材料的被选择完全是因为人的需要。值得注意的是，人类根据自己的需求选择材料，除了满足功能的要求外，还常常将自己的世界观和价值观融入其中。比如古埃及人在法老的陪葬品中多使用金器，是缘于黄金灿烂耀眼的光芒代表太阳的眷顾，这对于崇拜太阳的民族而言是能够体现其世界观的最好材料。在石材、金属和高分子复合材料之中，处处可见这种人类精神文明的痕迹。

一、石之玉者

在漫长的石器时代，中国人尤其偏爱一种石头，称其为"玉"。汉代许慎在《说文解字》中给玉下了一个定义："玉，石之美兼五德者。"只要是美丽的石头，具备坚韧的质地、晶莹的光泽、绚丽的色彩、致密而透明的组织和舒扬致远的声音这五种特性，都可以称为玉。中国人更是将君子必备的美好品德与玉相联系，故有君子如玉的说法。

在中国人看来，玉是一种神奇的石头，是天地灵气、日月精华的凝结，具有辟邪和防止尸身腐烂的功效。最早玉器被使用在祭祀天地的礼器之中，是古人对天地最崇高敬意的表达。在中国早期的良渚文化、红山文化中大量祭祀玉器的发现有力证实了这一点。此外，中国人习惯将玉雕刻成配饰装戴在身上，不仅起到美观的作用，同时也象征佩戴者具有美玉的品德，或告诫佩戴者时刻注意自己的言行以符合君子的尺度。我们在这里重点探讨玉器的第三种用途，即作为死人陪葬品的葬玉。

1. 玉瞑目

成语"死不瞑目"形容那些虽然已经撒手人寰，但世间还有些许牵挂的人。或许生者为了让死去的人安息，所以就发明了"瞑目"，即将死者的脸部用布盖起来。中国民间至今还保留着这种习俗。不过今日之"瞑目"只是一张白纸，一块布巾而已，在古代，除了布巾之外还有玉瞑目（图7-1）。

1990年，在河南三门峡市西周虢国贵族墓中，出土了一套玉瞑目，由各种形状的玉件组成。玉件大体依照人面五官的形状设计布局，有印堂、双眉、双目、耳、鼻、口、腮、下颌、胡须等，共计14件，此外还有梯形、长方形、三角形、玦形以及不规则形状的玉片，有穿孔再用针线加以缝缀，这样就成为一件布满玉片、五官清晰的玉瞑目了。这是我国目前出土的玉瞑目中保存得最为完整的一套。

图7-1　虢国玉瞑目

2. 玉含

在古代，人死之后，首先沐浴梳洗，梳洗完毕，在死者口中放些饭含。玉器兴起之后，有一定社会地位的人物，就以玉作为口含之物。周代礼制发展最为完善，任何情况都有礼制限制，口含也不例外。文献记载，天子死后含珠，诸侯含玉，大夫含璧，士含贝，庶人含谷。战国早期的湖北随县曾侯乙墓，出土了一些动物形的玉含，有牛、羊、猪、犬、鸭、鱼。

玉蝉作为古代一种主要玉含，商代晚期出现，周代逐渐增多，西汉中期以后十分流行。古人在观察蝉蜕的过程中，认识到蝉入土为幼虫，出土为蛹，周而复始，以至无穷，正如人的灵魂，人死入土，灵魂脱离尸体而去，又开始新的生命，从而获得了新生。人们雕出玉蝉，期盼借助玉的精气和动物的生命力，达到灵魂再生的目的。在汉代，道教大力鼓吹灵魂不灭的观念，为死后含蝉起到了推波助澜的作用。在出土的汉代玉器中，蝉形玉含数量很多，雕刻精美。特别是西汉中期以后，玉蝉雕刻注重神态刻画，纹饰简洁明快。有时寥寥数刀，神态尽现，工艺达到炉火纯青的程度。不过，并非所有的玉蝉都作为玉含使用。一些形制较大、琢磨精美、有穿孔的玉蝉，是佩戴的饰玉，即所谓的"貂蝉"（图7-2、图7-3）。

3. 玉衣玉塞

玉衣又称"玉匣"、"玉押"，一般是皇帝、诸侯王和高级贵族死后的殓服，即用金属丝线将玉片穿缀而成的尸罩，相传可保存尸身不腐，可分为金缕玉衣、银缕玉衣、丝缕玉衣、铜缕玉衣。《后汉书》记载，汉代礼制规定，皇帝死后使用金缕玉衣，诸侯王、列侯、始封、贵人、公主死后，使用银缕玉衣，大贵人、长公主死后，使用铜缕玉衣。这种葬制始于春秋、战国，盛行于两汉，多用于君王、贵族、后妃。至魏文帝时明令禁止，其后就绝迹了。至今发现最典型、最完整的是河北满城出土的西汉中山靖王刘胜夫妇的"金缕玉衣"，每具用两千多片小玉片以金丝编结

图7-2　动物玉含

图7-3　玉含蝉

而成。刘胜的玉衣全长188厘米，由青色或白色玉片缕织成人形，其头罩分上下两部分，上部的脸罩制出五官形状；上身由前、后两衣片和左右袖筒组成，腿套为上粗下细的筒形；足套呈鞋状。玉衣共用玉片2498块，玉片分长方形、正方形、梯形、三角形、多边形等多种形状，每片近角处均穿圆孔，以金线编缀，所用金线共1100克。窦绾的玉衣与刘胜的相似，用玉2160片，金线700克（图7-4）。

图7-4　金缕玉衣

汉代还有一类葬玉叫作"九窍塞"。所谓"九窍"，即指眼、耳、鼻、口、肛门和生殖器。汉代人认为，此九窍，可泄人精气，精气一泄，则尸体即朽，为了保持精气，即以玉做成九窍塞。晋代葛洪《抱朴子》有"金玉在九窍，则死人不朽"之说，即是这种精气观的反映。

4. 玉璧玉琮

璧和琮除了作为礼器之外，还作为葬玉使用。实际上，不论璧、琮，都应进行历史的分析，由于社会意识形态的变化，它们的作用也在发生变化。在史前时期，人们用璧琮殓葬，可能更多象征了祭祀天地的权利，具有这种权利的人，是氏族当中的重要人物，他们集政治、军事和宗教大权于一身，在氏族生活中起领导作用，所以他们死后，即以象征这种权力的璧、琮、斧、钺等随葬。战国汉代时期，由于人本主义的觉醒，更由于原始道教鼓吹，人们发现，在他们头脑中的各路神灵，并非可遇不可求，通过各种办法，他们也可得道成仙。秦皇汉武为了长生不老，都曾访仙问道，孜孜以求。为达此目的，他们生前佩玉、服玉，死后再以玉敛尸，既可以保证尸身不腐，又便于灵魂升天（图7-5、图7-6）。

图7-5　玉璧　　　　　　　　　　　　图7-6　玉琮

葬玉的发展，主要是由于人们对于死亡之后灵魂回归的追求，是古时人们世界观的一种体现。在神话传说中，食玉成仙，饮玉还童。玉能使生人长命百岁，使死人灵魂升天；玉有神兆，能因人而变，因世而现；它的法力无边，能驱凶避邪，惩恶扬善。在一般人眼里，玉又是天地之精，世间无价之宝，得之者大福大贵，如意吉祥。在长达万年的时间里，中国人制玉用玉，时而顶礼膜拜，奉若神明；时而佩饰于身，视如君子。时至今日，我们仍以异样的眼光审视它，以敬畏的灵魂感受它。

二、金属之青铜器

青铜是人类最早大规模使用的一种合金，中国的青铜器时代从夏商周一直延续到秦汉时期，历经2000多年的时光，中国人创造了无与伦比的青铜文明。中国的青铜器由于造型独特、文饰精美、铭文典雅向全世界展示了先秦时期精湛的铸造工艺、文化水平和历史源流。青铜器除了满足功用性的需求之外，在当时也是体现奴隶主身份地位的主要手段。作为地位和权力的象征、记事耀功的礼器，权高位重者无不以拥有一件绝世青铜器而欣喜自豪。中国青铜器中的精品，除了大家熟悉的司母戊鼎、四羊方尊、曾侯乙尊盘等外，在兵器的铸造上也显示了祖先精湛绝伦的铸造工艺。

1965年冬天，在湖北省荆州市附近的望山楚墓群中，出土了一把锋利无比的宝剑。专家通过对剑身八个鸟篆铭文的解读，证明此剑就是传说中的越王勾践剑。让人惊奇的是，这把青铜宝剑穿越了2000多年的历史，但剑身丝毫不见锈斑。当工作人员首度开箱亮出越王勾践剑时，在场记者无不惊叹连连。一把在地下埋藏了2000多年的古剑，居然毫无锈蚀，且依然锋利无比，闪烁着炫目的青光，寒气逼人。为了测试其锋利程度，考古人员用复印纸进行试验，二十多层的复印纸，剑从中间"唰"一声一划全破。怪不得它享有"天下第一剑"的美誉。更有趣的是，目前这把越王勾践剑和吴王夫差矛被陈列在同一间博物馆的同一间展室内，相距不过百米的距离，但是这两把同一时期同样制作工艺的兵器在岁月的洗礼之后却展现出完全不同的风貌，越王勾践剑依然寒光闪闪锐气森森，吴王夫差矛被锈蚀得矛柄处已然断裂（图7-7）。

图7-7 越王勾践剑

越王勾践剑以其精美的工艺向世人展示了春秋战国时期高超的铸剑工艺，令人叹为观止。有关这把剑没有被腐蚀的原因，专家给出了三点解释：第一，青铜剑的主要成分铜是一种不活泼金属，在一般情况下不容易发生锈蚀；第二，该剑1965年冬出土于湖北江陵望山一号楚墓内棺中，这座墓葬深埋在数米的地下，椁室四周和底部用白膏泥填塞，致密性非常好，加上墓坑上部经过夯实的填土等原因，使该墓的墓室几乎成了一个密闭的空间，几乎完全阻止了空气的流通；第三，此墓穴所处位置地下水位较高，在葬入后被地下水长期浸泡，所处环境基本为中性，且由于地下水的浸入，使得墓室内可流通的空气量更少。不过令人遗憾的是，即使在科学技术如此发达、防腐措施如此先进的今天，越王勾践剑出土40多年，该剑的表面已经不如出土时明亮了。

三、高分子材料

人工合成有机高分子材料的成功，是材料发展史上的一次重大突破。多少世纪以来，人们使用的各种材料，如石器、陶瓷和金属等，都是直接取自大自然的天然物质，或者把一些天然物质进行冶炼、焙烧，加工后制成的。随着生产领域不断扩大，它们的品种和性能都受到很大限制。随着人类物质、文化生活需求不断增加，自然界的"恩赐"已经供不应求了。于是，各种人工合成高分子材料应运而生，把人类物质文明的发展又向前推进了一大步。

2008年北京奥运会上，水立方那块碧波荡漾的泳池让全世界为之震惊，短短8天的比赛狂破19项世界纪录，美国游泳运动员菲尔普斯更是一人独摘8枚金牌，成为奥运会上最耀眼的明星，水立方也被人们亲切地称为"水魔方"。是什么原因使得水立方能频频创造新的世界纪录，至今为止仍然众说纷纭，但是获得普遍认同的一种观点认为，第四代"鲨鱼皮"泳衣功不可没。

鲨鱼皮泳衣是人们根据其外形特征起的绰号，其实它有着更加响亮的名字：快皮，它的核心技术在于模仿鲨鱼的皮肤。生物学家发现，鲨鱼皮肤表面粗糙的V形皱褶可以大大减少水流的摩擦力，使身体周围的水流更高效地流过，鲨鱼得以快速游动。快皮的超伸展纤维表面便是完全仿造鲨鱼皮肤表面制成的。此外，这款泳衣还充分融合了仿生学原理：在接缝处模仿人类的肌腱，为运动员向后划水时提供动力；在布料上模仿人类的皮肤，富有弹性。实验表明，快皮的纤维可以减少3％的水阻力，这在1％秒就能决定胜负的游泳比赛中有着非凡意义。1999年10月，国际泳联正式允许运动员穿快皮参赛。国际泳联决定于2010年5月之前全球禁用高科技泳衣。

第四代鲨鱼皮泳衣由极轻、低阻、防水和快干性能的LZR Pulse面料组成，是全球首套以高科技熔接生产的无皱褶比赛泳装。第四代"鲨鱼皮"由Speedo公司、美国宇航局和澳洲流体实验室联合开发。与前三代产品全黑的外形不同，LZR-Racer的表面有黑色和灰色两种色块，摸上去轻、薄、透，手感发沙。

这款泳衣精妙之处首先在于材料。据称，这种叫作"LZR Pulse"的特殊材料是借助了美国国家航空及太空总署（NASA）测试航天器进入地球大气层后表面承受摩擦力的风洞，对100余种材料进行了测试后选定的。美国宇航局为此提供了空洞试验和火箭技术，泳衣面料中已经没有了传统意义上的纺织物。"LZR Pulse"通过将贴近体表的水排开，保证水和肌肤的最少接触，以达到减阻的效果。其针织技术同样超前，LZR Racer是世界上首件100％利用超声波黏合的泳衣，周身找不到一处接缝，因此也减少了部分阻力。泳衣的灰色部分是高弹力的特殊材质，包裹在几个主要的大肌群上，强有力地压缩运动员的躯干与身体其他部位，降低肌肉与皮肤震动，帮助运动员节省能量、提高成绩。此外，贴合脊椎的波浪形拉链、独特的腰部加固技术，都使这件泳衣充满高科技含量（图7-8）。

图7-8　第四代"鲨鱼皮"泳衣

进入奥运年不久，Speedo为北京奥运会量身定做的第四代"鲨鱼皮"泳衣就隆重上市了。仿佛不愿辜负美国宇航局和澳洲流体实验室历时3年多的研发以及高达数百万英镑的花费，这款让运动员穿上酷似"未来战士"的泳衣瞬间在世界泳坛的破纪录狂潮中脱颖而出。这种高质量、高频率的曝光使得Speedo除了送给菲尔普斯几套泳衣，再也不用在新产品的广告上投资一分钱。当然，"鲨4"会用一系列的数字、符号和专用名词为自己罩上迷人的高科技光环：首件100％利用超声波黏合的泳衣；通过了设在新西兰奥塔哥大学中400多小时不间断动力水槽测试；专业技术人员先后对400多个精英运动员的身体进行了3D扫描，取得详尽的身体数据，用来改进制造。

面对这堆令人眼花缭乱的数字，全世界想在水立方的碧波里有一番作为的运动员迷惑了：穿还是不穿？随着奥运会战鼓的擂响，各路水军终于决定缴械，哪怕花费不菲，哪怕耳边传来潮水般的反对声："鲨鱼皮"是一种迷信。而东道主中国队也终于不能违背相当一部分的民意，在距离奥运会还有十几天的时间，向"鲨4"敞开了怀抱。

"鲨鱼皮"泳衣在研制的过程中，花费了大量的人力物力，因此它的价格也不菲。一件泳衣的造价约在人民币7000元以上，而为了达到最佳效果，一件泳衣只能穿6次。"鲨鱼皮"在穿戴的时候也非常复杂，要想使泳衣把人体包裹得尽量紧一点，必须要先在手脚上套上塑料袋，然后几个人用指腹一点点向上推，绝对不能用力拉扯。一位设计人员表示，这种泳衣的后背波浪形拉链也设计得相当精密，"拉链必须紧贴脊柱，稍微穿歪一点，就会自动崩开"。

其实除了泳衣之外，很多运动器械也都采用高分子材料制成，比如滑雪板、跳高运动员的撑杆、赛车的轮胎等。人类之所以致力于在运动领域大量使用新型材料，是为了追求"更高、更快、更强"的理想。人类能够成为地球的主宰，就是缘于在与自然漫长而又艰苦卓绝的斗争中，始终追求这一目标，不断战胜自然和改造自然。因此这就体现了材料与人类自身发展之间密不可分的联系：材料依赖人类的需求而不断发展，从自然界本身存在的物质向自然界不存在的物质发展，在这里充分展现了人类的创造力；人类又依赖材料不断征服自然和改造自然，甚至向地底和太空不断探索，不断更加深入地认识世界。如果没有人类对材料的需求，材料不会发展得如此丰富多彩，人类凭借材料的帮助对自然更深入的了解，因此自然界的进化选择在人类的需求主导下以前所未有的速度更新换代。新材料的出现使得人类不断改进工具，对世界更了解，对自然的改造能力也越强。因此可以说，材料与人类有着不可分割的密切联系，它是人类自身不断发展的物质基础，是人类认识改造自然的坚实基石。

第二节　陶瓷与中国文化

瓷器是我们这个善于创造并深赋美感的民族曾经所独有的，它有火的刚烈，水的优雅，土的敦厚。中国人把看似普通的泥土在水与火的灵动下，在中国人心灵与精神的升华中，成就出美丽的器皿。最早西方人认识中国，就是从中国出产的精美绝伦的瓷器开始的，所以在西方中国跟瓷器拥有一个共同的名字——china。同时，瓷器以其精美的造型和绚烂多彩的花纹，让几千年中国文人墨客的浪漫与忧郁深入我们的血脉。这里为什么说中国的文人大抵上都是忧郁的呢？因为他们总是有着无穷无尽的想象力，无论看到什么都要拿来和自身的高洁品质比量。所以，中国最出名的两大材料，也被他们拿来作比喻。"瓷器之别致而残缺者，使人可惜；玉器之完全而恶劣者，使人可嫌；世之君子，宁使人可惜，毋使人可嫌。"《匋雅》这本书里的这句话，可算是将"以物咏志"发挥得淋漓尽致了。郭沫若先生曾经说过："中国古瓷器发展的历史，就是中华民族发展的历史。"古陶瓷是几千年来中华文明的历史见证，每一件器物的背后都凝聚着文明与智慧，蕴含着一段历史，述说着一个故事。就让我们再次掀开尘封的历史，追寻先人的足迹，去寻找这些曾被黄土掩埋的过往。

一、陶器

中国作为四大文明古国之一，为人类社会的进步和发展作出了卓越的贡献，其中陶瓷的发明和发展更具有独特的意义。中国陶瓷的发展史是中华文明史的一个重要组成部分，反映了中国历史上各朝各代不同艺术风格和不同技术特点。英文中的"china"既有中国的意思，又有陶瓷的意思，清楚地表明了中国就是"陶瓷的故乡"。考古发现已经证明中国人早在新石器时代（约公元前8000～2000年）就发明了陶器。原始社会晚期出现的农业生产使中国人的祖先过上了比较固定的生活，客观上对陶器有了需求。人们为了使生活更加方便、提高生活质量，逐渐通过烧制黏土烧制出了陶器。

1. 半坡人面鱼纹彩陶盆

人面鱼纹彩陶盆属于新石器时代的仰韶文化，并且是这一文化的典型代表（图7-9），于20世纪50年代在陕西省西安市半坡村出土，是我国杰出的彩陶艺术代表作品。在器物内壁用黑彩绘对称的人面纹和鱼纹各一组。勾画手法大胆夸张，人面成圆形，头顶三角形发髻高耸，额头涂黑，一侧留出弯镰形，双眼眯成"一"字，"⊥"形鼻，嘴衔两鱼，人面两侧耳部亦有两条小鱼簇拥着。在人面之间还有两条大鱼同向追逐，鱼身及鱼头均成三角形，鱼眼呈圆形，大鱼的鱼身以斜方格为鳞，人面在鱼群之中显出悠然自得的神情。鱼纹刻画得十分生动，鱼头虽是寥寥数笔，却把鱼的形神勾画得具体而细微。鱼身上没有了鱼鳞，以对称的菱形图案装饰，富有律动感，充满了生气。整体图案显得古拙、简洁而又奇幻、怪异。

图7-9　半坡人面鱼纹彩陶盆

中国远古的文明源远流长，形成于7000年前的仰韶文化是中国新石器文化发展的一支主干，它展现了中国母系氏族制度从繁荣至衰落时期的社会结构和文化成就，其中彩陶艺术达到了相当完美的境地，成为中国原始艺术创作的范例，这件彩陶盆便是其中代表之作。但是这样一幅作品究竟蕴含着什么样的意义？直到现在学术界还一直为此争论不休。

图腾崇拜说：古代半坡人在许多陶盆上都画有鱼纹和网纹图案，这应与当时的图腾崇拜和经济生活有关，半坡人在河谷阶地营建聚落，过着以农业生产为主的定居生活，兼营采集和渔猎，这种鱼纹装饰是他们生活的写照。人头上奇特的装束，大概是在进行某种宗教活动的化妆形象，而稍有变形的鱼纹很可能是代表人格化的独立神灵——鱼神，表达出人们以鱼为图腾崇拜的主题。

面具说：在原始社会里，人们对很多自然现象都感到无法理解。为了驱逐内心的恐惧感或者是祈求上苍的祝福，便产生了专门祈福驱邪的"巫师"。"巫师"在作法时要戴着面具，以显示神圣、庄重和神秘。人面鱼纹盆便是这样一种面具。

祖先形象说：在原始社会，先民们对自己"从何而来"感到非常神秘。由于临水而居，他们认为自己的祖先最初就是鱼的形象。在他们的心目中，他们把祖先已经化为"鱼神"顶礼膜拜，以示尊敬。

权力象征说：也有专家认为，人面鱼纹是在一定范围内具有权威性的、有所特指的图像，在很大程度上是权力的象征。在氏族部落里，谁持有这个图像，谁就会成为氏族的首领，就具有了对其他人绝对的统治能力，具备支配其他人的神圣权力。

文字雏形说：有专家认为人面鱼纹是原始文字的雏形，尽管学术界仍在争论，但从考古资料发现，在关中地区10多处史前遗址出土了与半坡相同的刻画符号，而且都刻画在陶钵口沿的黑色宽带上，这种现象是否告诉我们，半坡类型的刻画符号即使不是文字，最少是一种在特定范围内通用的、具有一定含义的符号。

外星人形象说：还有不少人认为人面鱼纹图案所代表的形象在地球上是不存在的，有可能是在6000多年前，一些外星人光临过地球，而这个人面鱼纹便是他们的形象，也有可能人面鱼纹盆是他们戴的帽子。

此外，在先秦典籍《诗经》、《周易》中鱼有隐喻"男女相合"之义，以此推之，这人面鱼纹也应有祈求生殖繁衍、族丁兴旺的含义。但不管究竟蕴含何种奥秘，作为中国原始社会先民的艺术杰作，它已然放射出耀目的光芒。这件彩陶盆是儿童瓮棺的棺盖。仰韶文化流行一种瓮棺葬的习俗，把夭折的儿童置于陶瓮中，以瓮为棺，以盆为盖，埋在房屋附近。这件陶盆上画有人面，人面两侧各有一条小鱼附于人的耳部。有的学者根据《山海经》中某些地方曾有巫师"珥两蛇"的说法，以为人面鱼纹表现的是巫师珥两鱼，寓意为巫师请鱼附体，进入冥界为夭折的儿童招魂。

2. 秦始皇陵兵马俑

秦兵马俑是用灰陶烧制的，与红陶相比，多了一道泼水闷制的工序，使得灰陶的硬度相对较高。这是中国陶瓷工艺历史上的一个奇迹，就以今天的工艺水平来说，烧制这么大型的兵马俑都有一定的困难。秦始皇兵马俑整体风格浑厚、健美、洗练。如果仔细观察，脸型、发型、体态、神韵均有差异，从中可以看出秦兵来自不同的地区，有不同的民族，人物性格也不尽相同。陶马双耳竖立，有的张嘴嘶鸣，有的闭嘴静立。所有这些秦始皇兵马俑都富有感人的艺术魅力（图7-10）。

兵马俑的出现是人类文明的一个进步，它是人殉制度的一个替代。1987年，秦始皇陵及兵马俑坑被联合国教科文组织批准列入《世界遗产名录》。我们今天挖出来的这部分有八千多尊，底下还有多少现在不是很清楚。据史料记载，当时的丞相李斯为陵墓的设计者，由大将军章邯监工。共征集了72万人力，动用修陵人数最多时近于80万，几乎相当于修建胡夫金字塔人数的8倍。秦始皇把他生前的荣华富贵全部带入地下。秦始皇陵地下宫殿是陵墓建筑的核心部分，位于封土堆之下。《史记》记载："穿三泉，下铜而致椁，宫观百官，奇器异怪徙藏满之。以水银为百川江河大海，机相灌输。上具天文，下具地理，以人鱼膏为烛，度不灭者久之。"对秦始皇陵园第一次全面考古勘察始于1962年，考古人员绘制出了陵园第一张平面布局图，经探测，陵园范围有56.25平方千米，相当于近78个故宫，引起考古界轰动。考古工作者还用先进的仪器探测到地下确有大量的水银和金属存在。根据封土层未被掘动、地宫宫墙无破坏痕迹、地宫中水银有规律分布等情况，可以得出地宫基本完好、未遭严重破坏和盗掘的结论。如确实如此，秦始皇陵又将是一座举世无双的地下宫殿，水银对秦始皇尸体能起防腐作用，所以，发掘之时人们很可能还能一睹显赫一世皇帝的真面目。

3. 唐三彩

唐三彩是一种盛行于唐代的陶器，以黄、白、绿为基本釉色，后来人们习惯地把这类陶器称为"唐三彩"。唐代是中国封建社会的鼎盛时期，经济上繁荣兴盛，文化艺术上群芳争艳，唐三彩就是这一时期产生的一种彩陶工艺品，它以造型生动逼真、色泽艳丽和富有生活气息而著称。唐三彩的生产已有1300多年的历史了，它吸取了中国国画、雕塑等工艺美术的特点，采用堆贴、刻画等形式的装饰图案，线条粗犷有力。

1989年底，欧洲苏富比在伦敦拍卖过一只三彩马，为了招标拉到香港展出，在运回的途中被盗，皇家警察重案组连夜破获，运回时刚好赶上拍卖会，成交价为374万英镑，折合600万美元，在相当长的一段时期内保持中国艺术的最高纪录（图7-11）。

图7-10　兵马俑　　　　　　　　图7-11　唐三彩马

二、瓷器

首先让我们来说明一下陶器与瓷器的区别。第一，原料不同，陶器是指以黏土为胎，瓷原料必须是富含石英和绢云母等矿物质的瓷石、瓷土或高岭土；第二，烧结温度不同，陶器在800～900℃左右的高温下焙烧而成，瓷器烧成温度须在

1200℃以上；第三，吸水率不同，陶器吸水，瓷器不吸水；第四，透光率不同，陶器不透光，瓷器在一定条件下要求透光。

清代人蓝浦转引《景德镇陶录》中的《爱日堂抄》："自古陶重青品，晋曰缥瓷，唐曰千峰翠色，柴周曰雨过天晴，吴越曰秘色，其后宋瓷虽具诸色，而汝瓷在宋烧者淡青色，官窑、哥窑以粉青为上，东窑、龙泉窑其色皆青，至明而秘色始绝。"这一句话涵盖了中国瓷器烧制的全部历史。

1．晋代缥瓷

中国文字史上第一次出现"瓷"字是在晋朝。潘岳的《笙赋》有"披黄苞以授甘，倾缥瓷以酌醽"。自此，名瓷与诗结为伙伴，相得益彰。古越名瓷"瓷中有诗，诗中有瓷"。因此，古代诗人赞誉越瓷的诗词，既是科学历史，又是文学历史，两者可谓异曲同工。《笙赋》中只提缥瓷之名，没有说明它的主要特征，况且原器经历了一千五百多年沧海桑田的洗礼，久已绝迹，因而缥瓷成了不为人知的千古之谜。

缥釉盘口鸡头壶在上虞面世，从而揭开了缥瓷的神秘面纱。缥釉盘口鸡头壶高22.5厘米，口径6.5厘米，底径7厘米。造型典雅，形态逼真，肩部的鸡头，上有冠，下有颈，圆啄有孔，与鸡头相对的一面塑制一个把手，上端与盘口底部相接，

图7-12　缥釉盘口鸡头壶

下端接在壶的肩部处。壶的外表施有两层质地不同的釉，底釉较厚，呈淡青绿色，釉面有人为技巧制成的鳝血色。"鱼子"纹开片，表面施较薄的无色透明玻璃釉，从而釉色晶莹明澈，玉质感强，瓷胎甚厚，呈深灰色。所谓缥瓷，其实是"淡青绿色开片纹饰釉瓷器"的简称，它化腐朽为神奇，人为制成开片纹饰釉瓷器的创始者是晋代的越窑，宋代哥窑只是继承和发展而已。缥瓷是中国至宝，也是世界文化遗产，赞美越窑名瓷的古诗，则是上虞潜在的无形资产（图7-12）。

2．唐代秘色瓷

晚唐五代的越窑有一种"秘色瓷"。从前人们提到它，都沿用宋代文献，说这种瓷器是五代十国时位于杭州的钱氏吴越国专为宫廷烧造的，臣庶不得使用。至于它的釉色，也像它的名字一样，秘而不宣，后人只有从诗文里领略它非同一般的风姿。唐人陆龟蒙吟咏道："九秋风露越窑开，夺得千峰翠色来。"五代人徐夤赞叹曰："捩翠融青瑞色新，陶成先得贡吾君。巧剜明月染春水，轻旋薄冰盛绿云。"诗歌、文献的描写越是优美，越引得人们去考证、猜想，以至于出现了各种各样的说法。而秘色瓷究竟"秘"在何处，知道的人却越来越少，也就越发加剧了这种瓷器的神秘感。

1987年，随着陕西扶风法门寺宝塔的轰然倒塌，塔基下的地宫暴露出来，一批稀世珍宝的出土轰动了世界，其中有令佛教徒顶礼膜拜的佛骨舍利，有唐懿宗供奉

给法门寺的大量金银器、瓷器、玻璃器、丝织品，尤其重要的是，同时还出土了记录所有器物的物账碑，让文物考古专家明明白白地知道了出土物的名称。物账碑上"瓷秘色"三个字，叫古陶瓷专家眼前一亮。这几件瓷器，有八棱瓶和圆口、花瓣形口的碗、盘等，共同的特点是造型精巧端庄，胎壁薄而均匀，特别是湖水般淡黄绿色的瓷釉，玲珑如冰，剔透似玉，匀净幽雅得令人陶醉。

八棱净水瓶陈放于地宫后室第四道门内侧的门槛上，当时，瓶内装有佛教五彩宝珠29颗，口上置一颗大的水晶宝珠覆盖（图7-13）。据法门寺博物馆韩金科馆长考证，这件瓶子在佛教密宗拜佛的曼荼罗坛场中是有特殊用途的，因而决定了它不能与别的秘色瓷放在一起，故没有被纳入地宫《衣物账》内。但从其青釉比13件秘色圆器要明亮，玻化程度更好来看，专家认为"法门寺八棱净水瓶是所有秘色瓷中最精彩也是最具典型性的作品之一，造型规整，釉色清亮，其制作达到了唐代青瓷的最高水平"。

图7-13　八棱净水瓶

秘色瓷神秘的面纱终于被揭开了。专家们恍然大悟：秘色瓷我们并不陌生，它原来就是越窑青瓷中的极品，只是从前相见而不相识罢了。那种八棱瓶，陕西的唐墓里出土过，故宫的学者在越窑的遗址采集到过；杭州的吴越国钱氏墓群，出土的秘色瓷更丰富、更精美、釉色更青幽。法门寺出土的秘色瓷，还有一件盘子贴着金银箔的装饰，叫作金银平托。在古代，金和玉被看作最高级的材质，把瓷器烧成玉色，又在上面加饰金银，这种器物的地位可想而知。

秘色瓷之所以被抬到一个神秘的地位，主要是技术上难度极高。青瓷的釉色如何，除了釉料配方，几乎全靠窑炉火候的把握。不同的火候、气氛，釉色可以相去甚远。要想使釉色青翠、匀净，而且稳定地烧出同样的釉色，那种高难技术一定是秘不示人的。秘色瓷在晚唐时期烧制成功，不久之后，五代钱氏吴越国就把烧造秘色瓷的窑口划归官办，命它专烧贡瓷，臣庶不得使用，远离百姓、高高在上。至于它的名称，偏偏不明说是青瓷，也不像宋代那样，取些豆青、梅子青一类形象的叫法，却用了一个"秘"字，着实逗弄得后人伤脑筋。而细想想，这个"秘"字又包含了多少实与虚的内容。这样极富深意的名称，恐怕只有浸泡在诗歌海洋里聪明的唐代人才琢磨得出。

3. 五代柴窑

柴窑被公认为是中国瓷器烧制历史上的巅峰之作，不过可惜的是至今没有发现其窑址，也没有作品传世。留给后人的只有文字记载，让无数人为之魂牵梦萦。柴窑一名最早见于明代曹昭《格古要论》，万历以后的《玉芝堂谈荟》、《清秘藏》、《事物绀珠》、《五杂姐》、《博物要览》、《长物志》等书多论及此窑，但众说纷纭。基本有两种见解，一为周世宗姓柴，当时所烧之器都叫"柴窑"；一为吴越秘色青瓷即"柴窑"。对其形质，曹昭认为"柴窑天青色滋润，细腻有细纹，多是粗黄土足，近世少见"；张应文则谓"柴窑不可得矣，闻其制云，青如天，明如镜，薄如纸，声如磬"。但均属传闻，未见实物。

一套注子注碗疑似是五代时期柴窑的古瓷，注子注碗，是古时候人们用来温酒的酒器。"注子"是瓷壶，用来装酒的；"注碗"就是那个瓷碗，用来盛热水，盛满热水后，再把"注子"放进去温酒。更为奇特的是，当注碗以45度角放在阳光下照射时，碗底就会出现一个凤凰的图案，而凤凰恰恰是皇家的象征（图7-14）。

图7-14 注子注碗

4．宋代五大名窑

如果说唐朝开创了中国历史上瓷器烧制的第一个高峰，那么宋朝则是第二个高峰。宋朝瓷器的烧制品种众多，这与宋王朝统治者对瓷器的痴迷有直接关系，单单为皇室烧制瓷器的官窑就达到五个之多，同时还有为民间烧制的九大民窑。

汝官窑独居众瓷之首，土质细腻，胎骨坚硬，釉色润泽。釉中掺玛瑙末，其色有天青、豆青、虾青，微带黄色，还有葱绿、天蓝等，尤以天青最为名贵，依靠釉中所含少量铁分，在还原气氛中烧成纯正的天青色（图7-15、图7-16）。

图7-15 宋汝窑天青无纹椭圆水仙盆

图7-16 汝窑碗

北宋皇帝宋徽宗对汝瓷有一番独特的评价：虽一抹淡青，然静如止水；虽神光内敛，却温润似玉，这为鉴赏汝窑的后来者们洞开了一个永远也无法企及的美好境界。由于宋朝皇帝对汝瓷的喜爱导致整个国家倾尽全国之力烧制汝瓷，再也无力增加国家对军事的投入，最后被北方的女真人拿下大半壁江山，最后不得不将都城从汴梁城迁移到杭州，改国号南宋。从此南迁之后的帝王们，最为思念的就是昔日的汝窑青瓷，且无力再事烧造，这宝贝就成了众人眼中的"御香缥缈"，总是萦绕在帝王的美梦之中。由于国力的衰竭，南宋再无财力烧制汝瓷，只好寻找汝瓷的替代品，官窑就此出现，但由于缺少了玛瑙粉，色泽远不如汝窑温润晶莹。

南宋官窑传世品很少，形质和工艺与汝窑有共同处。器多仿古，主要有碗、瓶、洗等。官窑胎体显厚，胎骨深灰、紫色或黑色，釉色有淡青、粉青、月白等，釉质莹润温雅，尤以釉面开大裂纹片著称，底有文钉烧痕。南宋时先后设立了"修内司窑"和"郊坛下窑"。南宋官窑器，胎为黑、深灰、浅灰、米黄色等，有厚薄之分，胎质细腻。釉面乳浊，多开片，釉色有粉青、淡青、灰青、月白、米黄等。因器口中施釉稀薄，微露紫色，而采用刮釉垫烧时，足上露胎而呈偏赤铁色，故有"紫口铁足"之称（图7-17）。

图7-17　官窑八棱贯耳瓶

哥窑是宋代五大名窑之一，以纹片著称。相传宋代龙泉章氏兄弟各主窑事，哥者称哥窑，弟者称龙泉窑。其特征可归纳为：黑胎厚釉，紫口铁足，釉面开大小纹片。遗憾的是，宋哥窑的窑址，至今还没有被人们发现，我们只有从传世作品上去解读哥窑的历史。哥釉瓷的重要特征是釉面开片，这是发生在釉面上的一种自然开裂现象。开裂原本是瓷器烧制中的缺陷，后来人们掌握了开裂的规律，有意识地让它产生开片，从而产生了一种独特的美感。宋代哥窑瓷釉质莹润，通体釉面被粗深或者细浅的两种纹线交织切割，术语叫作"冰裂纹"，俗称"金丝铁线"。但哥窑窑址仍未确认，成为中国陶瓷史上的悬案之一（图7-18和图7-19）。

图7-18　哥窑胆式瓶

图7-19　哥窑鱼耳炉

钧瓷釉采用氧化铜为着色剂，在还原气氛中烧成铜红釉。这样，烧出的釉色青中带红、如蓝天中的晚霞。钧窑釉色大体上分蓝、红两类，具体的可呈现月白、天青、天蓝、葱翠青、玫瑰紫、海棠红、胭脂红、茄色紫、丁香紫、火焰红等。其中，蓝色也不同于一般的青瓷，是各种浓淡不一的蓝色乳光釉。蓝色较淡的称天青，较深的称为天蓝，比天青更淡的称为月白，都具有莹光一般幽雅的蓝色光泽。"绿如春水初生日，红似朝霞欲上时。烟光凌空星满天，夕阳紫翠忽成岚。"形象地描述了钧窑色彩万千的丰富变化。在众多颜色中，以鸡血红最为珍贵（图7-20～图7-22）。

图7-20 钧窑瓷尊

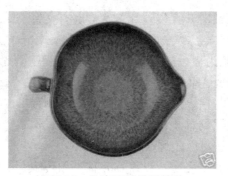
图7-21 钧窑流釉桃形笔洗

图7-22 钧窑梅瓶

宋代的定窑属民窑，是当时北方著名的白瓷窑厂。白瓷的出现是制瓷技术进步的一个重要标志。烧制白瓷比青瓷困难得多，必须是白胎白釉。由于瓷土中普遍含有铁的成分，而铁成分呈色性能很强，含量超出百分之一，烧出的瓷器就呈灰白色。所以，要使胎、釉洁白，必须将其中铁的成分提炼出去，控制在百分之一以下，这不是件容易的事。定窑胎质薄而轻，较坚致，不太透明。釉色洁白晶莹，积釉形状好似泪痕，被称为"蜡泪痕"。北宋晚期器物口沿常镶金、银、铜质边圈，此为定窑一大特色。

图7-23 定窑孩儿枕

在北京故宫中藏有一件北宋时期的定窑孩儿枕（图7-23）。匠师把瓷枕处理成一个铺伏在榻上的男孩，男孩的头斜枕于交叉的手臂上，脸向右侧，表情稚朴天真，大眼睛、宽脑门，肥大的双耳、饱满的耳垂和小巧挺直的鼻子构成了中国理想的"富贵"形象。男孩的右手持一绣球，身穿绣花绫罗长衫，外罩坎肩，下穿长裤，足登软底布鞋，向人们展示了宋代服饰的特点。卧榻四周雕饰螭龙、如意纹饰，精致华美。由于人物雕塑栩栩如生，神情状貌表现得恰到好处，加上瓷胎细腻，釉色白中发暖，如象牙般均匀滋润，整体给人以柔和温馨的美感。

5. 元明青花瓷

青花瓷，又称白地青花瓷，常简称青花，是中国瓷器的主流品种之一。原始青花瓷于唐宋已见端倪，成熟的青花瓷则出现在元代景德镇的湖田窑。青花瓷是用含氧化钴的钴矿为原料，在陶瓷坯体上描绘纹饰，再罩上一层透明釉，经高温还原焰一次烧成。清代龚轼在他的《陶歌》中这样称赞青花瓷："白釉青花一火成，花从釉里透分明。可参造化先天妙，无极由来太极生。"

2005年7月12日，英国伦敦拍卖了一件"鬼谷下山"元青花大罐（图7-24），当日成交价1568.8万英镑，折合人民币约2.3亿，以当天的国际牌价可以买两吨黄金。该罐高27.5厘米，腹径为33厘米，重约20斤左右。以体积而论，这件元青花罐是全世界范围内最贵的瓷器，而单件工艺品的最高价，也是由这件元青花罐创造的。中国古代陶瓷艺术在世界上的地位非常高，全世界的人用金钱表示了对中国文化的尊重。青花瓷如此贵重的原因，大体可以归纳为以下三点。

图7-24　元青花鬼谷下山盖罐

第一，是由该青花罐的题材决定的。中国瓷器题材很少有故事情节，过去中国人画画，都是《观瀑图》、《花鸟图》之类，不画情节。而画出情节的画，大都成了国宝，比如《清明上河图》、《韩熙载夜宴图》。"鬼谷下山"是著名的历史军事故事，记载的是战国时期，诸侯纷起，涌现出很多著名的军事人物。王翊就是其中之一，他是军事奇才，号称"鬼谷子"，大名鼎鼎的孙膑（孙子）就是他的徒弟。当时燕国和齐国交战，孙膑隶属齐国，被燕国俘虏。齐国派人恳求他的师父鬼谷子下山救徒。该青花罐描述的就是鬼谷子下山的情景。在元末景德镇是朱元璋的根据地，朱元璋整日想的都是如何能以较少的兵力夺取江山，他对谋士的渴望十分迫切。所以，鬼谷下山这样的瓷器就应运而生。比如元青花中描述的"萧何月下追韩信"、"三顾茅庐"、"鬼谷下山"等作品，就会受到朱元璋的喜爱。这就是元青花鬼谷下山罐之所以值钱，最主要的潜在原因。

第二，元青花开创中国陶瓷装饰的一个先河。在它之前，瓷器的装饰都不这么强烈。鬼谷下山罐的颜色、画艺、质量，今天看都是登峰造极的水准，永不过时。

第三，就是该罐的传奇色彩。民国时期，一个住在北京东交民巷的荷兰军官，在1913～1923年之间，无意中买了这个鬼谷下山罐。他买了这个罐子后带回国，在阁楼上搁置了将近一百年。20世纪70年代，佳士得的专家普遍认为它是明朝的罐子。2005年专家再次看时，发现它是稀有的元青花罐，于是把它隆重地请出来拍卖。在拍卖之前，该罐子一直被当作放置CD的容器。

画有人物纹的元代青花罐非常罕见，主要有东京出光美术馆藏的"昭君出塞"青花罐、美国波士顿美术馆藏的"尉迟恭救主"青花罐、日本大阪万野美术馆藏的"百花亭"青花罐、英国铁路基金会藏的"锦香亭"青花罐、苏富比在1996年拍卖的"三顾茅庐"青花罐，还有"西厢记"、"细柳营"两个青花罐，都为私人收藏。

明朝依然以青花瓷为主，尤其以永宣青花最为著名。郑和七次下西洋从国外带回"苏麻离青"料，用于青花瓷的着色剂，色泽浓艳，表面晕散。过去几百年来，永宣青花一直是青花瓷器的魁首。后来由于"苏麻离青料"用光了，于是自发研制了青花瓷的着色剂，但颜色远远不如永宣时期的青花瓷。

6．清朝珐琅彩、粉彩

珐琅彩瓷的正式名称应为"瓷胎画珐琅"，是国外传入的一种装饰技法，后人称"古月轩"，国外称"蔷薇彩"，是专为清代宫廷御用而特制的一种精细彩绘瓷器，部分产品也用于犒赏功臣。据清宫造办处的文献档案记载，其为康熙帝授意之下，由造办处珐琅作的匠师将铜胎画珐琅之技法成功地移植到瓷胎上而创制的新瓷器品种。珐琅彩盛于雍正、乾隆时，属宫廷垄断的工艺珍品。所需白瓷胎由景德镇御窑厂特制，解运至京后，在清宫造办处彩绘、彩烧。所需图式由造办处如意馆拟稿，经皇帝钦定，由宫廷画家依样画到瓷器上。珐琅彩瓷创烧于康熙晚期，雍正、乾隆时盛行（图7-25）。

粉彩是景德镇窑在五彩的基础上及"珐琅彩"的影响下创制成功的又一种彩瓷（图7-26）。它的独特之处，是在彩绘时掺加一种白色的彩料"玻璃白"。"玻璃白"具有乳浊效果，画出的图案可发挥渲染技法的特性，呈现一种粉润的感觉，因此被称为"粉彩"或"软彩"。其作法是用经过"玻璃白"粉化的各种彩料，在烧成的白釉瓷器的釉面上绘画，经第二次炉火烧烤而成。粉彩初创于康熙晚期，盛烧于雍正、乾隆，成为清代瓷业生产的一个主要品种。直到现代，景德镇的许多瓷厂仍继续生产。

图7-25 雍正珐琅彩雉鸡牡丹图

图7-26 粉彩过枝蝠桃纹盘

第八章　环境工程与文化

环境问题已经是决定人类未来命运的重要因素之一。从人类的发展历史看，环境的危机，实际上是人类文化的危机，而产生危机的罪魁祸首或罪恶之源是人类中心主义的伦理观。因此，呼吁要建立人与自然和谐的伦理观。要想解决环境问题，已经不能仅仅依靠单一的处理方法，除了通过综合治理的方法解决环境问题以外，更重要的取决于人类对自然环境的认识、对人与自然环境关系的认知、对资源的保护及人类与环境主从地位的转换，即需要从文化的视角来认识和解决环境问题。

第一节　环境问题的出现与恶化

本章所讨论的环境是指影响人类生存和发展的各种天然的和经过人工改造的自然因素的总体。环境的范畴很广，包括大气、水、海洋、土地、矿藏、森林、草原、野生生物、自然遗迹、人文遗迹、自然保护区、风景名胜区、城市和乡村等。这里所说的环境，既包括了自然环境，也包括了人工环境；既包括了生活环境，也包括了生态环境。

自然环境是指围绕人们周围的各种自然因素的总和，它包括大气、水、土壤、生物、岩石矿物、太阳辐射等。自然环境是人类赖以生存和发展的物质基础。在自然环境中，按其要素可分为大气环境（大气圈）、水环境（水圈）、地质环境（岩石圈）和生物环境（生物圈）。这些圈层之间没有明显的界面，它们之间相互渗透、相互影响，彼此联系。

全球环境或区域环境中出现了不利于人类生存和发展的现象，目前均概括为环境问题。它是当前世界上人类面临的几个重要问题之一。环境问题的形成是多方面的，但目前所指的环境问题，主要是人类利用环境不当和在人类社会发展中与环境不相协调所致。环境问题的内容也涉及到各个方面，如环境污染、生态破坏、人口急剧增加和资源的破坏与枯竭等。环境是人类生存和发展的物质基础，但在人类文明的早期，人类就为了生存而无意识地破坏了环境。环境问题的出现和日益严重，越来越引起人们的重视，人类所经历的环境问题大体上有以下四个阶段。

1. 环境问题的萌芽阶段（工业革命前）

人类在这一过程中，主要是利用环境，而很少有意识地改造环境。主要产生的环境问题是：由于人口的自然增长和盲目乱采乱捕，滥用资源而造成生活资料缺乏，引起饥荒。随着农业和畜牧业的发展，人类改造环境的能力越来越强，如大量砍伐森林，破坏草原，刀耕火种，盲目开荒，往往引起严重的水土流失；兴修水利，不合理灌溉，往往引起土壤的盐渍化、沼泽化，以及某些传染病。此阶段出现的环境问题主要是生态破坏型的。

2．环境问题的发展恶化阶段（工业革命至20世纪50年代）

此阶段由于蒸汽机的发明和广泛使用出现的恶化现象，主要表现为：城市和工矿区的工业企业排出大量的废弃物，污染环境，使污染事件不断发生。

3．环境问题的第一次高潮（20世纪50年代至80年代）

20世纪50年代，震惊世界的公害事件接连不断。如：1952年12月的伦敦烟雾事件，1953～1956年日本的水俣病事件，1961年的四日市哮喘病事件，1955～1972年的骨痛病事件。其原因是人口的迅猛增长，都市化加快，工业不断集中和扩大，能源的消耗急剧增加，工业生产过程中"三废"排放量急剧加大。

4．环境问题的第二次高潮（20世纪80年代以后）

这一阶段突发性的严重污染事件突显，如：印度博帕尔农药泄漏事件，苏联切尔诺贝利核电站泄漏事故，莱茵河污染事件等。更为突出的是环境问题的范围由最初的区域性环境问题转向了全球性的环境问题，如出现的全球大气污染——"温室效应"、臭氧层破坏和酸雨。这些环境问题已经不能仅由一个地区甚至一个国家来解决，必须通过全球所有的国家共同努力才能得以控制。

目前全球所面临的环境问题中最为严峻的是全球气候变暖，世界各国首脑已经关注并致力于解决当前的这场危机。

导致全球变暖的主要因素之一是人类在近一个世纪以来大量使用矿物燃料（如煤、石油等），排放出大量的 CO_2 等温室气体。由于这些温室气体对来自太阳辐射的可见光具有高度的透过性，而对地球反射出来的长波辐射具有高度的吸收性，也就是常说的"温室效应"（图8-1），导致全球气候变暖。

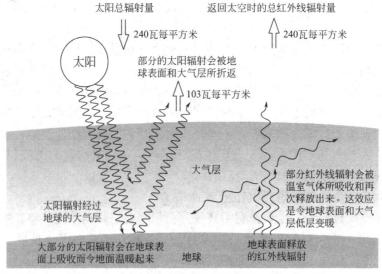

图8-1　温室效应简缩图

另外，人口的剧增也是导致全球变暖的主要因素之一。它严重地威胁着自然生态环境间的平衡。这么多的人口，每年仅自身排放的二氧化碳就是一惊人的数字，其结果直接导致大气中二氧化碳的含量不断增加，直接影响地球表面气候变化。

还有就是森林资源锐减。最近100多年来，人类对森林资源的破坏达到了十分惊人的程度。人类文明初期地球陆地2/3被森林所覆盖，约为76亿公顷；19世纪中期减少到56亿公顷；20世纪末期锐减到34.4亿公顷，森林覆盖率下降到27%，地球表面的原始森林80%遭到破坏。森林资源锐减主要有两个原因：一是人类对森林的乱砍滥伐；二是森林大火。森林可以在光合作用下吸收大量的CO_2，来调节空气中CO_2的浓度。然而，森林大火不但破坏了森林资源而且还释放大量的CO_2。

CO_2的增多会导致温室效应。温室效应是指透射阳光的密闭空间由于与外界缺乏热交换而形成的保温效应，就是太阳短波辐射可以透过大气射入地面，而地面增暖后放出的长波辐射却被大气中的二氧化碳等物质所吸收。大气中的二氧化碳就像一层厚厚的玻璃，使地球变成了一个大暖房。

形成温室效应的气体，除二氧化碳外，还有甲烷（CH_4）、氧化亚氮（N_2O）、氢氟碳化物、全氟化碳、六氟化硫等。其中二氧化碳、甲烷、氢氟碳化物这3种在全球暖化中起主要作用，这些温室气体经常被人们所忽视。温室气体的主要来源如图8-2所示。

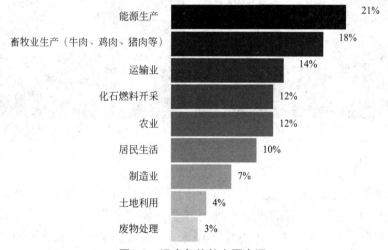

图8-2　温室气体的主要来源

从图8-2中可以看出，全球气候变暖还有一个被人忽视的元凶，那就是畜牧业的生产，它位居温室气体排放的第二位。随着经济水平的不断提高，人类对肉食需求也不断增加，从而扩大了畜牧业的生产，这也直接导致了全球变暖步伐的加快。那么畜牧业是通过哪些途径排放温室气体的呢？全球权威环境问题与趋势分析研究机构世界观察研究所（Worldwatch Institute）的报告提出，牲畜呼出大量的二氧化碳，畜牧业占去26%的原始森林土地，还用了这些之外的33%土地来种谷物喂食。

如果土地能维持原有森林状态，不但不会排放温室气体，还可降低温室气体。畜牧业产出的甲烷，若以100年时间计算，暖化潜力是二氧化碳的25倍；若以25年计算，甲烷的暖化潜力更是二氧化碳的75倍。肉类的冷藏保鲜、烹调，不吃部位的掩埋，都会产生大量温室气体。

全球气候变暖为什么会备受关注，主要是它会对人类的生存产生威胁，这些威胁主要有以下九种表现。

1. 北极冰川融化及甲烷释放

北极地区是全球气候变化最为敏感的区域之一，近年来全球变暖在北极引起了冰川、大气、海洋等的显著变化。根据法国国家科学研究中心数据显示：在过去20年中，北极冰盖面积减少了40%，平均厚度从3米减至1.5米（图8-3）。在北极海底蕴藏着至少数十亿吨甲烷，如果这些甲烷完全释放并进入大气，对地球上的生物和环境会造成毁灭性的冲击。当北极冰川覆盖，这些甲烷大量储藏在永冻层，若永冻层融化，甲烷会重新释放到大气中。另外，北极冰还可以反射90%的太阳光，而海水只能反射10%，其余太阳光热能会被海水所吸收。不难看出，若冰川融化，大量太阳光热能会被海水吸收，加速北极甲烷释放和全球暖化。

2005年9月北极冰川覆盖情况

2007年9月北极冰川覆盖情况

图8-3 北极冰川融化

2. 海平面上升

陆冰的融化会导致海平面上升，若格陵兰岛、南极西部的陆冰融化，可能导致全球海平面上升几米，有的科学家预测甚至可能到几十米。而全世界有1/10的人口、1/8的城市居民生活在海拔不超过10米的沿海地区，海平面上升对他们会产生极大的冲击。例如，如果长江三角洲在海平面上升3米后，上海及其周围地区，约会有超过4000万的人口被迫撤离。美国航空航天局的首席气候专家詹姆斯·汉森表示："如果全球温度继续升高2～3℃，很可能地球会成为一个我们不认识的星球。300万年前，在上新世中期曾发生过这种变暖现象，海平面比今天高出25米"。

3. 冰河缩退与水源短缺

联合国环境规划署报告指出，由于气候变迁和水资源过度使用等原因，喜马拉雅山冰河2/3正逐渐缩退。冰河是许多重要河流的发源地，比如长江、恒河、雅鲁藏布江和印度河等。冰河的退却可能导致10亿人以上缺乏水源。

4．高温

美国国家科学院学报指出，地球温度已经攀升到几千年来的最高峰，美国国家海洋气象研究局与美国国家航空航天局（NASA）均表示，人类历史上最热的10个年份中有9个出现在本世纪，2005年与2010年是最热的两年。2003年是欧洲最热的夏天，热浪共令南欧超过35000人丧生，其中仅法国就逾14000人。

5．暴风增加

2005年美国科学家的研究表明，近几十年来，全球变暖导致飓风和台风等热带风暴的破坏力大幅增强。这是科学家首次提出气候变化影响飓风和台风活动的证据。在热带海洋上空，由于海水蒸发得很快，空气温暖潮湿，流动剧烈而且复杂，很容易出现热带气旋。产生于太平洋东部和大西洋的气旋被称为飓风，产生于太平洋西部的气旋被称为台风。海洋表面温度与气旋上方空气温度的差异为飓风或台风提供动力，因此，海洋表面温度升高会造成飓风或台风破坏力增大。美国麻省理工学院的研究人员在最新一期《自然》杂志上报告说，过去30年间，热带海洋表面温度仅上升了0.5℃。他们对该时期海洋风暴速度和延续时间进行了分析，结果表明，气温上升并未使飓风或台风的发生频率升高，每年都保持在90次左右。但是，北大西洋飓风的潜在破坏力在该时期几乎翻了一番，而太平洋西北部台风的潜在破坏力增大了75%。研究人员说，如此明显的变化，主要是全球变暖延长了风暴的延续时间。2005年的飓风卡特里纳、2006年的暴风拉里、2009年的暴风莫拉克等都给人们带来了巨大灾难。

6．物种消失

联合国政府间气候变化专门委员会（IPCC）报告指出，如果地球的平均温度，比1990年上升1.5～2.5℃，则会有20%～30%的动植物将面临灭绝危机；如果气温上升3.5℃以上，40%～70%的物种将面临灭绝。而气候变迁已成为珊瑚礁最大的威胁，全球约有19%珊瑚礁已经消失。

7．旱灾和沙漠化

从20世纪70年代至今，地球上严重干旱地区的面积几乎扩大了一倍（图8-4）。美国国家大气研究中心的科学家表示，全球变暖可能是罪魁祸首。联合国的研究表明，气候变暖导致占全球41%的干旱地区土地不断退化，全球的沙漠面积正在逐渐扩大。

8．人类的健康

全球气候暖化，会导致流行病菌的数量和生存空间增加，增加瘟疫爆发的概率。例如：非典、禽流感、猪流感等都是由病毒的变异所引发的。

9．大饥荒

据联合国粮农组织（FAO）总干事雅克·迪乌夫表示：2007年，全球饥荒灾民超过9.25亿人。而全球暖化对农作物的生产将造成较为严重影响，这也会加剧饥荒的深度和广度（图8-5）。

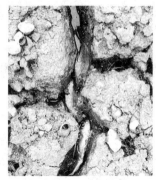
图8-4　鄱阳湖干旱

图8-5　苏丹大饥荒

　　为了更有效地监测随着工业化日益发达而出现的、在旧标准中被忽略的对人体有害的细小颗粒物，美国在1997年提出了PM2.5的标准，PM2.5指数已经成为一个重要的测控空气污染程度的指数。所谓PM2.5是指大气中直径小于或等于2.5微米的颗粒物，也称为可入肺颗粒物。被吸入人体后会直接进入支气管，干扰肺部的气体交换，引发包括哮喘、支气管炎和心血管病甚至肿瘤等方面的疾病。

　　空气质量指数AQI：按世卫组织标准AQI在20以下空气质量方合格。日本标准宽松一些，AQI小于50为达标，我国则将AQI小于50定为空气质量优秀，远低于国际标准（表8-1）。

表8-1　空气质量指数（AQI）标准对应表

空气质量指数	空气质量状况	对健康影响情况	建议采取的措施
0～50	■优	空气质量令人满意，基本无空气污染，对健康没有危害	各类人群可多参加户外活动，多呼吸一下清新的空气
51～100	■良好	除少数对某些污染物特别敏感的人群外，不会对人体健康产生危害	除少数对某些污染物特别容易过敏的人群外，其他人群可以正常进行室外活动
101～150	■轻度污染	敏感人群症状会有轻度加剧，对健康人群没有明显影响	儿童、老年人及心脏病、呼吸系统疾病患者应尽量减少体力消耗大的户外活动
151～200	■中度污染	敏感人群症状进一步加剧，可能对健康人群的心脏，呼吸系统有影响	儿童、老年人及心脏病、呼吸系统疾病患者应尽量减少外出，停留在室内，一般人群应适量减少户外活动
201～300	■重度污染	空气状况很差，会对每个人的健康都产生比较严重的危害	儿童、老年人及心脏病、肺病患者应停留在室内，停止户外活动，一般人群尽量减少户外活动
＞300	■严重污染	空气状况极差，所有人的健康都会受到严重危害	儿童、老年人和病人应停留在室内，避免体力消耗，除有特殊需要的人群外，一般人群尽量不要停留在室外

美国国家航空航天局（NASA）2010年9月公布了一张全球空气质量地图，专门展示世界各地PM2.5的密度。在这张图上红色（即PM2.5密度最高）出现在北非、东亚和中国。中国华北、华东和华中，PM2.5的密度指数甚至接近80微克每立方米，甚至超过了撒哈拉沙漠。在2013年1月横扫大半个中国的雾霾集中期内，包括北京在内的许多地方的PM2.5密度，甚至超过了500微克每立方米。2013年1月12日在中国74个监测城市中，有33个城市的部分监测点PM2.5的监测数据超过300微克每立方米，达严重污染级别。2013年1月14日，亚洲开发银行和清华大学发布的《迈向环境可持续的未来中华人民共和国国家环境分析》中文版报告指出全球10个污染最严重城市为：太原、北京、乌鲁木齐、兰州、重庆、济南、石家庄、德黑兰、墨西哥城、米兰，也就是说中国占了70%。2013年11月4日中国社会科学院、中国气象局联合发布的《气候变化绿皮书：应对气候变化报告（2013）》（以下简称"绿皮书"）指出，近50年来中国雾霾天气总体呈增加趋势。其中，雾日数呈明显减少，霾日数明显增加，且持续性霾过程增加显著，说明我国大气污染PM2.5越来越明显。雾霾天气现象会给气候、环境、健康、经济等方面造成显著的负面影响，例如引起城市大气酸雨、光化学烟雾现象，导致大气能见度下降，阻碍空中、水面和陆面交通；提高死亡率、使慢性病加剧、使呼吸系统及心脏系统疾病恶化、改变肺功能及结构、影响生殖能力、改变人体的免疫结构等，PM家族的危害（图8-6）从空间分布看，雾霾日数变化呈东增西减趋势。东北、西北和西南大部分地区雾霾日数每年减少0～0.5天，除新疆北部外，西部地区年雾霾日数基本都在5天以下；华北、长江中下游和华南地区呈增加趋势，其中珠三角地区和长三角地区增加最快，广东深圳和江苏南京平均每年增加4.1天和3.9天。中东部大部分地区年雾霾日数为25～100天，局部地区超过100天。绿皮书提出，我国的大气污染呈现地区污染抱团的趋势，为了有效解决该问题，必须实施区域联防联控。例如，北京的强霾污染治理不仅要考虑市内污染源，还必须考虑天津和河北地区的污染来源。部门和行业间的协作控制机制，使相关部门做到数据共享、措施共同制定、执法协作配合。专家建议，多部门联合建设全国统一布局、覆盖全国、重点地区加密的国家环境空气监测网。

2013年，我们国家74个城市实施了新的空气质量标准。根据2013全年的监测，74个城市有3个城市达到了空气质量二级标准。空气质量相对较好的前10位城市是：海口、舟山、拉萨、福州、惠州、珠海、深圳、厦门、丽水和贵阳。空气质量相对较差的前10位城市分别是：邢台、石家庄、邯郸、唐山、保定、济南、衡水、西安、廊坊和郑州。有4个省会城市在较差的10个城市之中。

分析2013年的监测数据，有几个特点：从达标的天数分析，74个城市的平均达标天数仅为221天，达标率占60.5%。从污染物的浓度分析，74个城市中，PM2.5的浓度年均值是72微克每立方米，超过了二级标准1.1倍（我国的二级标准年均值是35微克每立方米），仅有拉萨、海口、舟山三个城市完全达标。从区域的

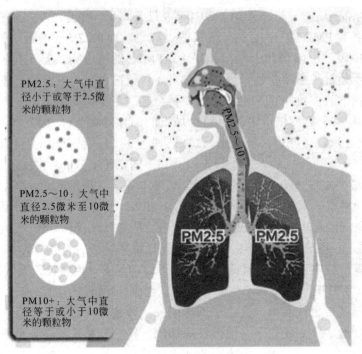

图8-6　PM家族及其危害

污染情况分析看，京津冀13个地级以上城市中，空气质量平均达标天数比例为37.5％，比74个城市的平均达标天数低了23个百分点。长三角参加监测的20多个城市中，空气质量平均达标天数比例为64.2％，高于74个城市平均比例3.7个百分点。珠三角9个地级城市平均达标天数比例达到76.3％。有三个主要结论：第一，京津冀、长三角、珠三角是空气污染相对较重的区域。京津冀区域的空气污染最重，京津冀13个城市中，11个城市排在污染最重的前20位，其中有7个城市排在前10位，部分城市的空气质量重度及以上污染天数占到全年天数的40％。还有一个有趣的数字，在京津冀、长三角、珠三角三个区域中的PM2.5，京津冀PM2.5平均值是106微克每立方米，长三角是67微克每立方米，珠三角是47微克每立方米，主要污染物京津冀是PM2.5、PM10和臭氧，长三角主要污染物是PM2.5、臭氧和PM10，珠三角主要污染物是PM2.5、臭氧和氮氧化物。由此可见，京津冀差距最大，珠三角希望最大，长三角介于二者之间。第二，复合型的污染特征突出。传统煤烟型的污染、机动车尾气污染与二次污染相互叠加，部分城市不仅PM2.5和PM10超标，二氧化硫、氮氧化物和一氧化碳也存在不同程度的超标。第三，空气污染呈现明显的季节特征。一季度和四季度是空气重污染高发季节，74个城市的第一季度和第四季度的PM2.5浓度分别为96微克每立方米和93微克每立方米，是第二、三季度的2倍。尤其是冬季的发生率最高。

面对以上的生态危机，首先要找到生态危机发生的原因以及摆脱生态危机的有效途径和方法，因此，理应去关注这样一些问题：导致人与自然的关系紧张的价值根源是什么？人类的价值观念是怎样形成的？为了消除人与自然的紧张关系，实现人与自然的和谐发展，人类应做怎样的调整？应该形成什么样的价值观？

人与自然的关系贯穿人类社会发展的始终。在人类文明的进程中，人类对自然的态度发生了一系列的转变：依赖自然——改造自然——征服自然——善待自然。

在人类社会的早期，人类刚刚脱离自然界，人与自然母亲还有着千丝万缕的血脉联系，人与自然处于一种混沌未分的状态。人类的生产活动的各种能力都极其有限，人力对自然的影响微乎其微。这时人类基本上是受自然的主宰，处于次要和从属的地位。人类只能顺天应时而生，依靠自然界提供的、现成的生活资料过着采集和狩猎的生活，这个时期的法则是"人与自然之间的共生法则"。在渔猎文明时期，人类还谈不上对自然的认识和了解，反而把一种超人间的力量赋予自然，给自然蒙上了一层魔力，成为高高在上的主宰人间的神灵。因此人类对自然界怀有一种敬畏和顶礼膜拜的心理。人类早期的图腾意识、神话和自然宗教就表达了自然主宰人类的关系。

原始的自然伦理常常表现为各种各样的禁忌，即与原始宗教的要求有着无法剥离的关系。英国思想家弗雷泽指出，在原始人的心目中，世界在很大程度上是受超自然力支配的，而这种超自然力来自于神灵，这些神灵实际上就是自然的化身。为了自身的生存，原始人小心地对自然神表示恭敬，并希望通过自己的乞求而得到自然的赐福和保佑。因此各种各样的行为禁忌就应运而生。为了得到自然神灵的庇护，获得风调雨顺的年景或者为了狩猎取得成功，原始人要举行各种各样的仪式。在原始人的思维和观念中，神灵是无处不在的，动物、植物、土地、手工制品等均具有神秘的属性。原始的自然崇拜、禁忌中包含着许多伦理规定，它们有时直接就是善与恶的命令，借助这些命令，原始人在自己的生命活动中逐渐分离出了"有利"和"有害"的观念，可见，自然伦理是支配原始人的意识形态。

到了后来的农耕文明时代，虽然生产力有了一定的发展，人的各种能力也得到了相应的提高，但是，顺天应时而生的生存状态没有多大的改观。适应当时生存的需要就产生了自然伦理，就是说在人类伦理思维的胚芽中渗透了许多自然崇拜的因素。

中国古代的儒家思想对这种原始的自然观念从哲学高度进行了阐述，认为人是大自然的一部分，是自然秩序中的一个存在，自然本身是一个生命体，所有的存在相互依存而成为一个整体。这种把人类放在整个大生态环境中来考虑，强调人与自然环境息息相通，和谐一体的观念，这就是"天人合一"的思想。

在人类通过不断地征服自然和改造自然的斗争中，人类积累了一定的科学知识，自然在人类面前已经不是那么神秘。人类由单一的利用自然阶段，进入了改造自然阶段。人类的生存也从原来的依靠大自然的恩赐，转变到人类有组织的生产劳动，自然环境也就在人类的生存视野中渐渐地隐退了。这时人类生存的主要内容就是如何学会在社会中生存，如何学会协调好社会中的各种关系。

因为社会关系主要是人们之间的利益关系，它又通过个人与他人、个人与社会的关系形式体现出来。所以为了能够在社会中生存，协调社会关系就成为非常必要的事情，因而体现社会生存需要的伦理原则和规范就形成了。

近代资产阶级开始于工业化运动，早期的资本积累为人们向自然进军提供了物质条件。在思想和理念方面，许多人的积极探索找到了一个有力的思想武器和精神法宝，这就是人的理性。特别是在文艺复兴运动以后，人的理性从自然压迫和宗教神学的束缚下解放出来，焕发了无穷的精神潜力，带来了探索自然奥秘的实验科学的蓬勃兴起和技术的发展。用理性和科学武装起来的人类与自然抗争的能力日益增强，人们坚信借助科学技术的力量，自然界的神秘性将不再存在，人对自然顶礼膜拜的原始文化、心理将会得到彻底的改造。

工业革命和科学技术的发展，使人与自然的关系发生了根本的颠倒。人由早期的"自然的奴隶"变成了现在的"自然的主人"。由此开始了人与自然的分离与对立，由"天人合一"的自然观走向了天人相分的自然观。

然而，在一系列环境污染和生态危机面前，人类必须检讨自己的自然观念。人与自然的关系不应是简单的生物学的或技术的关系，还应是一种伦理关系。人与自然之间的伙伴关系应是一种责任关系，人对自然负有最终的道德责任。我们应记住，人是自然的耕耘者而不是剥夺者，要保持自然的富饶、健康与美丽，保持人与自然的和谐。我们应当记住古希腊的哲学家毕达哥拉斯提出的"和谐即美德"和在东方伦理传统中相同的思想。统治自然界实质上就是统治地球。基于科学技术不断进步基础之上的社会进步，无疑显示了人类对于控制和驾驭自然的增强，理应使人类获得更大的自由。但是事实上，随着人类对自然控制的加强，对人的控制也加强了。统治者通过对人们利用技术来控制自然并对自然资源进行支配，而日益对人们的日常生活产生强大的影响。因此，我们还应看到征服自然的背后是对人的征服，控制自然也使人失去了自由。

在工业文明将人类置于生存绝境时，人类终于认识到这种控制自然的观念是错误的。人类要想摆脱生存危机，就必须改变传统的、建立在工业文明基础上的伦理或道德观念，而不是科学技术方面的改进。于是，人类就由工业文明时代步入了生态文明时代。人类的自然观也就由统治自然观进入了人与自然的和谐观，也就是诞生了生态自然观。它旨在消除人与自然之间的疏离和隔阂，重建人与自然之间那种亲密伙伴般的和谐关系。在生态自然观看来，人与自然是同一的。作为整体自然的一部分，人类本身就是一种自然存在，人可以能动地改造自然，却永远不能脱离自然。人类的独特性并没有使人超越自然之外，人还必须生存于自然之中，不断地与自然环境之间进行物质、能量和信息的转换。人与自然是相互联系、相互依存、相互渗透的：人由自然脱胎而来，其本身就是自然界的一部分。虽然人凭借理性和科技获得了相对于自然的某种独立性。但是现代人的生活仍然要依赖于生态系统。这个系统中的所有资源，如土壤、空气、水等，对人类来说都是生死攸关的。人类文明和大自然的命运已经交织在一起，就如同心灵和肉体不可分割一样。就像有人所说的那样："人靠自然来生活，这就是说，自然界是为了人不至于死亡而必须与之形影不离的身体。"

人们更应该认识到，人类不可能像征服者那样对自然发号施令。只有维护自然系统的稳定与和谐，才能保证人类生存的幸福和繁荣。在人类作用于自然的力量迅速增长的条件下，人类更应自觉地充当自然稳定与和谐的调节者。从自然的征服者变成自然的调节者，来一次深刻的角色转换。在这样的自然中，自然不再排斥人和他的精神，人也不会与自然相对抗，自然成了一个有精神的自然，成为一个物质和精神融为一体的实体。就像人的身体和精神形成一体一样。这样我们要重新回归到了古代的"天人合一"的观念。当然，这种对自然的回归是一种否定之否定的回归。

走向可持续发展的当代人类，建立的是天人平等基础上的天人协调发展的自然观：一方面，把自然作为人类生存空间或人类的家园，人类有权在认识自然、改造自然过程中获取满足人类生存与发展需要的物质财富。另一方面，出于人类文明可持续发展的需要，也有义务像爱护人类自身生命一样爱护自然。由此可见，这种新的"天人合一"不再是对原始的"天人合一"的简单复归，而是包含了人与自然关系的全新内容。人与自然的和谐发展并不是完全以服从自然为前提，而是要正确认识自然、合理改造自然，恰当利用自然，在更好地保护和美化自然的基础上实现的。这样一个包含着物质和精神要素的自然，不仅滋养着人类的肉体，而且也滋养着人类的心灵，人类不仅需要物质生活的空间，同样需要精神的空间。

从人类的历史上看，环境的危机，实际上是人类文化的危机，而产生危机的罪魁祸首或罪恶之源是人类中心主义的伦理观。因此，呼吁要走出传统人类中心主义的伦理观，建立人与自然和谐的伦理观。

第二节　环境保护与文化传承

一、中国最古老的环境学说

在2000多年前中国就已经拥有环境保护学说，而且它在中国传统文化中影响极大，是人们追求理想生存环境的一门学科——风水。中国风水学又叫堪舆学。《淮南子》中有："堪，天道也；舆，地道也。"堪即天，舆即地，堪舆学即天地之学。风水学是一门"环境选择"学，即相地。堪舆风水说来源于先秦，形成于东晋，盛行于两宋，泛滥于明清。所以一直以来，人们都给"风水"披上了一件封建迷信的外衣。然而，通过对风水学的研究，用现代科学理论解释风水，就会发现风水与现代的可持续发展的思想有异曲同工之妙。

由于受历史条件的限制，风水确实混杂有不少的迷信与消极的成分，但是"风水"中有"天人合一"思想，"天人合一"是将大地本身看成一个富有灵性的有机体，世间的万事万物构成了一个复杂的系统，各部分间彼此关联，相互协调。人只是这个系统中的一部分，因此在处理人与环境的关系时，风水将天、地、人三者紧密结合，追求"天人合一"的境界，这里的"天"实际上指的是除人以外的、所有的自然环境。"天人合一"强调人要顺应"天道"，以自然为本，人类只有选择合适的自然环境，才有利于自身的生存和发展。人类既不能违背自然规律行事，更不能仗恃人力同自然对抗，却可以而且必须认识、把握自然规律，并加以运用，以满足人的生存需要。风水理论认为，宅居环境的经营，就是以自然生态系统为本，构建宅的人工生态系统。"天人合一"也就是人与自然和谐共生，共同发展，这正是风水学的精华之所在，也是当今可持续发展环境观的核心思想。

　　风水中的"气"、"脉"、"形"可以这样理解："阴阳"思想用"阴阳二气"来解释宇宙中的万事万物，在"阴阳"思想的指导下，风水中很强调"气"，方以智认为"一切物皆气所为也"。风水学中所讲的"气"是看不见摸不着、无法形容的物质。例如：生气、风气、天气、地气、阴气、阳气、凶气、泄气、理气及精气、元气、神气等。风水中所有的一切都是以"聚气"这一目标为中心而形成和发展起来的，能"聚气"的环境就是好环境，就是吉地。风水中追求的"聚气"环境实际上是能产生清新的空气，能让人感到心旷神怡，感觉很舒服的一片繁荣昌盛、欣欣向荣的环境。《葬书》中说："风水之法，得水为上，藏风次之"。"气乘风则散……古人聚之使不散"。《管氏地理指蒙》说："水随山而行，山界水而止……聚其气而施耳。……山无水则气寒而不理……水愈深，其气愈大"。"藏风"、"得水"均是为了"聚气"，因此"藏风"、"得水"就成了好风水的标准，而树具有藏风之功。在《河南二程全书》中宋代理学大师程颐说："何为地之美者？土色之光润，草木之茂盛，乃其验也"。从这些理论中不难看出古人所说的"风水宝地"就是林木茂密，景色优美的良好生态环境。这就要求人们要植树造林，甚至连杂草也要保护。风水所以如此重视草木，主要有以下原因。

　　（1）草木的茂盛与枯萎，是一地有无"生气"的重要标志。《葬经》云："草木郁茂，吉气相随。"明代风水师李思总说得更直截了当："树木荣盛，可征山有气至。"

　　（2）林木可以藏风御寒。清代著名风水先生如玉彻莹论及住宅风水时指出：藏风纳气，或竹木遮拦，周密犹人身多穿衣服，不怕风寒。《周易阴阳宅·树木吉凶》亦云；"山谷风重，亦非得林障，不足以御寒气。故乡野居址，树木兴则宅必发旺，树木败则宅必衰落。苟不栽植树木，如人无衣，鸟无毛，安能保温暖而久安长处乎。"

　　（3）树木浓郁，可使屋宅掩映其中，藏而不露。《周易阴阳宅·树木吉凶》中说："宅后遍绿树浓繁茂四时形不露，安居久远禄千钟。"对草木的种植与保护，可以防止水土流失。林木还可抗御风沙，这在平原尤为重要。

因为风水学中将大地与人作类比，把大地看成是像人一样的富有灵性的有机体，所以大地也跟人一样有"脉"。"脉"在于人讲的是血脉，一个健康的人应该是血脉强健的，中医上就很讲究脉象，大地也是一样，所以好的环境地是位于脉络清晰，悠远蜿蜒的龙脉（大山脉），只有这样的地方才是好的，人居于此地才会有保障，才会欣欣向荣。"得水"也是好风水的标准之一。《宅经》中说："以形势为身体，以泉水为血脉，以土地为皮肉，以草木为毛发，以房屋为衣服，若得如斯，是事严雅，及为上吉。"风水中的"脉"在实际运用中指的就是水，水是生命之源，人类的生存发展都离不开水。其实，世界上的所有生命都离不开水，人类又不能孤立地存在，而必须生活在一定的环境中，依赖于其他的生命提供各种必需的资源。人类文明的发源无一不是在靠近水源的地方。这足以看出水对人的重要性。风水宝地要求背靠连绵的龙脉，实际是因为山脉大，集雨面积就大，人们在这样的地方就会有充足的水资源，有利于人们的生活和生产。在风水中，不仅要求有充足的水，而且水质的好坏常常指示着生气的好坏，进而决定着环境的好坏。《博山篇·论水》中说："寻龙认气，认气尝水。水，其色碧，其味甘，其气香，主上贵。其色白，其味清，其气温，主中贵。其色淡，其味辛，其气烈，主下贵。若酸涩，若发馊，不足论。"水质的好坏直接影响着生态环境的好坏，并且与人的健康密切相关。

除了"气"和"脉"之外，风水中还讲究"形"。像人应该不仅是身体健康，而且相貌应该英俊漂亮一样，一个好的环境，不仅应该是人与自然的内在关系是和谐的，而且其景观也应该是和谐美丽的。因此，在风水思想的指导下，中国古代许多建筑和园林设计在今天看来无论是其结构原理还是外观都仍然是了不起的杰作。由此看来，作为一门环境选择学，风水所追求的"天人合一"的境界比当今单纯的生态环境的保护还要更进一步。

风水中还包含房屋建设遵循坐北朝南原则。主要原因是中国位于地球北半球，欧亚大陆东部，大部分陆地位于北回归线（北纬$23°26'$）以北，一年四季的阳光都由南方射入。朝南的房屋便于采取阳光。阳光对人的好处很多：一是可以取暖，冬季时南房比北房的温度高$1\sim2℃$；二是参与人体维生素D合成，小儿常晒太阳可预防佝偻病；三是阳光中的紫外线具有杀菌作用；四是可以增强人体免疫功能。坐北朝南，不仅是为了采光，还为了避北风。中国的地势决定了其气候为季风型。冬天有西伯利亚的寒流，夏天有太平洋的凉风，一年四季风向变换不定。甲骨卜辞有测风的记载。《史记·律书》云："不周风居西北，十月也。广莫风据北方，十一月也。条风居东北，正月也。明庶风居东方，二月也。"

风水中的可持续发展思想还体现在古代人植树护林的行为，保护环境并不是一种绝对的保护，而是合理地利用生物资源。这从高黎贡山地区的一种古老的狩猎规则就可以看出。每年立秋后，猎户便选吉日准备开始狩猎，第一天猎人在山上有规律地放置许多捕兽扣，第二天一早便去逐个察看，如果一只动物也没有捕到，就等

15天后再去重新放置捕兽扣，第二天再去逐个察看；如果第二次仍然没有捕到，说明不宜狩猎，要赶快转向去作别的营生。反之，如果第二天就捕到猎物，猎人便把自己捕到的第一只猎物做上标志又放回大自然，然后在山上继续捕猎，直到猎捕到那只有标志的猎物就停止捕猎。从动物生态学的角度来看，傈僳族的这种狩猎文化，其实是非常科学的。如果把捕猎的山当作一个样方，把每次捕猎都当作随机抽样，结合捕猎的习惯时间来分析，便可发现其中的科学道理。

（1）如果连续两次没有捕到猎物，说明该样方内的动物种群数量很少，当年不捕猎才能有利于动物种群的繁衍与发展。

（2）春夏季节，多数动物都处在怀孕期或哺乳期，是动物种群数量增长的关键时期，猎人们那种立秋后才开山狩猎的习惯，有效地保护了动物的繁殖和生长。

从以上风水原则中不难看出，只有审慎周密地考察、了解自然环境，利用和改造自然，才能创造良好的生存环境。风水学不仅为人类提供了选择环境的方法，同时也蕴含着环境保护的方法。

二、现代环境保护学

环境科学是在现代社会经济和科学发展过程中，在环境问题日益严重的情况下产生和发展起来的一门综合性科学。它的研究对象是人类环境，即它是研究人类环境系统的发生、发展及其改造和利用的科学。

环境科学的出现是从20世纪50年代环境问题成为全球性重大问题后开始的。当时许多科学家，包括生物学家、化学家、物理学家、地理学家、医学家、工程学家和社会学家等对环境问题共同进行调查和研究。他们在各个原有学科的基础上，运用原有学科的理论和方法，研究环境问题。通过研究，逐渐出现了一些新的分支学科，例如环境生物学、环境化学、环境地学、环境物理学、环境医学、环境工程学、环境经济学、环境法学、环境管理学、环境伦理学等。最早提出"环境科学"这一名词的是美国学者，当时指的是研究宇宙飞船中人工环境问题。1968年国际科学联合会理事会设立了环境问题科学委员会。20世纪70年代出现了以环境科学为书名的综合性专门著作。1972年英国经济学家B·沃德和美国微生物学家R·杜博斯受联合国人类环境会议秘书长的委托，主编出版《只有一个地球》一书，主编试图不仅从整个地球的前途出发，而且也从社会、经济和政治的角度来探讨环境问题。要求人类明智管理地球。这可被认为环境科学的一部绪论性质的著作。不过这个时期有关环境问题的著作，大部分是研究污染或公害问题，到20世纪70年代下半期，人们逐渐认识到环境问题还应包括自然保护和生态平衡，以及维持人类生存发展的自然资源。随着人们对环境和环境问题的研究和探讨，以及利用和控制技术的发展，环境科学迅速发展起来。许多学者认为，环境科学的出现，是20世纪60年代以来自然科学迅猛发展的一个重要标志。

环境科学的出现推动了自然科学和社会科学各个学科的发展。同时也促进了学科之间的相互渗透。环境科学的出现，也推动了环境科学的整体化研究。环境是一个完整的有机的系统，是一个整体。因此，在研究和解决环境问题时，充分运用各种学科知识，对人类活动引起的环境变化、对人类的影响，及其控制途径进行系统的综合研究。

环境科学主要是运用自然科学和社会科学的有关学科的理论、技术和方法来研究环境问题，形成与有关学科相互渗透、交叉的许多分支学科。属于自然科学方面的有环境地学、环境生物学、环境化学、环境物理学、环境医学、环境工程学；属于社会科学方面的有环境管理学、环境经济学、环境法学和环境伦理学等。

（1）环境地学：以人—地系统为对象，研究它的发生和发展，组成和结构，调节和控制，改造和利用。主要研究内容有地理环境和地质环境的组成、结构、性质和演化，环境质量调查、评价和预测，以及环境质量变化对人类的影响等。

（2）环境生物学：研究生物与受人类干预的环境之间的相互作用的机理和规律。它以生态系统为研究核心，向两个方向发展：从宏观上研究环境中污染物在生态系统中的迁移、转化、富集和归宿，以及对生态系统结构和功能的影响；从微观上研究污染物对生物的毒理作用和遗传变异影响的机理和规律。

（3）环境化学：主要是运用化学的理论、技术和方法，监测和测量化学污染物在环境中的含量，研究它们的存在形态和迁移、转化规律，探讨污染物的回归利用和分解成为无害的简单化合物的机理。

（4）环境物理学：研究物理环境和人类之间的相互作用。主要研究声、光、热、电磁场和射线对人类的影响，以及消除其不良影响的技术途径和措施。

（5）环境医学：研究环境与人群健康的关系，特别是研究环境污染对人群健康的有害影响及其预防措施。内容有探索污染物在人体内的动态变化和作用机理，查明环境致病因素和致病条件，阐明污染物对健康损害的早期反应和潜在的远期效应，以便为制定环境卫生标准和预防措施提供科学依据。

（6）环境工程学：运用工程技术的原理和方法，防治环境污染，合理利用自然资源，保护和改善环境。主要研究内容有大气污染防治工程、水污染防治工程、固体废物的处理和利用、噪声控制等，并研究环境污染综合防治，以及运用系统分析和系统工程的方法。从区域环境的整体上寻求解决环境问题的最佳方案。

（7）环境管理学：研究采用行政的、经济的、法律的、教育的和科学技术的各种手段调整社会经济发展同环境保护之间的关系，处理国民经济各部门、各社会集团和个人有关环境问题的相互关系，通过规划、协调、指导和监督，达到保护环境和促进经济发展的目的。

（8）环境经济学：研究经济发展和环境保护之间的相互关系，探索合理调节人类经济活动和环境之间的物质能量、信息和价值运动的基本规律，其目的是使经济活动能取得最佳的经济效益和环境效益。

（9）环境法学：研究关于保护自然资源和防治环境污染的立法体系、法律制度、法律措施和行政执法等问题。

（10）环境伦理学：环境伦理学是研究人类在生存发展过程中，人类个体与自然环境系统和社会环境（人类群体）系统，及社会环境系统与自然环境系统之间的伦理道德行为关系的科学。这里"环境"的科学意义，是指"人类生存环境系统"，和人们常说的生态环境的"环境"定义有很大的差别。是一门运用多种学科知识，综合研究人类个体与自然环境系统之间、人类个体和社会环境系统之间及社会环境系统与自然环境系统之间伦理道德关系的科学，包括研究环境伦理学的产生，环境伦理的道德体系、环境伦理道德行为规范、准则、评价、教育和个人环境道德修养等环境伦理道德行为主体和客体相互作用关系的学说。其研究内容包括如下两部分。

环境伦理学既然是研究发生于人、社会、自然三者之间相互作用产生的道德现象的科学，而人、社会、自然三者各自的内部运动规律又是不尽相同的，这就使环境伦理学研究的内容具有了复杂性和广泛性。

人是一个具有主观能动行为作用的动物。他的行动目标一般是为了实现自己的生存利益。社会环境是由人类个体构成的，它的生存和发展，具有和个体不完全整合的利益目标。一般地说，人类个体的生存利益和社会利益在宏观上应该是一致的，但在微观具体行动上往往存在尖锐的矛盾和对立，因此而产生了人类个体为了一己私利而采取不利于社会整体利益的不道德行为。怎样协调这种道德关系，就是环境伦理学研究的第一部分内容。

自然环境系统作为构成环境伦理道德现象的一方，它的内部机制运行规律服从的是更加宏观的宇宙演化定律。在人类未完全认识和掌握这个定律之前，自然环境对人类作用于自己的种种不道德行为的反应往往是表现得相当盲目和随机。在人们未能驾驭这种盲目随机反馈机制之前，人们主要是从调控人类个体和群体对自然环境系统的道德行为着手，以获得人类和自然环境的和谐共存，直到共同组成一个整体，向未来的宇宙世纪过渡，这就是环境伦理学研究的第二个目的和第二部分内容。

概括地说，环境伦理学的研究内容首先是作为道德行为主体的环境意识、环境道德观念、环境道德情感、环境道德信念，环境道德原则、环境道德规范等一系列人类主观内省性的环境伦理学理论性内容。包括了作为人类环境伦理是非标准的环境道德评价，环境道德教育，及环境道德行为计量性控制指标体系——环境政策、法规等的环境道德基础研究。此外，还要掌握自然环境系统运动规律和一定的自然科学知识，否则就无法正确理解、把握和预测人、社会、自然三者间环境伦理道德关系变化所导致的结局。

在环境科学发展过程中，环境科学的各个分支学科虽然各有特点，但又互相渗透、互相依存，它们是环境科学这个整体不可分割的组成部分。

20世纪是人类中心主义急剧膨胀时期，自然被看成是人类的奴仆，人类对自然的过度索取和污染，给人类自身生存环境造成了极大的破坏，人类的发展陷入困境。因此，必须重新认识人与自然的关系：人是自然的一部分，自然和人类一样具有同等价值。未来人类发展必须从人类中心主义的价值观转移到人与自然和谐相处的价值观上来；从片面追求经济效益的发展战略转移到经济、社会、环境协调发展的可持续发展战略上来。人类在利用自然的同时，必须珍惜自然、爱护自然、保护自然。古代风水强调在建设之前，首先对自然资源生态条件进行综合评定，以此为建设决策的依据。我国现代城市规划建设中首先应建立评价指标体系，在此基础上对城市生态环境质量进行考核和评估，为城市各区域不同生态问题的识别、生态保护指标及对策的制定提供科学的依据。

三、环境保护与文化

精神从物质中产生，与物质本不可分割；生命从自然界产生，与自然界也不可分离。人类是我们目前所知道的自然界所产生的各种生命的最高级的表现形态，所谓"人为万物之灵"。然而，无论人类有多么高级，作为从自然界产生的生命形态之一，他与其他形态一样，都不可能脱离自然界独自生存。但是，自从人类进入文明社会之后，其自我意识日益强烈，从而日益把自己所从产生的自然界看作是异己的客体。就好比孩子由父母产生，但孩子进入青少年时期，自我意识、独立意识空前高涨，便把父母看作是压抑自己个体发展的障碍，部分孩子甚至产生强烈的反抗意识。从这个意义上讲，子女是父母的异化，人类是自然界的异化。当然，异化是事物演化的形态之一，也是一种自然法则。异化本身并不含有价值的取向，价值只不过是外加的判断。

原始人把自己蕴涵在自然界中，建筑在万物有灵论基础上的自然神教由此产生。人们膜拜自然，不敢轻易伤害它，由此产生种种习俗。无论在今人的眼光中，那些观念与习俗是多么的愚昧可笑，但它反映了在原始人的思想中，人与自然之间存在着强有力的联系纽带。此后，随着人类的成长，开始逐渐把自然界看作是一个异己的客体。于是，"膜拜自然"逻辑演变为"征服自然"。这也是直到现在为止，在一部分人士中仍然非常活跃的一个口号。从膜拜自然到征服自然，的确是人类的巨大进步。否认这一点，就否认了几千年人类文明的全部成果。但现在看来，"征服自然"这个口号也有一定的片面性。因为自然有其内在的、必然的规律，这种规律只能顺应，不能超越，更不可违反。任何人，顺应自然规律办事，就能取得成功。相反，企图违反自然规律去干涉自然、征服自然，无限地向自然索取，则必然受到自然的惩罚。所施干涉的力量越大，最后受到的惩罚也越大。这也就是今天我们之所以面临种种环境问题的根本原因。

人类的近代工业化文明自西方发源。资本主义的飞速发展也得益于西方文明。马克斯·韦伯曾认为资本主义是西方社会文化与宗教本性的产物。近代西方文明的基本特点之一就是主客观分离，从而把自然界看作异己的客体，把自己看作是远高于这个客体的主体，并力图驾驭这个客体，改造这个客体乃至无限地盘剥这个客体。

今天，当环境问题处处凸现，并开始严重危及人类自己生存的时候，人类对自己与自然关系上的这一盲点是否已经有所警觉，对这条路线的错误是否已经有所认识，并开始认真检讨呢？起码从目前环境保护运动最热门的"人类只有一个地球"这种宣传口号来看，我们还看不到人们在这个问题上有丝毫的检讨之意。就一般的经济学原理而言，人们增加或维持财富的途径无非是开源、节流。而所谓"人类只有一个地球"之类的宣传口号，只是在开源无望的情况下，主张尽量去节流而已。这一口号并没有接触到上述之所以造成今天环境问题的症结，也不可能引导人们去反省人类在处理与自然关系问题上的错误立场以及反省长期以来人类对待自然的错误路线。当然，我们可以从各个角度来推进环境保护运动，为了普通民众便于接受，便于理解，从一般经济学原理出发宣传对自然资源必须节流也无可厚非。但同时我们必须让每一个人都清楚地懂得，环境问题的造成既然根植于人类与自然的相互关系之中，则真正的环境保护必须从改变人类的观念着手，从改变人类与自然的关系着手。否则，即使再给人类几个地球，也照样重蹈覆辙，无补于事。

就改变人类与自然相互关系的错误观念而言，东方思想，特别是产生于古代印度、兴盛于古代中国的佛教可以给我们提供许多思想资源与道德资源，许多有益的启迪。

与西方文明主张主客观分离相反，古代印度主张"梵我一如"，古代中国主张"天人合一"。"梵我一如"与"天人合一"的哲学内涵虽有不同，但在强调主客观之间具有内在联系方面是一致的。中国佛教虽然既不讲"梵我一如"，也不讲"天人合一"，但它产生在"梵我一如"的环境中，成长在"天人合一"的气氛里，因此也有着同样的理论背景。

也许有人要问，既然在东方的传统思想中有这么好的环境保护思想，为什么现在东方各国的环境同样在遭到严重的破坏，面临着严重的环境问题呢？这的确是一个值得思考的问题。

东方传统的环境保护思想，有的本身就是一种农业社会的理论，有的则是根植于农业社会的宗教理论。前者与农业社会的发展紧密相关；后者作为一种意识形态，也与其经济基础密切联系。在东方农业社会，虽然就个别局部而言，存在着过度砍伐森林、破坏植被，造成水土流失等环境问题；但从总体来看，环境与人类基本保持平衡。诸如"采菊东篱下，悠然见南山"，乃至"枯藤老树昏鸦，小桥流水人家"之类文人雅士的审美标准与生活情趣，就是这种状况的写照。在这里，不能不说东方传统思想在保护环境方面起到了一定的作用。当然，我们也应该指出，东方传统的环境保护思想仅处在朦胧的、不自觉的状态，没有形成鲜明的环境保护理论以及与其相对应的政策、法律等。这是由于在生产力低下的东方农业社会中，环境与人类基本保持平衡，既然环境问题没有凸现，朦胧的环境保护思想也就缺乏转化为鲜明的环境保护理论的现实可能性。

近代西方文明的传入，促使东方农业社会的瓦解，工业社会的产生，促进了社会的发展与进步，功不可没。但同样不可否认的是，随着西方近代科技文明的传入，建筑在西方主客观分离的思维模式基础上的征服自然思想也传入东方，并作为一种科学理论被人们所信奉，忽略了其中的不合理部分。而东方传统的环境保护思想此时却由于其朦胧性而被忽视；由于其农业社会性而被轻视；由于其宗教性而被蔑视。随着社会生产力的提高，人们干涉与改造自然的力量越来越大，从而环境问题日益严重。环视东方各国，受西方影响最大，发展起步最早的日本，环境问题出现得也最早。中国发展起步慢，环境问题出现得也较迟。环境问题与发展同步，几乎已经成为一种规律。这充分说明，世界的环境问题是因西方的主客观分离的思维模式随西方科技文明的传播而产生的一种传染病。

人类要进步，社会要发展，我们不可能因噎废食，为了保护环境而拒绝发展，甚至回归原始。唯一的办法只有在促进科技进步与完善的同时，弥补与改进其中的缺陷。在这里，包括佛教在内的东方传统思想可以给我们巨大的借鉴。佛教作为一种文化形态，它积淀了东方世界2000多年的智慧。在当今人类向现代化、后现代化社会迈进的时代，它所积淀的这些智慧，可以，而且必然会对我们创造新生活起到积极的作用。从这一立场出发，在今天为保护人类生存环境而奋斗的过程中，我们应该重视传统的佛教思想给我们提供丰富的思想资源与道德资源。必须认真总结与利用这些资源，以创造更加美好的未来。

第九章　电气工程与文化

电气工程是与电能生产和应用相关的技术，同时也是工程教育体系中的一个学科。在我国高等学校的本科专业目录中，电气工程对应的专业是电气工程及其自动化或电气工程与自动化。电气工程是与人们日常生活结合最紧密的，涉及到吃、穿、用、行、住等各个领域。我国1998年以前的普通高等学校本科专业目录中，电工类下共有5个专业，分别是：电机电器及其控制、电力系统及其自动化、高电压与绝缘技术、工业自动化和电气技术。在1998年国家颁布的大学本科专业目录中，把电机电器及其控制、电力系统及其自动化、高电压与绝缘技术和电气技术等专业合并为电气工程及其自动化专业。此外，在同时颁布的工科引导性专业目录中，又把电气工程及其自动化专业和自动化专业中的部分合并为电气工程与自动化专业。可以说电气工程的发展史就是人类科学技术的发展史，也是人类技术进步的一个典型范例。

第一节　电气工程的发展简史

人类最初是从自然界的雷电现象和天然磁石中开始注意电磁现象的。古希腊和中国的古代文献都记载了琥珀摩擦后吸引细微物体和天然磁石吸铁的现象。公元前1100至前771年，中国的青铜器上就出现了篆文的"电"字。战国时期，出现了用磁石指示方向的仪器——司南，成为中国古代四大发明之一。公元1世纪王充所著《论衡》一书中，记载了"顿牟掇芥，磁石引针"的现象（顿牟：琥珀，掇：吸引，芥：很轻的植物籽），最早把静电现象和磁现象相并列。《论衡》中还对司南的形状和用法做了明确的记录，图9-1是后人根据书中的描述复制的司南模型。到了宋代，用磁铁制成的指南针已经得到广泛应用。

近代电磁学的研究，可以认为开始于英国的 W. 吉尔伯特（William Gilbert，1504～1603）。1600年，他用拉丁文发表了《论磁石》（De Magnete，英语译为 On the Magnet）一书（图9-2），系统地讨论了地球的磁性，认为地球是个大磁石，还提出可以用磁倾角判断地球上各处的纬度。现代英语中 Electricity（电）这个字就是他根据"琥珀"的希腊文字

图9-1　司南模型

（ηλεκτρον）和拉丁文字（electrum）创造的。

　　吉尔伯特的实验和研究发展了有关电的知识。在他之前，人们对电的认识基本上停留在古希腊哲学家泰勒斯所描述的琥珀经摩擦会产生电的水平上。吉尔伯特设计制作了一台验电器，由一个尖顶支承一根能够灵活转动的指针。他把钻石、宝石、玻璃、水晶、硫黄、树脂等各种物体摩擦后靠近指针，看指针是否被吸引向这些物体。通过这样的实验，他得出结论：琥珀的性质是许多其他物质共有的。他把这些物质称为"带电体"，而把金属物质列为"非带电体"。他当时还没有认识到，金属在摩擦时也会产生电荷，只不过因为是导体，静电荷会瞬间流失。

图9-2　吉尔伯特和他的著作《论磁石》

　　在吉尔伯特之后，奥托·冯·库克于1660年发明了摩擦起电机；斯蒂芬·格雷于1729年发现了导体；杜斐于1733年描述了点的两种力——吸引力和排斥力。1745年荷兰莱顿大学的克里斯特与莫什布鲁克发现电可以存储在装有铜丝或水银的玻璃瓶里，格鲁斯拉根据这一发现制成莱顿瓶，也就是电容器的前身。图9-3所示为一台19世纪制造的带有莱顿瓶的摩擦起电机。

　　1752年，美国人本杰明·富兰克林（Benjamin Franklin，1706～1790）通过著名的风筝实验得出闪电等同于电的结论，并首次将正、负号用于电学中。随后，普里斯特里、泊松、库伦、卡文迪许等一批杰出的科学家对电学的理论做出了重要贡献：普里斯特里发现了电荷间的平方反比律；泊松把数学理论应用于电场计算；库伦

图9-3　带有莱顿瓶的摩擦起电机

（Charlse-Augustin de Coulomb，1736～1806）在1777年发明了能够测量电荷量的扭力天平，利用扭力天平，库仑发现电荷引力或斥力的大小与两个小球所带电荷电量的乘积成正比，而与两小球球心之间的距离平方成反比，这就是著名的库仑定律。图9-4所示为库仑与他发明的扭力天平。

　　1800年，意大利科学家伏特（AlessandroVolta，1745～1827，也译为伏打）发明了伏打电池，也译为伏打电堆，从而使化学能可以转化为源源不断输出的电能。

这一装置使电不再是微弱的或转瞬即逝的现象，从而让电学终于迈出了静电学的狭小范围，极大地推动了电学的研究与应用。因此，伏打电池被称为电学的一个重要里程碑。图9-5所示为伏特与伏打电池。

图9-4　库仑与他发明的扭力天平　　　　　　图9-5　伏特与他的伏打电池

1820年，丹麦科学家奥斯特（Hans Christian Oersted，1777～1851）在实验中发现了电可以转化为磁的现象；同年，法国科学家安培（Andre Marie Ampere，1775～1836）发现了两根通电导线之间会发生吸引或排斥，如图9-6所示。安培在此基础上提出的载流导线之间的相互作用力定律，后来被称为安培定律，成为电动力学的基础。1827年，德国科学家欧姆（Georg Simon Ohm，1789～1854）用公式描述了电流、电压、电阻之间的关系，创立了电学中最基本的定律——欧姆定律，如图9-7所示。

图9-6　安培与他的实验装置　　　　　　　图9-7　欧姆与他的实验装置

1831年8月29日，英国科学家法拉第（Michael Faraday，1791～1867）成功地进行了"电磁感应"实验，发现了磁可以转化为电的现象。在此基础上，法拉第创立了电磁感应定律。电磁感应定律是研究暂态电路的基本定律。至此，电与磁之间的统一关系终于被人类所认识，并从此诞生了电磁学。法拉第是一位杰出的实验物理学家，他还发现了载流体的自感与互感现象，并提出电力线与磁力线概念。1831年10月，法拉第创制了世界上第一部感应发电机模型——法拉第盘，如图9-8所示。

图9-8　法拉第与最早的发电机——法拉第盘

19世纪初提出的电磁理论，导致了物理学的一次革命。从奥斯特、安培发现电流的磁效应开始，到法拉第对电磁学进行实验研究和完善，直至电磁学理论的建立，经历了半个世纪的历程。19世纪中期，有一大批科学家为电气科学与电气工程做出了杰出贡献。他们中间有韦伯（Wilhelm Eduard Weber，1804～1891）、亨利（Andrew Henry，1797～1878）、赫尔姆霍兹（Helmhohz，1821～1894）、基尔霍夫（Gustav Kirchhoff，1824～1887）等。而最终用数理科学方法使电磁学理论体系建立起来的，是英国物理学家麦克斯韦（James Clerk Maxwell，1831～1879）。1864年，他在《电磁场的动力学理论》中，利用数学进行分析与综合，在前人的研究成果基础上进一步把光与电磁的关系统一起来，建立了麦克斯韦方程。1873年他完成了划时代的科学理论著作——《电磁通论》，如图9-9所示。麦克斯韦方程是现代电磁学最重要的理论基础，成为20世纪科学技术迅猛发展最主要的动力之一。

图9-9　麦克斯韦与他的《电磁通论》

在1881年巴黎博览会上，电气科学家与工程师统一了电学单位，一致同意采用早期为电气科学与工程做出贡献的科学家的姓作为电学单位名称，从而使电气工程成为在全世界范围内传播的一门新兴学科。

在生产需要的直接推动下，具有实用价值的发电机和电动机相继问世，并在应用中不断得到改进和完善。发电机的发明和电动机的发明是交叉进行的。早期的用电设备只能由伏打电池供电，不仅成本非常高，功率也不大，因此人们开始研究实用的发电机。初始阶段的发电机是永磁式发电机，即用永久磁铁作为场磁铁。1832年，法国科学家皮克斯（Hippolyte Pixii，1808～1835）在法拉第的影响下发明了世界上第一台实用的直流发电机，这台发电机能够发出直流电的关键部件——换向器参考了安培的建议，如图9-10所示。

1845年，英国物理学家惠斯通（Chades Wheatstone，1802～1875）通过外加伏打电池电源给线圈励磁，用电磁铁取代永久磁铁，取得了成功，随后又改进了电枢绕组，从而制成了第一台电磁铁发电机。1866年德国科学家西门子（Emst Werner von Siemens，1816～1892）制成第一台自激式发电机。西门子发电机的成功标志着制造大容量发电机技术的突破，因此，西门子发电机在电学发展史上具有划时代的意义。

德籍俄国物理学家雅可比（Moritz Hermann von Jacobi，1801～1874）在1834年发明的功率为15 W的棒状铁芯电

图9-10　皮克斯发明的
直流发电机

动机被公认为是世界上第一台实用的电动机，如图9-11所示。1839年雅可比在涅瓦河上做了用电动机驱动船舶的实验。美国的一位机械工程师达文波特（Davenport，1802～1851）在1836年用电动机驱动木工车床，1840年又用电动机驱动印报机。1885年意大利物理学家加利莱奥·费拉里斯（Galileo Ferraris，1841～1897）提出了旋转磁场原理，并研制出二相异步电动机模型，1886年美国的尼古拉·特斯拉（Nikola Tesla，1856～1943）也独立研制出二相异步电动机，如图9-12所示。1888年，俄国工程师多利沃·多勃罗夫斯基（Mikhail Osipovich Dolivo Dobrovoliskii，1861～1919）研制成功第一台实用的三相交流单鼠笼异步电动机。

图9-11　雅可比发明的世界上第一台电动机模型（左）与实用电动机（右，复制品）

到了19世纪后期，电动机的使用已经相当普遍。电锯、车床、起重机、压缩机、磨面机、凿岩钻等都已由电动机驱动，牙钻、吸尘器等也都用上了电动机。电动机驱动的电力机车、有轨电车、电动汽车也在这一时期得到了快速发展。1873年，英国人罗伯特·戴维森研制成第一辆用蓄电池5B驱动的电动汽车。1879年5月，发明了自激发电机的德国科学家西门子设计制造了一台能乘坐18人的三节敞开式车厢小型电力机车，这是世界上电力机车首次成功的试验，如图9-13所示。世界上最早的电气化铁路是在4年后的1883年于英国开始营业的。

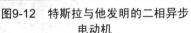

图9-12　特斯拉与他发明的二相异步　　　　图9-13　德国1879年制造的世界上
　　　　　　电动机　　　　　　　　　　　　　　第一列电力驱动列车

当电能在世界上刚刚开始应用的时候，它的主要作用就是照明。1809年，英国著名化学家戴维（Humphry Davy，1778～1829）用2000个伏打电池供电，通过调整木炭电极间的距离使之产生放电而发出强光，这就是电用于照明的开始。1862年，电弧灯首次用于英国肯特郡海岸的灯塔，后来很快用于街道照明。这些电弧灯是用两根有间隙的炭精棒通电产生电弧发光，光线既不稳定又刺眼，还需要不断调整放电间隙，而且电弧燃烧时会产生呛人的烟气，不适合室内照明。因此，当时有很多科学家致力于研制利用电流热效应发光的电灯。1840年，英国科学家格罗夫（William Robert Grove，1811～1896）对密封玻璃罩内的铂丝通以电流，达到炽热而发光，但由于寿命短、代价太大不切实际。英国的斯万（Joseph Swan，1828～1914）1879年2月发明了真空玻璃泡碳丝的电灯，但是由于碳的电阻率很低，要求电流非常大或碳丝极细才能发光，制造上困难很大，所以仅仅停留在实验室阶段。8个月之后（1879年10月），美国发明家爱迪生经过不懈努力，终于试验成功了真空玻璃泡碳化竹丝灯泡，直到1910年才由库里奇改用钨丝，如图9-14所示。其实，爱迪生的电灯与斯万的电灯几乎完全相同，区别仅仅是灯丝的材料，但爱迪生在研究上前进的这一小步却使人类在电能利用上迈进了一大步：他的电灯不仅能长时间稳定发光，而且工艺简单、制造成本低廉，使得这种电灯立刻转化为商品，在世界上得到了广泛应用。这一发明被认为是电能进入人类日常生活的转折点。

图9-14　爱迪生和他发明的灯泡

19世纪后期，电机制造技术的发展、电能应用范围的扩大，以及生产对电能需要的迅速增长，都对能够大规模供电的发电厂建设提出迫切需求。1875年，法国巴黎火车站建立了世界上最早的一座火力发电厂。1882年，"爱迪生电气照明公司"在纽约建成了商业化的电厂和直流电力网系统，发电功率660kW，供7200个灯泡用电。1883年，美国纽约和英国伦敦等大城市先后建成中心发电厂。1882年，美国兴建了第一座水力发电站，之后水力发电逐步发展起来。到1898年，纽约又建立了容量为3万千瓦的火力发电站，用87台锅炉推动12台大型蒸汽机为发电机提供动力。

最早的发电厂都采用直流发电机。把电发出来再输送给用户，当然输送的距离越远，经济价值越大。在远距离输电方面，很自然地首先用直流电进行了尝试。第一条直流输电线路在1873年出现，长度仅有2km。而世界上第一条远距离直流输电试验线路是由法国人建立的。1882年法国物理学家和电气工程师德普勒（Marcel Deprez，1843～1918）由德国葛依吉工厂资助，在慕尼黑国际博览会上展出了一条实验高压直流输电线路，把一台容量为3马力（1马力=735.49875 W）的水轮发电机发出的电能，从米斯巴赫输送到相距57km的慕尼黑，驱动博览会上的一台水泵，造成了一个人工喷泉。这一成功实验表现出电力的巨大潜力，证明了远距离输电的可能性。在这次实验中，线路始端电压为1313V，末端降至850V，输送功率不到200W，输电损耗也比较大。在直流输电的发展过程中，经过技术改进曾一度达到甚为可观的水平。直流发电机发出的电压高达57.6kV，功率达到4650kW，输送距离达到180km。但这种势头很快就遇到了技术上的极限，难以再取得新的进展。从焦耳-楞次定律可知，输送相同容量的电能，电压愈高热损耗就愈小，所以要加大输电距离与输电容量，而又保持较低的输电损失，最有效的办法就是提高输电电压。但是，由于当时要使直流电大幅度升压或降压是无法做到的，所以直流输电只能直接把发电机端口的高电压输送给用户，而用户直接使用高压既不安全也不经济。

1882年法国人高兰德和英国人约翰·吉布斯研制成功了第一台具有实用价值的变压器，并获得了"照明和动力用电分配办法"的专利。在这种情况下，能够升压与降压的交流电显示了其优越性，因而导致了高压交流输电方式的发展。于是取而代之的是交流电站的建立。与此同时，大型交流发电机与电动机的研制和发展，特别是三相交流电机的研制成功也为远距离交流输电铺平了道路。而斯坦迈等科学家对交流电路理论的研究成果，特别是符号法的建立，简化了交流电路的计算，也为交流输电的应用提供了理论基础。

1888年由英国工程师费朗蒂（Sebastian Ferranti，1864～1930）设计，建设在泰晤士河畔的伦敦大型交流发电站开始输电，其输出电压高达10000V，经两级变压输送到用户。1892年法国建成了第一座三相交流发电站，把交流电站的发展向前推进了一步。1894年俄罗斯建成了当时最大的单相交流发电站，其功率为800kW，由4台蒸汽机提供动力发电。

在电力系统采用直流输电还是交流输电的问题上曾产生过一场争论。当时在美国电气界最负盛名的发明家爱迪生和对电气化做出了重要贡献的著名英国物理学家威廉·汤姆生以及罗克斯·克隆普顿等人都极力反对使用交流输电，主张发展直流输电方式；而英国的费朗蒂、高登等人和美国的威斯汀豪斯、特斯拉、斯普拉戈等人则力主采用交流输电。随着输电技术的发展，交流电很快取代了直流电。这场关于交流、直流输电方式的争论，最终以交流输电派的取胜而告结束。

远距离输电问题的根本解决依靠的是三相交流电理论的形成与技术发明的结果。1887～1891年，德国电机制造公司取得了三相交流电技术的成功。1891年，在德国法兰克福的电气技术博览会上，成功进行了远距离三相交流输电实验，将18km外三相交流发电机发出的电能用8500V的高压送电，输电效率达到75%，而在当时的条件下，如此高的传输效率是直流输电根本达不到的。从此，高压交流输电的有效性和优越性得到了公认。由于交流输电的发展与成功，美国当时正在准备建设的尼亚加拉水电站最终决定采用三相交流输电系统。威斯汀豪斯为其公司争得了这座水电站的承建合同。该电站总容量近10万千瓦，从1891年开始电力的应用和输电技术的发展，促使一大批新的工业部门相继产生。首先是与电力生产有关的行业，如电机、变压器、绝缘材料、电线电缆、电气仪表等电力设备的制造厂和电力安装、维修和运行等部门；其次是以电作为动力和能源的行业，如照明、电镀、电解、电车、电报等企业和部门，而新的日用电器生产部门也应运而生。这种发展的结果，又反过来促进了发电和高压输电技术的提高。1903 年输电电压达到 60kV，第一次世界大战前夕，输电电压达到 150kV。

1870～1913 年，以电气化为主要特征的第二次工业革命，彻底改变了世界的经济格局。在这一时期，发电、输电、配电已经形成了以汽轮机、水轮机等为原动机，以交流发电机为核心，以变压器与输配电线路等组成的输配电系统为"动脉"的输电网，使电力的生产、应用达到较高的水平，并具有相当大的规模。在工业生产、交通运输中，电力拖动、电力牵引、电动工具、电加工、电加热等得到普遍应用；到 1930 年前后，吸尘器、电动洗衣机、家用电冰箱、电灶、空调器、全自动洗衣机等各种家用电器也相继问世。英国于 1926 年成立中央电气委员会，1933 年建成全国电网。美国工业企业中以电动机为动力的比重，从 1914 年的 30％上升到 1929 年的 70％。前苏联在十月革命后不久也提出了全俄电气化计划。20 世纪 30 年代欧美发达国家都先后完成了电气化。从此，电力取代了蒸汽，使人类迈进了电气化时代，使 20 世纪成为"电气化世纪"。

第二次世界大战以后，科学技术的发展更加迅猛，并使很多传统学科发生了分化。从电气工程中也逐渐分化出了电子技术和计算机技术等新兴学科，这些技术在电气工程领域的应用又使电气工程得到了迅速、长足的发展，登上了一个个新台阶。例如：电磁场和电网络的数字计算机分析使一些过去依赖于复杂分析与精密实验解决的难题迎刃而解；电工装备的计算机辅助设计（CAD）使整个电工制造业的设计翻开新的一页；微型计算机控制技术的发展使电力系统和各种电气设备的自动控制实现了全面的变革，成为工业的强劲动力；电力电子的迅速发展使大功率整流、逆变、变频设备实现了革新，进一步拓宽了电能的应用，提高了用电效率，创造了巨大的效益。而一些计算机和微电子专用设备的研制也成为电工新技术发展的重要分支。

今天，电能的应用已经渗透到人类社会生产、生活的各个领域，它不仅创造了极大的生产力，而且促进了人类文明的巨大进步，彻底改变了人类的社会生活方式，电气工程也因此被人们誉为"现代文明之轮"。

第二节　电气工程在国民经济中的地位

"电气工程"的英文是"Electrical Engineering"。美国普林斯顿大学认知科学实验室英语词汇数据库 WordNet（wordnet.Princeton.Edu/perl/webwn）对"电气工程"的定义是：The branch of engineering science that studies the uses of electricity and the equipment for power generation and distribution and the control of machines and communication（工程科学的一个分支，研究电气的应用和发配电设备与机械的控制以及通信）。目前，我国的电气工程及其自动化专业不包括通信。

有人把电气工程和土木工程、机械工程、化学工程以及管理工程并称为现代五大工程。与其他工程相比，电气工程的特点在于：它的出现不是来源于文明发展的自发需要，而是来源于科学发现。它以全新的能量形态开辟出一个人类文明的新领域；它的发展又伴生了电子工程，从而孕育出通信、计算机、网络等工程领域，为信息时代的出现奠定了基础。在信息时代，电既是能量的形态又是信息的载体，电气工程渗透到现代社会的各个领域，它的对象既可以是一个庞大的系统，又可以是一种微小的器件。例如，电力系统是地球上最大的人造系统，大的要覆盖几个国家，而最小的微型电机要用显微镜才能看清楚。

电气科学发展至今，虽然从它衍生出的电子技术、计算机技术、通信技术和自动化技术都相继成为独立的学科和专业，但由于它们与电气工程学科之间难以分割的历史渊源，使得这些学科交叉的密切程度，远非其他学科所能比拟。近几十年来，电气学科与生命科学、物理学、化学、军事科学等学科的许多领域存在广泛的交叉，形成了许多新的学科生长点。可以认为，学科交叉和相互渗透是电气科学之所以能保持长期生命力的重要因素。例如，电机的控制，电力系统的稳定性分析，高电压的在线监测技术，电力电子系统与装置，建筑智能化技术等电气新技术都势必涉及大量电子技术、计算机及其网络通信技术、自动控制技术的一些相关知识。可以说，当今的电气工程及其自动化专业是一个现代高科学技术综合应用的、多学科交叉的前沿学科专业，具有广阔的应用前景。

正因为如此，电气工程在国家科技体系中具有特殊的重要地位，它既是国民经济的一些基本工业（电力、电工制造等）所依靠的技术科学，又是另一些基本工业（能源、电信、交通、铁路、冶金、化工、机械等）必不可少的支持技术，是一些高新技术的主要科技组成部分。在与生物、环保、自动化、光学、半导体等民用和军工技术的交叉发展中又是能形成尖端技术和新技术分支的促进因素；在一些综合性高科技成果（如卫星、飞船、导弹、空间站、航天飞机等）中，也必须有电气工程的新技术和新产品。所以，在工农业和国防力量的发展以及人民生活水平的提高过程中，电气工程的发展水平具有巨大的作用和广泛的影响。

20世纪后半叶以来，电气科学的进步使电气工程得到了突飞猛进的发展，其发展深度与广度远远超出人们的预期和想象。不仅在电子技术、计算机技术、通信技术、自动化技术等方面得到了空前的发展，相继建立了各自的独立学科和专业，仅就电气工程本身而言，在电能的产生、传输、分配、使用过程中，无论就其系统（网络），还是相关的设备，其规模和质量，检测、监视、保护和控制水平都获得了极大的提高。因此，今天的电气工程领域对高级技术人才的需求，无论就其数量，还是就其质量，都将超过以往任何时代。例如：建筑电气与智能化在建筑行业中的比重越来越大，现代化建筑物、建筑小区，乃至乡镇和城市对电气照明、楼宇自动控制、计算机网络通信，以及防火、防盗和停车场管理等安全防范系统的要求越来越迫切，也越来越高；在交通运输行业，过去采用蒸汽机或内燃机直接牵引的列车几乎全部都要由电力牵引或电传动取代，磁悬浮列车的驱动、电动汽车的驱动、舰船的推进，甚至飞机的推进都将大量使用电力；机械制造行业中机电一体化技术的实现和各种自动化生产线的建设，国防领域的全电化军舰、战车、电磁武器等，都迫切需要从事电气工程的技术人才。

在我国当代高等工程教育中，电气工程及其自动化专业（或电气工程与自动化专业）是一个新型的宽口径综合性专业。它涉及电能的产生、传输、分配、使用全过程；系统（网络）及其设备的研发、设计、制造、运行、检测和控制等多方面、各环节的工程技术问题，所以要求电气工程师掌握电工理论、电子技术、自动控制理论、信息处理、计算机及其控制、网络通信等宽广领域的工程技术基础和专业知识。

电气工程及其自动化专业不仅要为电力工业与机械制造业，也要为国民经济其他部门，如交通、建筑、冶金、机械、化工等，培养从事电气科学研究和工程技术的高级专门人才。几乎没有哪一个产业能脱离电气工程与自动化学科，所以说电气工程与自动化专业是一个以电力工业及其相关产业为主要服务对象，同时辐射到国民经济其他各部门，应用十分广泛的专业，因而在此专业学习的学生有着广阔的市场需求。

第三节　电力新技术及其发展趋势

处于当今新的发展阶段，人类正面临着实现经济和社会可持续发展（Sustainable Development）的重大挑战。人口增长和工业发展更突出了能源供需的矛盾和生存环境的制约作用。我们面对着严峻挑战，更面对着前所未有的有利条件和大好机遇。因此必须实施新的能源发展战略，依靠科技进步，积极发展电力新技术。对于电力生产来说，总的要求是要在实现可持续发展的条件下保证高质量、高效率、低污染的电能供应，以达到保护生态环境，节约能源，实现电力供应与经济、社会和环境的可持续发展相适应。

我国发展能源的指导方针是：大力（优先）发展水电，继续发展火电，适当发展核电，积极发展新能源发电，同步发展电网，促进全国联网。

以三峡水电站（如图9-15所示）建设为契机，我国将逐步建立起（形成）全国统一的联合电网，这标志着2020年左右我国电力系统将进入一个新的发展阶段——全国统一联合电力系统的高级发展阶段，也就是说从以供电网和地区

图9-15　三峡大坝

电网为主的初级发展阶段发展到以省网和大区电网为主的中级发展阶段，进而发展到大区间互联和国际联网的全国统一联合电网高级发展阶段。

从我国电力生产的现状和发展可以看出，我国的电网发展已进入超高压、远距离、大容量、自动化、现代化的新阶段，电能需求的增长、降损、节能以及防止环境污染等方面的要求更高、更严格。因此，既有远大的前景，也面临各方面的严峻挑战，即环境保护的严重制约、电力市场化体制改革的影响、大容量远距离输电技术的要求、现代化城市和企业对优质电能的需求。

目前世界电力行业发展趋势是：一方面发达国家用电需求增长缓慢甚至停滞，而另一方面发展中国家的用电需求迅速增长，特别是东南亚和南美洲地区大规模的电网建设正在蓬勃发展。20世纪电网发展的特征常常以"大机组、高电压、大电网"来描述。国际大电网会议（CICRE）上专家们指出：机组的单机容量和输电电压等级在20世纪80年代后期出现了饱和趋势，这除了电能需求增长变缓和环境保护制约以外，主要出自可靠性的考虑。大量统计表明，设备本身的可靠性随单机容量和电压等级的增加而降低，而电网要求设备达到的可靠性却随单机容量和电压等级的提高而增加，两条曲线的交点决定了单机容量和输电电压的临界值，分别是130万千瓦和800kV，后者也许是许多国家发展特高压进展缓慢的原因之一。另外，由于输电线路建设越来越受到输电走廊、环境保护等的限制，如何充分提高现有电网的利用效率、充分优化现有电网资源的配置成了大家十分关心的课题。

全球和地区经济一体化步伐的加快，加上能源分布和经济发展的不均衡，使得大电网的互联，甚至跨国联网得到了很大的发展。例如，欧洲发输电联盟（UCPTE）成立于1951年，1963年实现西欧各成员国交流400kV联网，然后通过直流输电与英国、瑞典实现非同期联网。1995年10月实现与波兰、捷克、匈牙利三国电网同期互联。又如东南亚国家之间，建设中的巴坤（Bakum）水电站以及跨海500kV直流输电工程将实现马来西亚国内东、西部之间的联网，下一步将建设泰国-马来西亚输电线路，形成泰国经马来西亚至菲律宾的交、直流混合跨国电网。我国与周边国家的联网也正在建设之中，例如澜沧江上的景洪电站开发向泰国输电，俄罗斯西伯利亚向我国华北地区送电等。

大电网互联以及跨国联网在运行中出现了一系列诸如低阻尼甚至欠阻尼的频率和功率振荡，发生连锁式的稳定破坏，造成大面积停电事故等现象，有待于认真地进行研究，采取措施解决。

在以上这些综合因素的推动下，对电网的规划、运行、控制、分析计算方面都提出了愈来愈高的要求。

一、电力发展与环境保护

我国在能源方面的现状是人口众多，人均资源极其有限，环境问题突出，能源效率低。而且联合国发表的一份报告中指出，现行的能源生产、分配、使用方式是不可持续的。为了实现可持续发展，就必须把依靠技术进步、提高能源效率、强化可再生能源利用、发展洁净煤技术作为战略重点。环境保护内容在第七章中已经提到，这里我们只是浅谈与电力发展相关的领域。

人均指标通常作为衡量现代化的粗略判据，据统计，1993年以后，西方发达国家以及俄罗斯的人均装机容量均已超过1kW，而北欧一些国家是它的好几倍，我国台湾的人均装机容量已超过1kW，但电力供应仍十分紧缺，这说明对于一个中等发达的国家要求达到或接近人均装机容量1kW确有一定道理。因此，按照"三步走"发展战略目标，要求到21世纪中叶我国发电装机容量应达到15亿千瓦，此时人口控制在15亿，才能达到人均装机容量1kW。按照可持续发展要求，首先应开发没有污染的水电资源。我国的水电理论蕴藏量为6.76亿千瓦，但是其中可供技术开发的水电资源为5亿千瓦左右，相应发电量为3.24亿千瓦时，居世界第一位。以发电量计，我国可开发的水资源占世界总量的15%，但人口占世界21%，因此人均资源量并不富裕，只有世界均值的70%。即使我国水电资源全部开发，如果核电和其他替代能源还不能占有显著比例的话，则煤电仍可能要占65%～70%（10亿千瓦左右），如果发电效率没有明显提高，那么到2050年时将出现全国全年产煤量都不够供应发电用途的局面。因此，必须大幅度提高发电效率和要求其他能源的比例有较大的增加。

另外，燃煤产生的环境污染，特别是大量分散燃煤产生的环境污染治理，是一个严重的问题。最为迫切的是控制二氧化硫（SO_2）的排放，许多城市的酸雨已成为人们关注的焦点。我国大气中SO_2的平均浓度为$0.03×10^{-6}$（个别地区达$15×10^{-6}$），比日本高3倍。酸雨将引起森林和农作物破坏、水变质、土壤退化，对电力系统将加速金属部分的腐蚀，甚至造成绝缘子闪络事故。形成酸雨的根源中2/3是由于大量分散燃煤造成的，而1/3是燃煤发电过程中产生的。因此，发展洁净煤技术已被列为新世纪电力科技发展战略的重要目标之一。

洁净煤技术旨在最大限度地发挥煤作为能源的潜能作用，同时又实现最少的污染物释放，达到煤的高效、清洁利用的目的。洁净煤技术是一项庞大复杂的系统工程，包含从煤炭开发到利用的所有技术领域，主要研究开发项目包括煤炭的加工、转化、燃烧和污染控制等。目前的发展领域包括高效、低污染地开发和利用煤炭的全过程，主要可分为煤炭利用前的净化技术、煤炭燃烧中的净化技术、烟气净化技术和煤炭转化技术。

煤炭利用前净化技术包括选煤、型煤、洁净优化动力配煤、水煤浆。选煤是剔除杂质，进行煤品分类，是合理利用煤炭资源、保护环境的经济而有效的技术。型煤是制成具有一定强度和形状的煤制品，在成型时加入适量的固硫剂，可大大减少SO_2排放。洁净优化动力配煤是将不同品质的煤经筛选、破碎、按比例配合等过程，并辅以一定的添加剂，以改变动力煤的化学组成，减少燃煤排放。水煤浆是一种以煤代油的新型燃料，灰分小于10%，超细（250～300g），配以分散剂、稳定剂，成为液体燃料。

煤炭燃烧中的净化技术包括煤粉低污染燃烧技术和先进的燃烧器、流化床燃烧技术、煤综合利用新技术、煤气-蒸汽联合循环发电技术。

烟气净化技术包括烟气除尘和脱硫、脱氮，其中重点为烟气脱硫脱氮。

煤炭转化技术主要内容为煤炭汽化和煤炭液化。烟气脱硫分湿式和干式，及新近研究开发的半湿法。

燃料电池技术是反应物燃烧与空气中的氧发生电化学反应而获得电能和热能的装置。以煤作为燃料源的燃料电池发电技术尚处于小规模试验研究阶段，其节能（高效）和环保性能很好。

太阳能、风能、地热、潮汐能、垃圾发电、污泥发电等许多新能源发电技术都有较好的环保效果。

二、发电新技术

除了前面已介绍的太阳能、风能、地热、潮汐发电新技术外，其他新能源发电技术有：高炉顶压发电、垃圾发电、污泥发电、高温岩体发电、核聚变发电、磁流体发电、波浪发电、海洋温差发电、生物质能资源发电和燃料电池等。

（1）高炉顶压发电：其技术原理是高炉炼铁产生大量带有一定压力的煤气，这些煤气在输送给用户之前，都得预先经过降温减压，可以利用煤气层在减压前后的压力差进行发电，在炼铁高炉装上高炉顶压发电装置。

（2）垃圾发电：首先将垃圾中的有机物与金属、玻璃、塑料等分离开，然后将有机物送入密封锅炉焚烧，产生的蒸汽用来发电。

（3）污泥发电：以城市地下水道污泥中的有机物作为能源，用来发电。日本东京大学发明了一种使污泥很快固化的方法，测定每公斤固化污泥有4000kcal（1kcal=4.1855kJ）热量，相当于低质煤的发热量，用来发电既节省能源又保护环境卫生。

（4）高温岩体发电：在高温岩体上打深度达几百米至上千米的井，一直通到高温岩体层，然后从地面注入高压水，利用喷出的高温蒸汽进行发电。

（5）核聚变发电（Fusion Energy）：聚变能是两个氢原子核聚变成一个较重的核时释放的能量。太阳能主要是氢核聚变释放的，聚变能维持包括太阳在内的星球燃烧了亿万年；聚变能也是所有化石燃料以及大多数可再生能量的来源。第二次世界大战后，实现了由裂变爆炸引发的大规模氢核聚变反应，这就是氢弹——不受控的聚变能释放装置。20世纪50年代初以来人们致力于受控核聚变的研究，受控核聚变将通过运行聚变反应堆来实现。利用聚变能来生产电能是美好的希望，目前尚有许多问题需要解决。

（6）生物质能资源（BiomassEnergyResource）发电：生物质能资源是指可用于转化为能源的有机质资源。主要的生物质能资源包括：薪柴、农作物秸秆、人畜粪便、酿酒废醪、糖蜜废水、屠宰废水、豆制品废水等工业有机废水、有机垃圾等。

沼气发电就是一种生物质能资源发电。

三、电能储存技术

电能储存技术，又称蓄能技术，是一种实现高效利用电能的重要途径。

蓄能技术一般要求有：储能密度大、变换损耗小、运行费用低、维护较容易、不污染环境。

电能的储存技术大致可分三类：

（1）直接储存电磁能，如超导线圈蓄能系统、超级电容器；

（2）把电能转化为化学能储存，如新型的电池；

（3）把电能转化为机械能储存，如压缩空气、高速飞轮、抽水蓄能。

抽水蓄能是一种实用的储能量相对较大的蓄能技术。此外，最实用的是电池蓄能，它既可作旋转备用，也可作调峰或调频电源，或直接用作大用户的不停电电源UPS（Uninterruptible Power Supply）。目前最大投运系统是20MW，寿命达8 ～ 10年，造价1000美元/kW。

四、灵活交流输电技术与用户电力

灵活（柔性）交流输电系统FACTS（Flexible AC Transmission System），其核心环节就是采用大功率电子器件作为大功率高压开关，与其他电力设备组成FACTS，以实现更灵活的调控，从而大幅度提高输电线路传输能力，提高电力系统稳定水平，降低输电损耗。

目前已研制成的设备主要有：可控串联补偿器TCSC（Thyristor Controlled Series Capacitor），静止无功补偿器SVC（Static VAR Compensator），静止调相机STATCON（Static Condenser），制动电阻TCBR（Thyristor Controlled Braking Resistor），统一潮流控制器UPFC（Unified Power Flow Controller）等。图9-16所示是国外的TCSC装置。

图9-16 运行中的TCSC装置

用户电力（CustomerPower）技术，又称定制电力，和FACTS一样都是以电力电子技术、微处理机技术、控制技术等高新技术为基础，用来提高电力系统运行的可靠性、可控性、运行性能和电量质量，以获得大量节电效应的新型综合技术。

FACTS侧重应用于高压输电系统，用户电力技术侧重应用于低中压配电系统，有不同的使用目的和经济评价标准，但在使电网高度灵活化的效果上是一致的，甚至有些装置既可用于输电网又可用于配电网，如ASVC。国内有的学者认为可将FACTS分为三类：直接作用于输电的、安装于发电厂而作用于输电的和安装于配电网而作用于输电的。这样用户电力技术可以理解为安装于配电网的一种FACTS。

用户电力技术包括有功无功控制、电压控制、高次谐波的消除、蓄能等方面，已开发的装置有静止无功补偿器（SVC）、配电静止补偿器（D-STATCOM）、电池蓄能站（BESS）、超导储能（SMES）、有源电力滤波器（APF）、动态过电压限制器（DVL）、固态断路器（SSCB）等。许多装置都是一机多功能的，又可以配合运用。

用户电力技术的重要任务是改善供电质量。电力系统供电质量问题可分为电压质量和电流质量两个方面。电压质量问题指会影响用户设备正常运行的系统电压，包括电压的下垂或抬高（Sae or Swell）、谐波畸变（Harmonic Pre-distortion）、各相电压不平衡等情况；电流质量问题指电力电子设备等非线性负荷给电网带来的电流畸变，包括流入电网的谐波电流、基波无功、平衡负荷电流、低频负荷变化造成的闪烁等。针对这些问题，可用串联或并联于系统负荷侧的功率调节器来改善供电质量，串联改善电压质量，并联改善电流质量。

五、大电网互联

在全球电力管理体制改革和各种新技术开发的推动下，结合我国电网的发展，2010年由初级阶段（供电和地区电网）、中级（省网和大区网）阶段进入高级阶段（全国联网和国际联网）。完成三峡巨型水电站、上万千米的500kV送变电工程，以及由俄罗斯伊尔库茨克向华北送电2～3GW的高压直流输电（HighVoltage DC，HVDC）工程。此外还将建成多个巨型火电站和核电站。这些都将对电网技术的进步和储备提出更高的要求。展望我国的电网技术发展趋势将是：

（1）灵活交流输电（FACTS）技术；

（2）先进能量管理系统（AEMS）。从局部向全局发展，静态调度向动态调度发展，适应电力市场和机制要求的新功能，适应防止事故连锁扩展的事故预防性自动控制；

（3）配电系统自动化（DSA/DOA）。将原有的各单个自动化装置经过设备微机化、性能软件化、信号数字化、功能集成化、通信局域网或光缆化（甚至应用通信卫星）等高新技术的改造，构成具有综合功能、性能更先进的过程自动监控装置；

（4）人工智能控制技术（AIC）。延伸计算机的计算功能，使其能尽量模仿人类大脑的求解、感知、学习、推理和执行等功能的技术。21世纪初期，随着全国统一联合电力系统的初步形成，标志着我国电力工业及电网将进入发展的，高级阶段，必须从现在建立起充分而可靠的电网科技储备。

以上四项重要电网技术的健康而平衡的发展，将为全国统一联合电力系统提供先进可靠的控制手段，也将为我国电网技术赶超世界先进水平奠定基础。

逐步相连而融合形成的新型统一电网控制系统将使大型电力输电和供电系统整体柔性化，从而使其稳定性、可靠性和经济性在未来电力市场机制下达到更高水平。未来的发展前景也将为学子们提供各种选择的机遇。

全国联网宏观方案要考虑的基本原则是："西电东送和北电南送"将是我国相当长一段时间内的能源流向；要做到"水火互补调剂，区域负荷错峰，水电以丰补枯，减少备用装机应急事故，保证系统稳定"。

实现2020年左右全国联网的步骤是：

（1）长江流域（中部电网）：将形成沿长江流域，包括四川、重庆、华中、华东电网在内的东西方向中部电网，装机容量接近3.0亿千瓦，约占当年全国装机容量的1/3；2010～2020年进行溪落渡和向家坝等长江上游、金沙江水电资源的滚动开发和三峡水电站的6台备用机组投入，加大中部电网东送电能力度。

（2）黄河流域（北部电网，华北、东北、西北互联）：2000～2020年进行黄河上中游水电资源滚动开发和"三西"煤炭资源开发，变输"煤"为输"电"，把电能输送到华北电网的京津塘负荷中心，继而扩展到东北，形成又一条东西方向较长并向东北翘起的北部电网。

（3）南部电网：2000～2020年开发怒江、澜沧江水电资源和贵州的煤炭资源，加强云南、贵州和广东、广西联营的南部电网。

（4）全国联网：2020年左右，三者之间互联形成全国联网（2020年装机7.8～8.5亿千瓦，发电量：47000亿千瓦时）。

具体做法为：

① 完成三峡水电站及其预算范围内的上万千米500kV送变电工程；

② 建设三峡与华北和南方电网的互联工程；

③ 装机容量近2000万千瓦的溪落度、向家坝水电站及其外送输电工程；

④ 俄罗斯的伊尔库茨克向我国东北、华北长达2000多千米输电200～300万千瓦的直流输电工程；

⑤ 建成多个巨型火电站、核电站。

由于配电系统是电力系统面向广大用户的一个环节，因此实施配网自动化的目的既要符合供电方（供电部门）的要求，又要满足需求方（用户）的利益，其目标可以归纳如下。

（1）提高供电可靠性，使城市供电可靠率达到99.9％，大中城市中心的供电可靠率达到99.99％。

（2）提高电能质量，降低线损，使城市电力网电压合格率≥98％，电网频率合格率≥99.9%。

（3）提高供电的经济性。

（4）提高为用户服务水平和用户的满意程度。

（5）提高供电企业管理水平和劳动生产率。

配电系统自动化（DSA），由中国电机工程学会城市供电专业委员会在《配电系统自动化规划设计导则》中提出，定义为："配电系统自动化是利用现代电子技术、通信技术、计算机及网络技术，将配电网在线数据和离线数据、配电网数据和用户数据、电网结构和地理图形进行信息集成，构成完整的自动化系统，实现配电系统正常运行及事故情况下的监测、保护、控制、用电和配电管理的现代化。"国家电力公司在《10kV配网自动化发展规划要点》中关于配电系统自动化的定义为："利用现代通信和计算机技术，对电网在线运行的设备进行远方监视和控制的网络系统。它包括10kV馈线自动化、开闭所和小区配电所自动化、配电变压器和电容器组等的检测自动化等。"一般认为，《配电系统自动化规划设计导则》提出的是配电管理系统DMS的定义，而《10kV配网自动化发展规划要点》提出的是配网自动化DA的定义。

配电系统自动化的主要功能如下。

（1）数据采集与监控SCADA（Supervisory Control and Data Acquisition）功能。

（2）变电站自动化SA（Substation Automation）。

（3）馈线自动化FA（Feeder Automation）。

（4）自动绘图/设备管理/地理信息系统（AM/FM/GIS）。

（5）配电系统高级应用软件（DPAS），包括网络拓扑、状态估计、潮流计算、负荷预报、短路电流计算、电压无功、培训仿真等。

（6）配电工作管理DWM（Distribution Work Management）。

（7）故障投诉（Trouble Calling）。

（8）用户信息系统CIS（Consumer Information System）。

（9）负荷管理LM（Load Management）。

（10）远方抄表系统AMR（Automatic Message Recording）。

对上述单项功能，人们习惯将其中变电站自动化SA和馈线自动化FA两项功能合称为配网自动化（DA），实际上也就是配电自动化的基本功能，或可称为配电自动化的基础。而负荷管理LM和远方抄表系统AMR等通常称为配电需求侧管理（DSM，Demand Side Management）。DA和DSM，再以SCADA系统为基础，加上DPAS以及以AM/FM/GIS为平台的其他管理功能，便组成了集管理和控制功能于一体的综合系统，这就是配电管理系统DMS。早期关于SA和FA的概念，主要指变电站和馈电线路的现场自动化功能。DMS概念则侧重于基于配电控制中心的关于配电系统的全局的管理及其自动化。引入DMS概念，SA和FA本身的含义也扩展了，相应的配网自动化（DA）的概念扩展为配电自动化系统（DAS）。

DMS系统的各子系统均为相对独立的计算机应用系统，它们通过局域网（LAN）或广域网（WAN）互联成为一个整合系统。

综上分析，可以把配电系统自动化（DSA）分为三个部分：配电管理系统（DMS）、配电自动化系统（DAS）和配电需求侧管理（DSM）。

六、现代能量管理系统

电力系统调度自动化应用计算机的开始阶段是数据采集与监控系统SCADA，主要用于状态监视（信息收集、处理、显示），远方开关操作，制表，记录和统计等。20世纪80年代发展了能量管理系统EMS（Energy Management System），包括了SCADA，并增加了自动发电控制经济运行、安全控制等功能，以及其他调度管理和计划功能。现正引入人工智能新技术，实现综合动态控制等。

七、分布式发电系统

集中发电、远距离输电和大电网互联的电力系统是目前电能生产、输送和分配的主要方式，正在为全世界90％以上的电力负荷供电。但这种方式也存在一些弊端，主要有：不能灵活跟踪负荷的变化；局部事故极易扩散和导致大面积的停电；输电线路产生的电磁影响使开辟新的线路走廊越来越困难。

分布式发电（Distributed Generation）系统是指功率为数千瓦至50 MW的小型、模块式、与环境兼容的独立电源。这些电源由电力部门、电力用户或第三方所有，用以满足电力系统和用户特定的要求。如调峰、为边远用户或商业区和居民区供电、节省输变电投资、提高供电可靠性等。随着电力体制改革的发展，分布式发电也可为一些用户提供一种自主的选择，使其更能适应电力市场。

通过分布式发电和集中供电系统的配合应用有以下优点：

（1）分布式发电系统中各电站相互独立，用户由于可以自行控制，不会发生大规模停电事故，所以安全可靠性比较高；

（2）分布式发电可以弥补大电网安全稳定性的不足，在意外灾害发生时继续供电，成为集中供电方式不可缺少的重要补充；

（3）可对区域电力的质量和性能进行实时监控，适合向农村、牧区、山区、发展中的中小城市或商业区的居民供电，可大大减小环保压力；

（4）分布式发电的输配电损耗可以忽略，无须建配电站，可降低或避免附加的输配电成本，同时土建和安装成本低；

（5）可以满足特殊场合的需求，如移动分散式发电车；

（6）调峰性能好，操作简单，由于参与运行的系统少，启停快速，便于实现全自动。

根据所使用一次能源的不同，分布式发电可分为基于化石能源的分布式发电技术、基于可再生能源的分布式发电技术以及混合的分布式发电技术。

（1）基于化石能源的分布式发电技术。

① 往复式发动机技术：以汽油或柴油为燃料，是目前应用最广的分布式发电方式。美国甚至有利用飞机发动机的分布式发电的，但是此种方式会造成一定的噪声和废气污染。

② 微型燃气轮机技术：微型燃气轮机是指功率为数百千瓦以下的以天然气、甲烷、汽油、柴油为燃料的超小型燃气轮机。但是微型燃气轮机目前发电效率较低，所以多采用家庭热电联供的办法利用设备废弃的热能，提高其效率。

③ 燃料电池技术：燃料电池是一种在等温状态下直接将化学能转变为直流电能的电化学装置。燃料电池不污染环境，是一种很有发展前途的、洁净的、高效的发电方式，被称为21世纪的分布式电源。

（2）基于可再生能源的分布式发电技术。

① 太阳能光伏发电技术：太阳能光伏发电技术是利用半导体材料的光电效应直接将太阳能转换为电能。光伏发电具有不消耗燃料、不受地域限制、规模灵活、无污染、安全可靠、维护简单等优点。但是这种分布发电技术的成本很高，所以现阶段还需要降低成本才适合于广泛应用。

② 风力发电技术：可分为独立与并网运行两类，前者为微型或小型风力发电机组，容量为100W ～ 10kW，后者的容量通常超过150kW。

（3）混合分布式发电技术：指两种或多种分布式发电技术及蓄能装置组合起来，形成复合式发电系统。目前已有多种形式的复合式发电系统被提出，其中一个重要的方向是热、电、冷三联产的多目标分布式供能系统，通常简称为分布式供能系统。其在生产电力的同时，也能提供热能或同时满足供热、制冷等方面的需求。与简单的供电系统相比，分布式供能系统可以大幅度提高能源利用率、降低环境污染、改善系统的热经济性。图9-17所示为微型燃气轮机热电联供设备。

图9-17　微型燃气轮机热电联供设备

第四节　电气工程的发展前景

进入21世纪以来，科学技术的发展更加迅猛，向现实生产力转化的速度越来越快，学科之间的交叉和融合将成为新世纪科技发展的特点。对于以应用性基础研究为主的电气工程学科来说，如何发展学科，扩大领域，增强活力，开拓新局面，在学术上有高水平的建树，从国情出发，为经济建设特别是电力建设和高新技术的发展作出更大的贡献成为亟待解决的战略问题。

21世纪的电气工程学科将在与信息科学、材料科学、生命科学以及环境科学等学科的交叉和融合中获得进一步发展。创新和飞跃往往发生在学科的交叉点上。所以，在21世纪，电工领域的基础研究和应用基础研究仍会是一个百花齐放、蓬勃发展的局面，而与其他学科的融合交叉是它的显著特点。

超导材料、半导体材料与永磁材料的最新发展对于电工领域有着特别重大的意义。从20世纪60年代开始，实用超导体的研制成功开创了超导电工的新时代。目前恒定与脉冲超导磁体技术已经达到了成熟阶段，得到了多方面的应用，显示了其优越性与现实性。超导加速器与超导核聚变装置的建成与运行成为20世纪下半叶人类科技史中辉煌的成就；超导核磁共振谱仪与磁成像装置已实现了商品化。20世纪80年代制成了高临界温度超导体，为21世纪电气工程的发展展示了更加美好的前景。

半导体的发展为电工领域提供了多种电力电子器件与光电器件。电力电子器件为电机调速、直流输电、电气化铁路、各种节能电源和自动控制的发展作出了重大贡献。光电池效率的提高及成本的降低为光电技术的应用与发展提供了良好的基础，使太阳能光伏发电已在边远、缺电地区得到了实用，并有可能在未来电力供应中占有一定份额。半导体照明是节能的照明，它能大大降低能耗，减少环境污染的压力，是更可靠、更安全的照明。

新型永磁材料，特别是钕铁硼材料的发现与迅速发展使永磁电机、永磁磁体技术在深入研究的基础上登上了新台阶，应用领域不断扩大。

由于微型计算机、电力电子和电磁执行器件的发展，使得电气控制响应快、灵活性高、可靠性强的优点越来越突出，因此电气工程正在使一些传统产业发生变革。例如，传统的机械系统与设备，在更多或全面地使用电气驱动与控制后，大大改善了性能，"线控"汽车、全电舰船、多电/全电飞机等研究就是其中最典型的例子。

传统的内燃机汽车的驱动、导向、制动等都依靠机械（齿轮与液压）系统，体积大、响应慢、故障率高。现代汽车提出了"线控"（Wire Contr），即通过导线控制的概念，使过去以齿轮、液压为主导的控制让位于柔软的导线控制。线控不仅节省空间，而且大大提高了车辆的性能。例如，采用智能化的有源减震系统和电控制动，改善了车辆的可靠性和舒适性；机电一体化平衡系统EML（Electromechanical Leveling System）可以减小车辆的摇摆和俯仰。除此之外，汽车的电气设备也比过去大大增加：20世纪80年代初，国内轿车的发电机功率一般是500W以下，而现在轿车发电机功率达到1000W已经很普遍。由于车上自动控制与执行动作所必需的微型电动机数目不断增加，消耗的电能也越来越大。据美国麻省理工学院研究人员预测，2005～2015年，豪华轿车的电气负荷平均将达到1760W（冬季）至2120W（夏季）。目前汽车的标准电压有两种：12V和24V，前者主要用于汽油车，后者主要用于柴油车。因为汽车使用的电气设备与导线长度大大增加，为了减少设备与线路的电阻损耗，汽车行业已经准备将12V标准电压提高到42V。图9-18所示是线控汽车的控制设备分布（不包括用电设备）。

全电舰船取消了普通舰船的机械传动机构，不仅节约了能源，还可以节省出大量空间。特别是吊舱式（Azipod）全电力推进系统的采用，取消了过去舰船不可缺少的螺旋桨大轴，最大限度地发挥了全电力推进的优越性——商船可以多载运货物，军舰可以配备更多的武器装备。传统军舰螺旋桨工作时噪声很大，对方的声呐等探测系统可以很快探出位置和距离；而全电军舰采用电推进后，由于噪声低，具有很强的隐形作战能力，可以发动突然袭击，大大增强了作战能力。同时，整合动力系统节省下来的能源可用于支援作战，比如可支持一些高能耗武器（如激光武器、电磁炮）、声呐、雷达等。图9-19所示为芬兰ABB公司1998年下水的全电旅游轮船的电气设备分布图。我国江南造船公司在国内最大海洋监测船"中国海监83"号上也成功安装了吊舱式全电力推进系统。

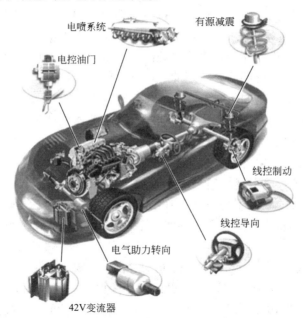

电喷系统
电控油门
有源减震
线控制动
线控导向
电气助力转向
42V变流器

图9-18　采用"导线"控制的汽车

多电飞机（More Electric Aircraft）主要是用电磁悬浮轴承取代发动机的机械轴承、用电磁执行器代替液压和气动执行器并且采用更多的电力电子装置。由于最大限度地减少了油润滑和油/气控制系统，使多电飞机的效率与可靠性、易维护性、保障性和运行/保障费用都得到了明显改善，并使飞机重量减轻、可用空间增加。图9-20所示是多电飞机的电气设备分布图。其中，固定在发动机轴上的整体启动发电机是集启动机和发电机功能于一体的电机，它利用电机可逆原理在发动机稳定工作前作为启动机工作，带动发动机转子到一定转速后喷油点火，使发动机进入自行稳定工作状态；此后，发动机反过来带动电机，使其成为发电机，向飞机用电设备供电。多电飞机用全电气化传动附件取代机械液压式传动附件，实现了发动机和飞机的全电气化传动。此外，飞机发电机发出的强大电力还生成激光或微波束，作为机载高能束武器的能源。

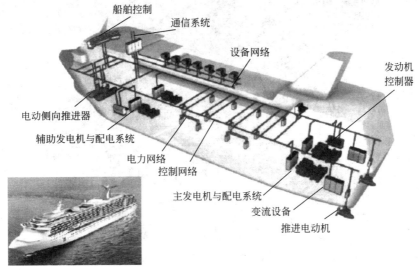

图9-19 全电旅游轮船电气设备分布

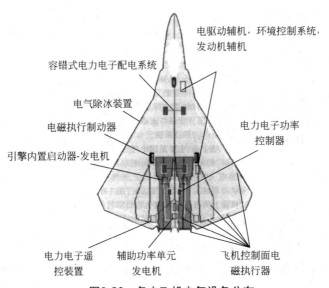

图9-20 多电飞机电气设备分布

目前国外已经制造出采用电驱动的战车，混合电力驱动系统包括由发动机驱动的发电机和蓄电池组，在车辆需要大功率驱动时，由电池组补充能量，以使发动机系统变得更小，运行效率更高，而且在关闭发动机仅使用电池提供动力的情况下，能够短距离寂静行驶，利于突袭。全电战车也正在研发中。一种全电战车的设计方案是：由燃料电池供电，用飞轮储能系统储能，采用轮毂安装的永磁电动机驱动，用主动（有源）控制的电气悬挂系统减轻颠簸，用大功率脉冲电源供电的45mm电磁炮，其杀伤力相当于普通的115mm火炮（如图9-21所示）。

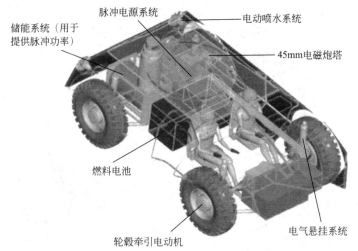

脉冲电源系统

储能系统（用于提供脉冲功率）

电动喷水系统

45mm电磁炮塔

燃料电池

轮毂牵引电动机

电气悬挂系统

图9-21　全电战车电气设备分布（概念图）

近年来，在建筑中综合计算机技术、自动控制技术、通信技术和电气工程技术，构成了楼宇自动化技术（智能楼宇技术）。建设智能楼宇的目标主要体现在：提供安全、舒适、快捷的优质服务；建立先进的管理机制；降低能耗与降低人工成本等三个方面。智能楼宇中涉及的电气工程内容主要有：智能建筑的供配电、电驱动与自动控制、智能建筑的电气照明、智能建筑的通信技术、有线电视系统、广播音响系统、办公自动化系统、建筑物自动化系统、智能建筑的防火、智能建筑的防盗、综合布线系统、智能建筑的系统集成、智能建筑的电气安全和智能建筑的节能等，如图9-22所示。目前，智能楼宇正在蓬勃发展，美国和日本兴建最多。此外，在法国、瑞典、英国等欧洲国家和香港、新加坡、马来西亚等地的智能建筑也方兴未艾。我国近几年来在北京、上海、广州等大城市，相继建起了若干具有相当水平的智能建筑。

电磁技术在生物医学中的广泛应用促进了生物医学电磁技术的发展。试验证明，从单细胞到动物的肌肉、神经等组织中，都有电流或电压的产生及传播等生物电现象。人的大脑和心肌的生物电活动可以通过置于头皮表面和肢体表面的电位来研究，从而检查脑和心脏的功能。这种生物电的源，可视为人体内部的偶极子型电流源，寻找它的分布随时间变化的规律是生物医学电磁技术研究的基本课题。外界电磁场与生物相互作用的机理，也是生物医学工程的热点课题。随着磁共振技术的发展，利用电磁波研究物质结构，已成为化学分析、原子物理和生物学领域的一种重要研究手段，其中，磁共振成像已成为医疗诊断的常见技术；X射线成像实际上也是电磁波成像；场热疗技术，特别是场热疗治癌，已成为常规疗法的有力辅助疗法。

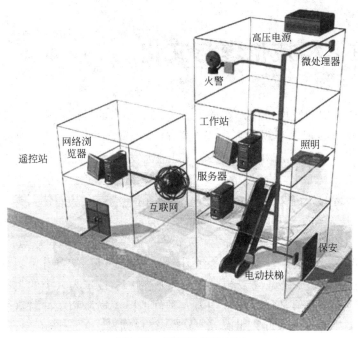

图9-22　智能楼宇示意图

　　随着电气工程新原理、新技术与新材料的发展，出现了一些新兴的电工高新技术领域，包括超导电工技术、受控核聚变技术、可再生能源发电技术、磁悬浮技术、磁流体发电技术、磁流体推进技术等。电工高新技术的发展有着重大的国民经济发展和科技进步的意义。一些重要技术从其出现到成熟，再到形成产业，常常需要半个多世纪，几代人的持续努力，需要有稳定的支持和重大国家项目的带动。

　　21世纪电气工程学科的发展趋势是：将电气科学与工程和近代数学、物理学、化学、生命科学、材料科学以及系统科学、信息科学等的前沿融合，加强从整体上对大型复杂系统的研究，加深对微观现象及过程规律性的认识，同时利用信息科学的成就改造与提升本学科并开创新的研究方向。近年来的研究热点有：电力大系统、电力传动系统及电力电子变流系统中的各类问题，包括非线性、复杂性等；生物、医学与健康领域中的电磁方法与新技术；气体放电及多相混合体放电问题；基于新材料、新原理或为开拓新应用领域的电机、电器；反映各类电气设备电气或绝缘性能演变的多因子规律及其观察和测量技术；电能质量的理论及其测量、控制；可再生能源发电、电能存储和电力变换技术；现代测量原理及传感技术；脉冲功率技术与低温等离子体应用技术；电力电磁兼容问题以及复杂电力系统的经济安全运行、控制及规划的理论及其应用等。

第十章　科技伦理与文化

纵观人类历史的发展过程，实质上就是科学技术的发展过程。科学及以其为基础的技术，在不断揭示客观世界以及人类自身规律的同时，极大地提高了社会生产力，改变了人类的生产和生活方式，同时也发掘了人类的理性力量，从而带来了认识论和方法论的变革，形成了科学的世界观，积淀了科学精神、科学道德和科学伦理等丰富的先进文化，不断升华人类的精神境界，从而使人类世界发展到今天的水平。

关于科学的讨论一直都是科技界乃至整个人类社会关注的焦点，自20世纪以来，更是在世界范围内广泛展开并持续升温。这也是对科学自身及科学与自然和社会系统相互关系的进一步思考，也是飞速发展的科学技术与人类的生存发展多元文化相互作用的反映。但是科学技术在为人类创造巨大物质和精神财富的同时，也可能给社会带来一些负面影响，并挑战人类社会长期形成的社会伦理。一般情况下，人们往往只是从科学的物质成就上去理解科学，而忽略了科学本身的文化内涵及社会价值。在科技界也不同程度地存在着科学精神淡漠、行为失范和社会责任感缺失等令人遗憾的现象。

因此在发展科学技术的过程中，既要遵循效益原则，没有这个原则，科学发展将失去内在动力；同时又要强调人在客观世界的主导地位，偏离人的目的，忽视人自身的本质与价值，科技的发展必然会对人类自身造成伤害。本部分内容主要从科学技术的功能角度来分析其内在矛盾，即科技发展对人类和社会造成的负面影响，主要包括科技的非均衡进步、功利性利用、双刃剑作用和非理性作用等诸多问题。

第一节　科技的非均衡进步

什么是科学技术的非均衡进步呢？通俗来讲就是指科技在不同领域上的发展不均衡，以及同一科技的发展水平在全球范围内不同国家、地区中表现得不均衡。正是由于科技的非均衡进步导致了经济效益较高、能够推动经济快速发展的科学技术领域得到充分的重视和快速发展。同时由于马太效应的影响，这在不同经济发展水平的国家之间表现得尤为显著。

在遥远的古代有一个国王，有一次国王远行前，交给三个仆人每人一锭银子，吩咐他们："你们去做生意，等我回来时，再来见我。"国王回来时，第一个仆人说："主人，你交给我的一锭银子，我已赚了10锭。"于是国王奖励了他10座城邑。第二个仆人报告说："主人，你给我的一锭银子，我已赚了5锭。"于是国王便奖励了他 5 座城邑。第三个仆人报告说："主人，你给我的一锭银子，我一直包在手巾里存着，我怕丢失，一直没有拿出来。"于是国王命令将第三个仆人的那锭银子赏给第一个仆人，并且说："凡有的，还要加给他，叫他多余；没有的，连他所有的，也要夺过来。"这就是马太效应，它的寓意是强者越强，弱者越弱。

人类的全球联系或全球社会形成以前，不仅科技水平低下，社会进步缓慢，而且人们面对的世界系统中的各事物之间的联系也非常微弱，或者说人们对事物之间的联系认识得不够深刻，因此相对孤立的生产、经济、政治、社会等人类发展问题，便依照它们各自的特性，在既成的群体、民族、国家范围内单独加以解决。与这种分散的国家或社会体系相适应，从中发育而成的科学技术体系也必然具有共同的基本特征：各门科学和学科相对独立地发展，彼此间既缺少横向联系，也缺少整体统一性，但其中某些能带来更直接更明显物质利益的学科和技术，必然得到优先的、更快的乃至片面的发展。这已被人类生产和科技发展的历史所证明。

科技发展的这样一种机理，指明了一种道理或事实：那些逐利性最强的人群或社会，往往也能最有效地推进科技进步，拥有先进的科学技术，从而创造财富和推动社会发展。与此相适应的是，资本主义社会自近代便引导了科技进步的方向，而且至今仍驾驭着科技进步的潮头，经济最发达的国家几乎都在其中。

据此不难看出科技的非均衡进步与社会制度的不同以及人类世界中民族、国家的不平衡发展是密切相关的，是同一过程中的基本的因果关系。而这种矛盾又是自然而然地形成的，因而它的发展与后果也就必然具有明显的自发性质。

第二节　科技的功利性利用

20 世纪特别是其后半叶以来，国家和民族的发展过程，都是殚精竭虑地抓取、掌握科技这个决定性力量，以企加速自身发展的进程；甚至这一点如今也同社会制度的优劣发生了认识上的明确联系。然而，直到 20 世纪末，经济、社会发展程度最高的，仅仅是少数拥有发达科学技术的资本主义国家，而大多数国家尚处于发展中或贫困状态，并经受着发达国家凭借高科技优势而进行的越来越深入的盘剥，整个人类世界因此贫富悬殊，裂痕昭然，矛盾重重。

第二次世界大战结束后，世界上主要的资本主义国家吸取历史经验教训，根据自身实际情况，不断做出政策调整，缓和了矛盾，促进了经济长期快速的发展。以日本经济为例：第二次世界大战后，日本的目标除了发展经济还是发展经济，到 1960 年日本人均国民生产总值仅仅 395 美元，当年 12 月 27 日他们通过实施《国民收入倍增计划》，并采取了一系列的促进经济发展的措施，从 1960 年至 1970 年，日本国民生产总值增长率为 350％，国民收入增长率为 340％，到 1987 年的时候，其人均国民生产总值达 17142 美元，一跃成为世界第一。而与此相比较，其他一些社会主义国家的经济发展却没有什么大的起色，有的甚至是停滞不前，这也充分说明了上述这一点。

这样，功利性利用科学技术便以更大的力度而无所不在，已经成为危险难测的全人类的怪圈，任何国家和社会如今都不能超然于外。由此产生一系列严重后果，这表现为人的外部世界的危机和内部世界的危机两个方面，前者主要是指自然环境的危机，后者主要是指人类自身的危机。

一、环境：发展与恶化

我们现在享受的舒适生活环境，几乎都是人类利用科学技术营造的，但是人类在享受舒适的生活环境时，并没有及时意识到为此付出的生态代价，结果是人类被迫面对日趋严重的环境污染和地球生态危机。随着工业革命的开始，社会的发展越来越离不开能源，照明、取暖、工业生产，没有能源一切都会停止。而且自从工业革命以来，人类大量消耗化石燃料（即石油、煤炭和天然气），并将大量二氧化碳等温室气体排入到大气中，造成全球气温不断升高。随之而来的是冰川融化和海平面升高，严重威胁着世界众多沿海城市的安全。下面我们以一个个例来简单介绍一下世界气候的变化。

冰岛是一个位于北大西洋北部、靠近北极圈、人口仅31万的小国，区区10万平方千米的国土，有近11%被冰川覆盖，所以人称之为"冰之岛"。在冰岛的东南部有一块冰川叫作瓦特纳冰川，它是欧洲最大的冰川，总面积达到8000平方千米、最大厚度有900米。由于温室效应的影响，目前这座冰川的厚度正在以1米每年的速度不断融化，并且这一速度还在不断加快。研究预测显示，这座冰川一旦全部融化，足够把冰岛覆盖在50米深的水中。

图10-1　消融的冰川

除了冰川融化加速之外（图10-1），气候变暖还造成冰岛的许多生物种群发生了细微变化，以前生活在冰岛南部海底的一些鱼类种群，现在已经迁移到北部海底，因为冰岛南部的水温升高，已经不适应它们的生长了。预计，到21世纪末将会有80多种鸟类首次到达不再寒冷刺骨的冰岛栖息定居，而小麦和南瓜等之前不适宜在冰岛生长的农作物也可以在那里种植了。

热带雨林拥有丰富的森林、淡水和矿物资源，养育着全球2/3的热带动植物，雨林里茂密的树木，在进行光合作用时，能吸收二氧化碳释放出大量的氧气，就像在地球上的一个大型"空气清净机"，拥有"地球之肺"的美名。除此之外，热带雨林水汽丰沛，蒸发后凝结成云，再降雨，成为地球水循环的重要部分；不仅有助于土壤肥沃与生物生长，也有调节气候的功能。对全球生态环境有着很大影响，但是人类为了取得木材和耕地大肆砍伐雨林。每年大概有2～3个中国台湾面积大小的雨林被砍伐。由于陆地生态系统的主体——森林被过度砍伐，造成全球许

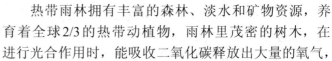

多地方水旱灾害严重、风沙肆虐，世界上土地沙漠化也越来越严重。

中国面临着严重的土地沙漠化问题（图10-2）。中国的沙漠化土地面积由原来13.7万平方千米增加到17.6万平方千米，潜在沙漠化危险的土地有15.8万平方千米，在湿润地带的风沙化土地有1.9万平方千米。受沙漠化影响的人口达500余万人，有近400万公顷的旱农田和500万公顷的草场受其影

图10-2　被吞噬的杨树林

响。总的趋势是至今土地沙化和沙漠化仍在发展，而且发展趋势愈演愈烈。根据不同时期的航拍照片及其他资料的综合对比分析，这些扩大的沙漠化土地主要分布在半干旱地区的干草原、荒漠草原地带（农垦后的旱作农田、垦荒地）和各大沙地（过度放牧、樵采地带）及其周围。土地沙漠化是一个世界性生态环境问题。

我国沙漠化土地的分布以贺兰山为界，具有明显的区域性。贺兰山以西地区，沙漠化土地主要散布在沙漠的边缘、绿洲的附近。其分布面积占我国沙漠化土地总面积的30.7%，区内除一些高大山区外，年平均降雨量多小于250毫米，气候干旱，沙漠化的治理难度较大，即使是消除人为压力，沙漠化土地的自我逆转能力也较差，在对其防治过程中必须注意合理使用绿洲和自然条件较好地区的水源。贺兰山以东地区，是我国各类沙漠化土地分布最广、危害最大的地区。其分布面积占我国沙漠化土地总面积的69.3%，这个地区多处于半干旱地区，年平均降雨量多在250～500毫米左右。沙漠化土地在消除人为的压力后，有发生自我逆转的可能。

正是由于人类的贪婪和功利，使得相当多的物种正笼罩在灭绝的阴影中。据专家估计，现在全世界有5万到6万种植物挣扎在灭绝的边缘，尤其一些发展中国家最为严重（表10-1）。为了更好地保护濒危野生动植物，1972年，在瑞典首都斯德哥尔摩举行的联合国人类与环境大会上，与会各方提出签署《濒危野生动植物种国际贸易公约》以建立国际协调一致的野生动植物进出口许可证或者证明书制度，保护濒危野生动植物资源。

表10-1　濒危物种主要分布国家

国家	濒危物种数量	国家	濒危物种数量	国家	濒危物种数量
墨西哥	63	秘鲁	31	厄瓜多尔	19
哥伦比亚	48	印度尼西亚	29	澳大利亚	18
巴西	48	中国	23	古巴	18

世界观察研究所所长莱斯特·布朗指出，新的千年，是世界环境革命的千年。西方国家那种以化石燃料为基础，汽车为中心，通过大量消耗自然资源来发展经济的模式不利于对环境保护和可持续发展，因此世界必须采取新的经济发展模式。科

技的发展带来了自然环境的恶化，但这绝非科技的固有性质。要整治被破坏的环境，还子孙后代一个清洁的星球，人类还需要借助科技的力量。寻找无污染的能源，停止对自然资源掠夺式的开发，减少污染物的排放……这一切又有待于科技的进步和发展。

电子垃圾是困扰全球环境的一个大问题，特别是一些发达国家，由于电子产品更新换代速度快，电子垃圾的产生速度也会更快。

电子垃圾（图10-3）不仅量大，而且危害非常严重。如果处理不当就会对人和环境造成严重的危害。尤其是电视、电脑、手机、音响等一系列电子产品，含有大量的有毒有害物质（表10-2）。在这些废旧家用电器中主要含有六种有害物质：铅、镉、汞、六价铬、聚氯乙烯塑料、溴化阻燃剂。像电视机中的阴极射线管、印制电路板上的焊锡和塑料外壳等都是有毒物质。一台电视机的阴极射线管中含有4～8磅铅。制造一台电脑需要700多种化学原料，其中含有300多种对人类有害的化学物质。一台电脑显示器中铅含量平均达1千克多，而铅元素可破坏人的神经、血液系统和肾脏。正是考虑到铅的危害，20多年前，美国政府就禁止在建筑中使用含铅油漆。

图10-3　电子垃圾漫画

随着电子产品逐渐增多，电子垃圾处理行业正日益繁盛。据统计，美国有1200个以上的电子垃圾处理企业，年收入超过30亿美元。但为了应对美国严格的环保要求，许多美国企业将电子垃圾出口到亚洲，包括中国在内的许多亚洲国家深受其害，它们的市场上充斥着废芯片、危险的金属等电子垃圾，这些废旧电子产品市场往往跟农田和饮用水源很近，最终又造成巨大的环境污染。早在20世纪90年代早期，国际社会就制定了《巴塞尔公约》，禁止危险废品的贸易，但美国未加入这个公约，目的是保护美国国内的一些从事电子垃圾交易的企业。不过，美国环境保护局也采取了一些类似的禁止措施，2007年美国政府规定，禁止美国公司出口阴极射线管的电视机和显示器，除非经过美国环境保护局批准或者得到进口国家的同意。但这未能避免大量电子垃圾出口到中国等一些亚洲国家。中国汕头大学2007年的一份研究表明，中国广东汕头的贵屿地区因为充斥大量电子垃圾而闻名于世，那里的小孩血液含铅量超过美国疾病控制预防中心标准的两倍。

表10-2　有害物质列举

有害物质	镉（Cd）	砷（As）	汞（Hg）	铬（Cr）	放射性物质
性质	镉是一种毒性很大的重金属，其化合物也大都属毒性物质	砷及砷的可溶性化合物者极毒	汞即水银，是一种液体金属	铬是一种具有银白色光泽的金属，无毒	不稳定的放出甲（α）、乙（β）、丙（γ）等射线，元素称为放射性元素
危害	镉会引起胃脏功能失调，干扰人体和生物体内锌的酶系统，使锌镉比降低，而导致高血压症上升	咽喉、食道及胃肠烧灼感，腹泻、腹痛口渴、面部发紫、血压迅速降低，病情严重时可迅速死亡	汞进入人体后，即集聚于肝、肾、大脑、心脏和骨髓等部位，造成神经性中毒和深部组织病变，引起疲倦，头晕、颤抖、牙龈出血、秃发、神经衰弱等症状，甚至会出现精神混乱，进而疯狂痉挛致死	铬酸、重铬酸及其盐类对人的黏膜及皮肤有刺激和灼烧作用、并导致伤、接触性皮炎	轻者头晕、疲乏、脱发、红斑、白血球减少或增多、血小板减少；而大剂量照射，还会引起白血病及骨、肺、甲状腺癌变甚至死亡

二、氯氟烃：制冷与臭氧杀手

　　大家知道地球被一层大气紧紧围裹着。在对流层上方的平流层中有一层臭氧（图10-4），其浓度为10％，厚度大概为30千米，能大量吸收来自宇宙的辐射，特别是可以吸收掉99％的太阳辐射到地球的紫外线，从而使地球上的生物免受紫外线的伤害。所以，臭氧层被誉为"人类的保护伞"。如果失去了这个"保护伞"，地球将受到紫外线的强烈辐射，物种将难以生存，人类的健康将受到极大的威胁。随着环境破坏的日益加剧，臭氧层已经遭到了不同程度的破坏。1985年，科学家发现南极上空有一个大小如美国大陆面积的臭氧层空洞，第二年在北极上空也出现了臭氧空洞（图10-5），面积像格陵兰岛一样大。经过调查，地球各部分都有不同程度的臭氧耗损。长此下去，人类的命运将会受到威胁。

图10-4　地球表面的臭氧层

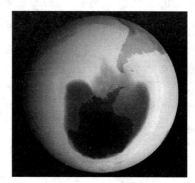
图10-5　臭氧层空洞

　　造成臭氧层破坏的罪魁祸首就是氯氟烃等这样一类化学物质。氯氟烃又称氟利昂，发明于1930年，被广泛用于电冰箱、空调器、泡沫塑料、溶剂、喷雾剂和电子工业中。这种化合物很稳定，进入大气后可以一直上升到平流层，在平流层受到太阳紫外线的照射就会分解，释放出氯原子。氯原子对臭氧有很强的亲和力，一个氯原子可以破坏10万个臭氧分子。现在，大气层中的氯浓度为百万分之三点五，而且正以每10年增加百万分之一的速度递增。1900年大气层中的氯浓度只有百万分之零点六。半个世纪之后，科学家们才发现它在为人类造福的同时也给人类带来了危害。许多国家开始采取措施减少或停止使用氯氟烃。氯氟烃不仅能破坏臭氧层，而且能加剧温室效应，使全球温度升高，气候改变，加速冰川融化，导致海平面升高，淹没沿海城市，甚至吞没一些国家。

为了保护地球上的生灵免受涂炭，保护臭氧层不被破坏，就必须停止氯氟烃的使用。1989年3月5日到7日，在英国首相撒切尔夫人的倡议下，拯救臭氧层世界大会在英国伦敦召开。有123个国家的代表参加了大会，其中包括80名部长级代表，另外还有历史组织的代表、科学家和企业家。这次大会的主要目的是动员发展中国家参加《蒙特利尔议定书》。《蒙特利尔议定书》是1987年在蒙特利尔保护臭氧层国际大会上通过的一项条约，它规定"工业化国家在20世纪末把氯氟烃使用量减少50％"，在会议上许多国家都自愿签署了这个协议。

当大气层上空的臭氧层变薄或出现空洞时，地球的陆地和海面接受的太阳紫外线照射强度会明显增加，这会对生命造成多种直接危害，主要有：

（1）使微生物死亡；

（2）使植物生长受阻，尤其是农作物如棉花、豆类、瓜类和一些蔬菜的生长受到伤害；

（3）使海洋中的浮游生物死亡，导致以这些浮游生物为食的海洋生物相继死亡；

（4）使海洋中的鱼苗死亡，渔业减产；

（5）使动物和人眼睛失明；

（6）使人和动物免疫力减低；

（7）人的皮肤色斑增多，皮肤癌发病率增高；

（8）促进地球变暖。海洋中的浮游生物大量被紫外线杀死后，大气中的二氧化碳就不能被海洋吸收了。

人类现在尚未找到对已破坏了的臭氧层进行补救的措施，但全世界正努力限制和停止会对臭氧层造成破坏的物质的生产。人类正努力开发无害的制冷剂、发泡剂等。任何关心保护臭氧层的普通人都可以通过选择对臭氧层无害的消费品，来参与保护臭氧层行动，这也是我们每个人的责任。

三、化学手段：健康和中毒

化学农药、药品大家相当熟悉。它们在防治农作物病虫害、治疗人类疾病、延长人的寿命方面起到了非常重要的作用。但某些药品巨大的副作用也是人们所始料不及的。研制药品时科技人员往往只注意到它的正面效应，而对其负面影响的研究则不够重视，结果造成严重后果，使得许多患者服药后出现不良反应，甚至有些患者的一些器官受到损害。农药是一类特殊的化学品（图10-6），它虽然能暂时防治农林病虫害，却会对人畜造成了深远而惨重的危害。据世界卫生组织和联合国环境署报告，全世界每年有300多万人农药中毒，其中20万人死亡。美国每年发生6.7万起农药中毒事故，在发展中国家情况更为严重。我国

图10-6　农民给农作物喷洒农药

每年农药中毒事故达50万人次，死亡约10万多人。1995年9月24日中央电视台报导，广西宾阳县一所学校的学生因食用喷洒过剧毒农药的白菜，造成540人集体农药中毒。

　　一个值得注意的倾向——近年来，癌症的发病率越来越高，且日趋年轻化，国际癌症研究机构根据动物实验确证，18种广泛使用的农药具有明显的致癌性，还有16种显示潜在的致癌危险性。据估计，美国与农药有关的癌症患者数约占全国癌症患者总数的10%。越南战争期间，美军在越南喷洒了大量植物脱叶剂，致使不少接触过脱叶剂的美军士兵和越南民众得了癌症、遗传缺陷及其他疾病。据最近报道，越南因此已出现了5万名畸形儿童。1989～1990年，匈牙利西南部仅有456人的林雅村，在生下的15名活婴中，竟有11名为先天性畸形，占73.3%，其主要原因就是孕妇在妊娠期吃了经敌百虫处理过的鱼。据美国环保局报告，美国许多公用和农村家用水井里至少含有国家追查的127种农药中的一种。印第安纳大学对从赤道到高纬度寒冷地区90个地点采集的树皮进行分析，都检出DDT、林丹等农药残留。曾被视为"环境净土"的地球两极，由于大气环流、海洋洋流及生物富集等综合作用，在格陵兰冰层、南极企鹅体内，均已检测出DDT等农药残留。我国是世界农药生产和使用大国，且以使用杀虫剂为主，致使不少地区土壤、水体及粮食、蔬菜、水果中农药的残留量大大超过国家安全标准，对环境、生物及人体健康构成了严重威胁。

　　因此，农药的使用，并没有造福人类，而是给人类自身和其他生物带来了严重灾难。大量散失的农药挥发到空气中，流入水体中，沉降聚集在土壤中，严重污染农畜渔果产品，并通过食物链的富集作用转移到人体，对人体产生危害。全世界每年使用的400余万吨农药，实际发挥效能的仅1%，其余99%都散逸于土壤、空气及水体之中。环境中的农药在气象条件及生物作用下，在各环境要素间循环，造成农药在环境中重新分布，使其污染范围极大扩散，致使全球大气、水体（地表水、地下水）、土壤和生物体内都含有农药及其残留。

　　1962年，卡尔逊的《寂静的春天》，就描绘了一幅由于滥施农药将春天变得死一般寂静的景象，她告诫人们："人类一方面在创造着高度的文明，另一方面又在

毁灭着自己的文明，如果环境问题得不到解决，人类将生活在幸福的坟墓之中。"。

第三节　科技的双刃剑作用

科学技术发展的历史表明，它是一把"双刃剑"，它在增进人类福利的同时，也蕴涵着危害人类的一面，虽然前者是主要的，但这种"双刃剑"属性，通过科技所施及的特定的对象、某种系统、人类社会以及它们的变化，无时无刻不展示出来。在科学技术高度发展的今天，它对于人类的福利性与危害性一同在增强，因而愈加是一把"双刃剑"。

科技进步的短效应与长效应的矛盾，可以视为科技的"双刃剑"属性与效应的一种明显表现。直到目前为止，新技术、新发明带给社会的短效应与长效应的矛盾，始终作为一种矛盾而客观的存在，如何解决这种矛盾带来的影响，也是人类未来发展的一项十分重要的课题。

一、网络：便捷与犯罪

提起网络大家并不陌生，电视会议、网上购物、虚拟办公室、虚拟课堂等已经为人们生活中的家常便饭。同学们在完成课程作业时可以通过网络搜索到自己所需要的知识。因特网的出现提供了一种崭新的通信方式，缩小了世界各地人与人之间的距离，把地球真的变成了一个村落。随着网络时代来到我们身边，随之也产生了一些新的社会问题。由于因特网上的信息量十分庞大，因此用户几乎可以无休止地获取各种信息，其中包括电子游戏以及色情暴力信息，这很容易使意志薄弱的青少年上瘾。而网络的发展，能够防止青少年沉迷于游戏之中。有人警告，青少年过多地在因特网上游玩会减少交友等其他活动的时间，不利于成长，严重的会导致心理变态，其危害不亚于吸毒上瘾或酗酒上瘾。对于这点随着网络政策的完善，网络技术的提高，情况也会大大的改善。

网络游戏是一种新生事物，在人们对它并没有完全认识之前，网络游戏的开发并没有政策限制，而随着其危害越来越被大家所认识，这一情况肯定会有改观，网络游戏的发源地韩国和日本已经出台了相应的政策，网络游戏公司开发的游戏不允许在韩国和日本本国销售，只能卖到外国，而中国又是他们最大的市场，他们为什么这么做呢？原因只有一个：过度的网络游戏会对青少年的健康产生重大的影响，他们已经意识到这一点。这种情况下，中国也会陆续出台政策保护青少年不受危害，但是最根本的还是青少年本身自己意识到网络游戏带来的危害，自觉抵制染上网游的瘾头。

网络管理中的漏洞带来的后果也是令人头痛的问题。网络黑客利用网络管理中的漏洞，频频发起攻击，破坏网络安全。近年来，随着电脑的普及，这种电脑犯罪案件在世界各国不断增加，令人担忧。

在我国法律界对网络犯我国信息安全状况与几年前相比已经有了较大的改观，但总体形势依然非常严峻。主要安全威胁除了传统的外部黑客的攻击破坏以及内部白领犯罪依然猖獗外，还有两个明显特点：一是网络"蠕虫"病毒日益泛滥；二是危害国家安全、社会稳定的针对性事件大幅增加。尤其要注意的是，从漏洞发现到利用该漏洞病毒爆发，时间越来越短，而有些不法分子利用国外服务器疯狂地向我国电子邮件用户发送反动邮件，这些都对我国的网络安全构成严重威胁。

罪的界定还比较模糊，但网络犯罪类型，法律界权威人士认为主要有两种表现形式：一种是针对网络的犯罪，另一种是网络扶持的犯罪。主要常见的有以下几种类型。

① 网络窃密：利用网络窃取科技、军事和商业情报。信息社会最珍贵的就是数据与信息。"硬件有价数据无价"，所以，窃取网络秘密信息的行为是最典型的针对网络型犯罪。

② 侵犯计算机信息系统的行为。网络资源也是一种重要的财富，出于对这种财富的渴求，容易诱发侵犯计算机信息系统的行为，也是一种针对网络的犯罪。

③ 制作、传播网络病毒。网络扶持的犯罪通常意义上是一种传统犯罪形式在网络上的延伸。比如网上盗窃、网上诈骗、网上色情、网上赌博等。

为保障互联网运行和信息的安全，针对这些威胁，我国相继制定了多项行之有效的法律、法规。1997年对刑法进行重新修订时，加进了计算机犯罪的条款，作为判定构成计算机犯罪的主要依据。随后中华人民共和国公安部、中华人民共和国国家安全部、国家保密局又相继制定《计算机信息网络国际联网安全保护管理办法》、《计算机病毒防治管理办法》、《计算机信息系统保密管理暂行规定》、《计算机信息系统国际联网保密管理规定》和《关于加强政府上网信息保密管理的通知》等数十项有关计算机网络的法律法规。2000年12月29日，全国人大常委会制定了《关于维护互联网安全的决定》，详细阐释了对可能构成犯罪的15种侵犯网络安全和信息安全的行为的处理方式，它将成为新的信息安全立法的基础。

二、转基因技术：改良的污染

很多农民可能都会有这样的想法：为什么我的农作物这么多虫害啊？要是一种作物不用防治虫害该多好啊！这就要靠转基因技术改变植物的控制基因，当然这已经成为现实。但是经过生物科技改良的作物对人类来说都是有益的吗？就没有负面的影响吗？随着这种技术进入实用化、商品化阶段，它的负面影响也开始显现出来。由于它使人类可以对生物生命进行"任意修改"，科学家担心创造出来的新型遗传基因和生物可能会有害于人类，对生态环境造成新的污染，即所谓的遗传基因污染，这种新的污染源很难消除。

大量的转基因生物进入自然界后很可能会与野生物种杂交，造成基因污染，从而影响到生物多样性的保护和持续利用，这种污染对环境及生态系统造成的危害比其他任何因素对环境造成的污染都难以消除。

在一些贫穷的国家和地区，转基因的专家往往被看成是英雄，那里的农户感激这项技术带来的增产，帮助他们离脱离贫穷的梦想更近了一步；在温饱早已不成为问题的一些发达国家，转基因专家和他们手里的技术则没有了被夸大的光环，在未来数十年、甚至是关乎几代人健康的转基因食品的安全性，是这些专家们难以准确回答的。虽然美国基因技术发达，但作为美国人主粮的小麦至今没有进行转基因商业化生产。美国虽然大规模种植转基因大豆和玉米，但其中大部分大豆用于出口，剩下的大豆和玉米则主要用于制作动物饲料和生物燃料。

三、电脑：要方便，还要捉虫

电脑已是现代社会难以割舍的一部分。我们已无法想象没有电脑的社会是什么模样，因为目前交通、能源、金融、军事等重要的系统都是由电脑控制的。但是计算机病毒也是迫切需要人类解决的问题。

自从1946年第一台冯·诺依曼型计算机ENIAC出世以来，计算机已被应用到人类社会的各个领域。然而，1988年发生在美国的"蠕虫病毒"事件，给计算机技术的发展罩上了一层阴影。蠕虫病毒是由美国CORNELL大学研究生莫里斯编写的。虽然并无恶意，但在当时，"蠕虫"在INTERNET上大肆传染，使得数千台联网的计算机停止运行，并造成巨额损失，成为一时的舆论焦点。

在国内，最初引起人们注意的病毒是20世纪80年代末出现的"黑色星期五"、"米氏病毒"，"小球病毒"等。因当时软件种类不多，用户之间的软件交流较为频繁且反病毒软件并不普及，造成病毒的广泛流行。后来出现的word宏病毒及win 95下的CIH病毒，使人们对病毒的认识更加深了一步。

可以看到，随着计算机和因特网的日益普及，计算机病毒和崩溃，重要数据遭到破坏和丢失，会造成社会财富的巨大浪费，甚至会造成全人类的灾难。

四、抗生素：锻炼了细菌

抗生素家族有很多成员，青霉素作为抗生素的一种，在人类历史上的作用功不可没。它是若干种青霉和曲霉产生的一系列有机酸抗生素盐类的总称，属抗生素家族的一种，亦称"盘尼西林"。它是英国细菌学家伦敦圣玛丽医院亚历山大·弗莱明于1928年发现的，这一发现被认为是20世纪最引人注目的单项医学成就，并被称为是抗生素纪元（或称化学治疗的黄金时代）的开始。也就是说，自从有了青霉素以后，人类在同由细菌引起的疾病作斗争的过程中便增添了一种强有力的武器。

但是，一切事物都在进化与发展，包括细菌在内的各种微生物也莫不如此。比如细菌可产生新的菌株，这种新菌株对青霉素就产生了抗药性。美国洛克菲勒大学校长托尔斯腾·维泽尔指出，由于人类没有按照规定使用抗生素，致使大量的抗生素（例如农药或兽医药品）进入环境中，这只会使具有抗药性的细菌存活下来。他说40年前很容易治愈的肺结核，如今已出现了对抗生素有抗药性的新菌株，结核病是一种经呼吸道传播的慢性传染病，在全球广泛流行。

我国是世界上22个结核病高负担国家，结核病患者数量居世界第二位，每年死亡13万人。如果病人感染的结核菌对一种或一种以上的抗结核药物产生了耐药性，治疗就很困难。所以，严重的耐药性结核病危害不亚于癌症。据世界卫生组织估计，约有1/5～1/4耐多药结核病人发生在中国。我国有近1/3病人为耐药病例，每年新发病例大概在10万人左右。造成耐药和耐多药的原因很多，主要是对结核病不规范治疗造成的。比如，患者没按要求到结核病专业防治机构接受正规的治疗和管理，常常症状缓解就停药，有症状时再服药，这样循环往复，最终导致了耐药。病人自行用药、滥用抗菌素也会造成耐药。由于耐药结核病的诊断复杂，治疗困难，往往疗程很长。同时，耐药结核菌不断传播给健康人群，造成结核病流行，危害个人、家庭和社会。曾经能有效地阻止诸如淋病、肺炎、脓毒性咽喉炎感染的青霉素，如今对阻止上述疾病的感染已不再完全有效。控制上述细菌新菌株的产生和蔓延，是21世纪的期待，也是21世纪的任务。

第四节　科技的非理性作用

同以上三个方面相比，人类社会对科技的非理性的利用起到了更加主导的作用。这里所谓非理性的利用，主要是指：其一，人们对使用新技术的社会后果缺乏明确预料，因而即使出于积极的心态也会带来始料不及的恶果；这种情形大多发生于科技水平尚不高的时期；其二，人们只着眼于生产劳动和经济发展中最浅近、最直接的有益效用而应用科学技术，却忽视了长期的、客观与社会的影响；其三，科学技术被用作战争、侵略、征服、称霸的工具。不论是地理大发现以后的殖民征服，还是当今的霸权主义行经，无一不是以先进的科学技术为凭借和后盾的。

科学技术的非理性运用（滥用、误用、恶用）导致了人自身的危机，即技术的异化导致人性的异化，人的主体性的丧失和精神的委顿。由于科技本身存在某种非人性化的因素，加上对科技的不合理使用，导致技术的异化。在异化状态下，技术不再是为人服务的工具。

一、机器人：谁控制谁

科幻小说中关于机器人在家当保姆做家务的描述总是让人们大为憧憬。根据联合国欧洲经济委员会的预测，这种好事可能在21世纪中叶就会成为普遍的现实。他们乐观地认为，在未来几十年内"家用服务型"机器人会像今天的电脑、移动电话和因特网一样逐渐在家庭中普及。

机器人是具有类似某些生物器官功能、用以完成特定操作或移动任务的应用程序控制的机械电子装置。程序控制的多关节机械手也被称为机器人。复杂的机器人除了机械手外，还具有多种人类器官的功能，如触觉、视觉、听觉、行走机构以及用计算机实现的控制和规划系统。

在工业生产中采用机器人由于可以节省人力、提高劳动生产率。不论是简单工作还是复杂工作，哪怕重复千万次，机器人的工作仍然一样精细，不会疲劳、厌烦或者偷懒，并且很少犯错误，因此有利于提高产品质量、降低成本。此外，机器人还可以完成人类难以完成的任务，在深海、严重灾害和污染的环境下工作，并能从事超精密加工和超洁净加工等。

但由于人类赋予机器人以智能，这就决定了它不同于普通的工具。它们有思想，会不会有一天不满人类的统治，而愿意创造一个属于自己的世界呢？强有力的躯体，高超的智能，加上永不疲倦的神经，这样的机械（或是说"生物"）有谁能战胜呢？人类是否会成为自己创造的机械的奴隶呢？

二、核技术：能源与武器

20世纪初，爱因斯坦给出一个方程：能量等于质量乘以光速的平方。这个简单的方程消除了质量与能量之间的鸿沟，意味着一点点物质就可以转化为巨大的能量，人类又获得了一个改变世界的强有力的手段，其意义可以与火的使用相媲美。

如果将核能变成武器，其后果则不堪设想。1945年8月6日和9日，在第二次世界大战结束的前夕，美国空军在日本的广岛和长崎接连投掷了两枚原子弹。这场人类有史以来的巨大灾难，造成了10万余日本平民死亡和8万多人受伤。原子弹的空前杀伤和破坏威力，震惊了世界，也使人们对以利用原子核的裂变或聚变的巨大爆炸力而制造的新式武器有了新的感性认识（图10-7）。据估计，现在美俄两国储存的核武器如果同时引爆，可以将人类毁灭几千次。

一般核武器对人类造成的危害，公认的有以下5种（未包括心理危害）。

（1）高压杀伤破坏——冲击波（占50%）。

在核爆时，巨大的能量是在不到一秒钟的时间里释放出来的，爆炸产生的高温高压气体强烈地向四周膨胀，这个像飓风一样的压力波通过空气、水和土壤等介质传播。5s就可以传到2千米的地方，摧毁一切它可以推到的东西（主要是建筑），大量的人员直接死于高压的挤压，间接死于房屋的倒塌。随着距离的延长，冲击波会逐步减弱。

（2）高温杀伤破坏——光辐射（占35%）。

核爆时的火球发光可以持续几秒钟，使周围的空气温度高达几十万度，火球发

图10-7　原子弹爆炸

射的光辐射包括X射线、紫外线、红外线和可见光。如此高的温度辐射，会把大部分物体烧焦、熔化、致死，人员不死也会烧伤皮肤、毁坏视力、灼伤呼吸道。

（3）特殊杀伤破坏——贯穿辐射（占5%）。

是由阿尔法、贝塔、伽马和中子流组成的辐射，它们对人体机体内部细胞产生电离作用，破坏细胞正常功能，并可产生有毒物质（致癌），使人得急性放射性病，在短期内死亡，或对下一代影响极大。广岛原子弹死亡的14万人中，大部分是核爆后患放射性病逐步死亡的。

（4）长期危害——放射性沾染（占10%）。

核爆1分钟内，前三种危害作用就会消失，但核爆放出的放射性物质会弥散在大地、水源和空气中，有的衰减得很快（几秒），有的很慢（几万年），但大部分会较快减弱。经过清洗会更快减弱。但是，如果把放射性物质吃进或吸入体内，危害极大。

（5）对通信联络的破坏——电磁脉冲（对人也有一定危害）。

电磁脉冲像是强大的雷鸣闪电，电场强度可达到几十万伏，会中断通信，使各种控制失灵，使电子计算机数据混乱，扰乱正常的电波传播等。它的传播破坏距离达到几百或几千千米，远远大于前4种危害的距离。

三、克隆：福音与祸水

《西游记》里孙悟空拔根汗毛就能变出小猴的故事给读者留下了深刻的印象。这实际上代表了古代人对克隆技术的幻想。克隆羊多利的出生标志着人类已经掌握了这种技术（图10-8）。

图10-8　克隆羊多利

这一突破带来的好处是显而易见的。利用这一技术可以大量复制基因纯正的动物，并可以非常容易地改造动物的基因。取得这一成果的研究小组负责人伊恩·威尔莫特博士称，他们研究这一技术的目的是培养大量品种优良的家畜，提供某些药物原料，提供适合人体的移植器官，为医学实验提供更多合适的动物等。不过多利在全世界范围内引发了一场激烈的争论，其焦点是：这种从理论上讲可以复制人类的技术究竟是福音还是祸水？尽管大多数人认为，克隆技术的突破是一项重大科技成果，人类有能力正确运用这种技术，但也有科学家担心，这种技术很可能成为潘多拉的盒子，一是可能对生态环境造成长期不良影响，如果在畜牧业中大量推广这种无性繁殖技术，很可能破坏生态平衡，导致一些疾病的大规模传播；再就是如果将其应用于人类自身的繁殖上，将产生巨大的伦理危机。

四、器官移植：求生与伦理

器官移植一度是复杂和危险、只是在不得已情况下才实施的手术。随着医学水平的不断提高，心脏、肾脏等体内器官的移植今天已是司空习惯，我们很快会熟悉手、膝盖、耳朵甚至脸的移植。

1999年1月，澳大利亚和美国医生分别进行了手移植手术并取得成功。手部的神经、血管、肌肉和骨骼非常复杂，这两例手术的成功标志着移植技术已经发展到了一个相当的高度。

但是移植技术赢来的仅仅是喝彩吗？一个实施了头部移植手术的人在法律上应属于谁？头的提供者还是躯体的提供者？不言而喻，应该给器官移植设定一个界限。但这条界限应划在哪里？这是很多伦理学家正在考虑的问题。甚至这已经不是一个单纯的伦理问题，它所带来的危害远远超出我们的想象。

可以说器官移植挽救了许多人的生命，从总体上讲是人类医疗技术的一大进步，但是我们通过以上案例可以知道，正是由于器官移植技术的出现，才导致了此类事情的发生。

第五节　可持续发展的科技观

可持续发展战略强调自然与经济、社会的协调发展，追求人与自然的和谐。它要求当代科学技术的研究和应用要有利于人与自然关系的协调，有利于人类整体的、长远的生存和发展，有利于人自身的全面发展和人自身价值的全面实现。也就是说，单纯知识的增长、技术的改进、效益的提高并不意味着科技的进步。只有科技的发展与自然环境相容，物质财富的增长与人类社会的进步同步，科技的发展才有真正的意义。

可持续发展向科学技术提出促进人与自然双方的协同进化、互利共生的新目标。要求把从系统整体中分离出去的科学技术重新放回到"人与自然"有机整体中，用生态学整体性的观点看待科技的发展。因此，传统意义上的科技观已适应不了社会发展的需要，必须树立起人与自然协调发展为核心的新的科技观。

1. 科学技术价值观要实现转变

传统的科技观强调人是自然的主人，人的利益是唯一的标准；科学技术的功能在于教导人们认识自然规律、发现自然的奥秘，以便为人类征服自然、统治自然服务；它的价值体现在满足人对自然的索取上，以最有利于人类追求物质利益的方式来安排自然。以这样的观点，科学技术在某种程度上成为人们破坏自然、榨取自然的工具，从而引发了资源枯竭和环境污染等问题。可持续发展要求改变这种价值观。认为科学技术要有利于"人与自然"系统的健全发展，要为实现自然可持续性、经济可持续性和社会可持续性发展提供认识和实践的价值论证。它反对不加区别地运用一切科学技术，反对刻意追求科学技术的工具效率，主张科技的运用不仅要从人的物质及精神生活的完善和健康出发，注重人的生活价值和意义，而且要求科技运用与生态环境相容。也就是说，科技的发展和应用要以人与自然协调发展为基础。科学研究和技术应用要纳入到保护自然和建设自然，实现人、社会和生态协调发展的轨道上来。

2．突出绿色科技概念

绿色科技概念包含两层含义：一是积极发展有利于生态建设和环境保护的高科技。科技的生态负效应最终还要靠科技进步来解决。高科技具有改善生态环境的潜在功能，这种功能的实现，为解决人类所面临的问题提供了可能。运用现代科学技术找到解决环境污染、生态破坏的机制、规律和方法，建立起人与自然协调发展的新模式，这将是划时代的科技进步。值得高兴的是，当代科学技术已经在这方面显露出巨大的威力。如材料科技的发展正在使大量的自然资源为人工合成材料代替，能源科技正在朝着提高能源利用效率、减轻环境污染的方向发展，全球信息化的趋势大大缓解了人类对自然的需求压力，一些对环境无污染的新能源（如太阳能、生物质能等）备受重视，现代生物技术的发展可能带来社会的生物化、生态化，环境科学也在发挥着越来越大的作用。二是注重科技应用对生态环境影响方面的预测。科学技术本身存在不足，决定了科技的负效应是不可避免的。问题是我们如何对其做出预测，使之减少到最小。过去，人们对科技成果评价主要着眼于科技成果的有效性、经济性和独创性，很少考虑科技成果可能带来的严重生态环境问题。随着科技负面效应的扩大，人与自然之间的矛盾日益严重，人们尝到技术危害的苦头。因此，近些年来，在发展各项技术重大决策可行性分析和未来预测，特别是生态方面的预测，取得较大成果，这将对生态环境保护和改善起到巨大作用。

3．强调科学技术与社会科学、社会技术的联系和结合

解决人与自然的矛盾，既涉及科学技术的因素，也牵涉到错综复杂的社会关系，在其中交织着眼前利益与长远利益、个人利益与社会利益、局部利益与全局利益的矛盾。因此，我们强调科学技术要与社会科学、社会技术（如社会管理技术）的联系和结合，努力发展融自然科学技术与社会科学技术为一体的大科技事业，这也是21世纪科技发展的战略目标。

参考文献

[1] 宗培言，丛东华. 机械工程概论. 北京：机械工业出版社，2001.

[2] 张春林，焦永和. 机械工程概论. 北京：北京理工大学出版社，2003.

[3] 傅水根. 机械制造工艺基础. 北京：清华大学出版社，2004.

[4] 刘元林. 工程教育. 哈尔滨：黑龙江科学技术出版社，2007.

[5] 李云江. 机器人概论. 北京：机械工业出版社，2011.

[6] 张玫. 机器人技术. 北京：机械工业出版社，2012.

[7] 孙述庆. 机器人的故事. 兰州：甘肃民族出版社，2005.

[8] 吕殿录. 环境保护简明教程. 北京：中国环境科学出版社，2000.

[9] 尹贵斌. 反思与选择：环境保护视角文化问题. 哈尔滨：黑龙江人民出版社，2011.

[10] 孙方民. 陈凌霞. 科技发展史. 郑州：郑州大学出版社，2006.